홍원표의 지반공학 강좌 건설사례편 4

항만공사사례

홍원표의 지반공학 강좌 건설사례편 4

항만공사사례

토목구조물의 축조 시 바람직하지 않은 현상으로 인해 인접구조물에 균열이 발생하거나 붕괴가 발생하여 공사 중의 안전성뿐만 아니라 공사 완료 후의 안전성의 확보에 어려움이 있다. 이러한 문제를 해결하기 위해서는 연약지반을 개량하거나 지반의 강도를 증대시켜야 한다. 고압분사 주입공법 가운데 특히 SIG(Super Injection Grouting) 공법은 지반보강효과가 크고 적용 대상 지반의 범위가 큰 것으로 알려져 최근 널리 이용되고 있다. 따라서 SIG 공법을 각종 건설공사에 적절하게 적용하기 위해서는 SIG 공법의 지반개량효과를 면밀히 연구할 필요가 있다.

홍원표 저

중앙대학교 명예교수
홍원표지반연구소 소장

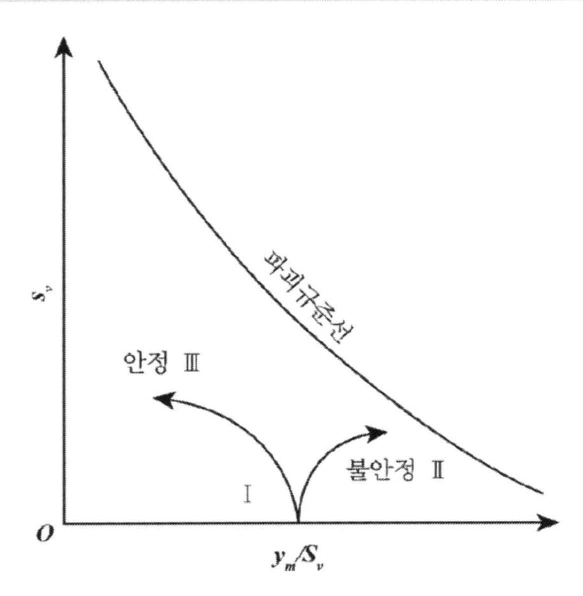

침하와 측방변위량의 상호관계

씨아이알

'홍원표의 지반공학 강좌'를 **시작하면서**

2015년 8월 말, 필자는 퇴임강연으로 퇴임식을 대신하면서 34년간의 대학교수직을 마감하였다. 이후 대학교수 시절의 연구업적과 강의노트를 서적으로 남겨놓는 작업을 시작하였다. 퇴임 당시 주변에서 이제부터는 편안히 시간을 보내면서 즐기라는 권유도 많이 받았고 새로운 직장을 권유받기도 하였다. 여러 가지로 부족한 필자의 여생을 편안하게 보내도록 진심어린 마음으로 해준 조언도 분에 넘치게 고마웠고 새로운 직장을 권하는 사람들도 더 없이 고마웠다. 그분들의 고마운 권유에도 귀를 기울이지 않고 신림동에 마련한 자그마한 사무실에서 막상 집필작업에 들어가니 황량한 벌판에 외롭게 홀로 내팽겨진 쓸쓸함과 정작 '집필을 수행할 수 있을까?' 하는 두려운 마음이 들었다.

그때 필자는 자신의 선택과 앞으로의 작업에 대하여 많은 생각을 하였다. '과연 나에게 허락된 남은 귀중한 시간을 무엇을 하는 데 써야 행복할까?' 하는 질문을 수없이 되새겨보았다. 이제 드디어 나에게 진정한 자유가 허락된 것인가? 자유란 무엇인가? 자신에게 반문하였다. 여기서 필자는 "진정한 자유란 자기가 좋아하는 것을 하는 것이며 행복이란 지금의 일을 좋아하는 것"이라고 한 어느 글에서 해답을 찾을 수 있었다. 그 결과 퇴임 후 계획하였던 집필작업을 차질 없이 진행해오고 있다. 지금 돌이켜보면 대학교수직을 퇴임한 것은 새로운 출발을 위한 아름다운 마무리에 해당하는 것이라고 스스로에게 말할 수 있게 되었다. 지금도 힘들고 어려우면 초심을 돌아보면서 다짐을 새롭게 하고 마지막에 느낄 기쁨을 생각하면서 혼자 즐거워한다. 지금부터의 세상은 평생직장의 시대가 아니고 평생직업의 시대라고 한다. 필자에게 집필은 평생직업이 된 셈이다.

이러한 평생직업을 가질 수 있는 준비작업은 교수 재직 중 만난 수많은 석·박사 제자들과의 연구에서부터 출발하였다고 생각한다. 그들의 성실하고 꾸준한 노력이 없었다면 오늘 이런 집필 작업은 꿈도 꾸지 못하였을 것이다. 그 과정에서 때론 크게 격려하기도 하고 나무라기도 하였던 점이 모두 주마등처럼 지나가고 있다. 그러나 그들과의 동고동락하던 시기가 내 인생 최고의 시기였음을 이 지면에서 자신 있게 분명히 말할 수 있고, 늦게나마 스승보다는 연구동반자로 고마움을 표하는 바다.

신이 허락한다는 전제 조건하에서 100세 시대의 내 인생 생애주기를 세 구간으로 나누면 제1구간은 탄생에서 30년까지로 성장과 활동의 시기였고, 제2구간인 30세에서 60세까지는 노후 집필의 준비시기였으며, 제3구간인 60세 이상에서는 평생직업을 갖는 인생 마무리 주기로 정하고 싶다. 이 제3구간의 시기에 필자는 즐기면서 지나온 기록을 정리하고 있다. 프랑스 작가 시몬드 보부아르는 "노년에는 글쓰기가 가장 행복한 일"이라고 하였다. 이 또한 필자가 매일 느끼는 행복과 일치하는 말이다. 또한 김형석 연세대 명예교수도 "인생에서 60세부터 75세까지가 가장 황금시대"라고 언급하였다. 필자 또한 원고를 정리하다 보면 과거 연구가 잘못된 점도 발견할 수 있어 늦게나마 바로 잡을 수 있어 즐겁고 연구가 미흡하여 계속 연구를 더 할 필요가 있는 사항을 종종 발견하기도 한다. 지금이라도 가능하다면 더 계속 진행하고 싶으나 사정이 여의치 않아 아쉬운 감이 들 때도 많다. 어찌하였든 지금까지 이렇게 한발 한발 자신의 생각을 정리할 수 있다는 것은 내 인생 생애주기 중 제3구간을 즐겁고 보람되게 누릴 수 있다는 것이 더없는 영광이다.

우리나라에서 지반공학 분야 연구를 수행하면서 참고할 서적이나 사례가 없어 힘든 경우도 있었지만 그럴 때마다 "길이 없으면 만들며 간다"는 신용호 교보문고 창립자의 말을 생각하면서 묵묵히 연구를 계속하였다. 필자의 집필작업뿐만 아니라 세상의 모든 일을 성공적으로 달성하기 위해서는 불광불급(不狂不及)의 자세가 필요하다고 한다. "미치지(狂) 않으면 미치지(及) 못한다"라고 하니 필자도 이 집필작업에 여한이 없도록 미쳐보고 싶다. 비록 필자가 이 작업에 미쳐 완성한 서적이 독자들 눈에 차지 못할지라도 그것은 필자에겐 더없이 소중한 성과다.

지반공학 분야의 서적을 기획집필하기에 앞서 이 서적의 성격을 우선 정하고자 한다. 우리 현실에서 이론 중심의 책보다는 강의 중심의 책이 기술자에게 필요할 것 같아 이름을 '지반공학 강좌'로 정하였고, 일본에서 발간된 여러 시리즈의 서적과 구분하기 위해 필자의 이름을 넣어 '홍원표의 지반공학 강좌'로 정하였다. 강의의 목적은 단순한 정보전달이어서는 안 된다고 생각한다. 강의는 생각을 고취하고 자극해야 한다. 많은 지반공학도들이 본 강좌서적을 활용하여 새로운 아이디어, 연구 테마 및 설계·시공안을 마련하기를 바란다. 앞으로 이 강좌에서는 「말뚝공학편」, 「기초공학편」, 「토질역학편」, 「건설사례편」 등 여러 분야의 강좌가 계속될 것이다. 주로 필자의 강의노트, 연구논문, 연구 프로젝트 보고서, 현장자문기록, 필자가 지도한 석·박사 학위논문 등을 정리하여 서적으로 구성하였고 지반공학도 및 설계·시공기술자에게 도움이 될 수 있는 상태로 구상하였다. 처음 시도하는 작업이다 보니 조심스러운 마음이 많다. 옛 선현의 말에 "눈길을 걸어갈 때 어지러이 걷지 마라. 오늘 남긴 내 발자국이 뒷사람의 길이 된다"라고 하였기에 조심 조심의 마음으로 눈 내린 벌판에 발자국을 남기는 자세로 진행할 예정이다. 부디 필자가 남긴 발자국이 많은 후학들의 길 찾기에 초석이 되길 바란다.

2015년 9월 '홍원표지반연구소'에서

저자 **홍원표**

「건설사례편」 강좌
서 문

은퇴 후 지인들로부터 받는 인사가 "요즈음 뭐하고 지내세요"가 많다. 그도 그럴 것이 요즘 은퇴한 남자들의 생활이 몹시 힘들다는 말이 많이 들리기 때문에 나도 그 대열에서 벗어날 수 없는 것이 사실이다. 이러한 현상은 남지들이 옛날에는 은퇴 후 동내 복덕방(지금의 부동산 소개업소)에서 소일하던 생활이 변하였기 때문일 것이다. 요즈음 부동산 중개업에는 젊은 사람들이나 여성들이 많이 종사하고 있어 동네 복덕방이 더 이상 은퇴한 할아버지들의 소일터가 아니다. 별도의 계획을 세우지 않는 경우 남자들은 은퇴 즉시 백수가 되는 세상이다.

이런 상황에 필자는 일찌감치 은퇴 후 자신이 할 일을 집필에 두고 준비하여 살았다. 이로 인하여 은퇴 후에도 바쁜 생활을 할 수 있어 기쁘다. 필자는 은퇴 전 생활이나 은퇴 후의 생활이 다르지 않게 집필계획에 따라 바쁘게 생활할 수 있다. 비록 금전적으로는 아무 도움이 되지 못하지만 시간상으로는 아무 변화가 없다. 다만 근무처가 학교가 아니라 개인 오피스텔인 점만이 다르다. 즉, 매일 아침 9시부터 저녁 5시까지 집필에 몰두하다 보니 하루, 한 달, 일 년이 매우 빠르게 흘러가고 있다. 은퇴 후 거의 10년의 세월이 되고 있다. 계속 정진하여 처음 목표로 정한 '홍원표의 지반공학 강좌'의 「말뚝공학편」, 「기초공학편」, 「토질공학편」, 「건설사례편」의 집필을 완성하는 그날까지 계속 정진할 수 있기를 기원하는 바다.

그동안 집필작업이 너무 힘들어 포기할까도 생각하였으나 초심을 잃지 말자는 마음으로 지금까지 버텨왔음이 오히려 자랑스럽다. 심지어 작년 한 해는 처음 목표의 절반을 달성하였으므로 집필작업을 잠시 멈추고 지금까지의 길을 뒤돌아보는 시간도 가졌다. 더욱이 대한토목학회로부터 내가 집필한 '홍원표의 지반공학 강좌' 「기초공학편」이 학회 '저술상'이란 영광스런 상의 수상자로 선발되기까지 하였고, 일면식도 없는 사람으로부터 전혀 생각지도 않았던 감사인사까지 받게 되어 그동안 집필작업에 계속 정진하였음은 정말 잘한 일이고 그 결정을 무엇보다 자랑스럽게 생각하는 바다.

드디어 '홍원표의 지반공학 강좌'의 네 번째 강좌인 「건설사례편」의 집필을 수행하게 되었다. 실제 필자는 요즘 「건설사례편」에 정성을 가하여 열심히 몰두하고 있다. 황금보다 소금보다 더 소중한 것이 지금이라 하지 않았던가.

네 번째 강좌인 「건설사례편」에서는 필자가 은퇴 전에 참여하여 수행하였던 각종 연구 용역을 '지하굴착', '사면안정', '기초공사', '연약지반 및 항만공사', '구조물 안정'의 다섯 분야로 구분하여 정리하고 있다. 책의 내용이 다른 전문가들에게 어떻게 평가될지 모르나 필자의 작은 노력과 발자취가 후학에게 도움이 되고자 과감히 용기를 내어 정리하여 남기고자 한다. 내가 노년에 해야 할 일은 내 역할에 맞는 일을 해야 한다고 생각한다. 이러한 결정은 "새싹이 피기 위해서는 자리를 양보해야 하고 낙엽이 되어서는 다른 나무들과 숲을 자라게 하는 비료가 되야 한다"라는 신념에 의거한 결심이기도 하다.

그동안 필자는 '홍원표의 지반공학 강좌'의 첫 번째 강좌로 『수평하중말뚝』, 『산사태억지말뚝』, 『흙막이말뚝』, 『성토지지말뚝』, 『연직하중말뚝』의 다섯 권으로 구성된 「말뚝공학편」 강좌를 집필·인쇄·완료하였으며, 두 번째 강좌로는 「기초공학편」 강좌를 집필·인쇄·완료하였다. 「기초공학편」 강좌에서는 『얕은기초』, 『사면안정』, 『흙막이굴착』, 『지반보강』, 『깊은기초』의 내용을 집필하였다. 계속하여 세 번째 「토질공학편」 강좌에서는 『토질역학특론』, 『흙의 전단강도론』, 『지반아칭』, 『흙의 레오로지』, 『지반의 지역적 특성』의 다섯 가지 주제의 책을 집필하였다. 네 번째 강좌에서는 필자가 은퇴 전에 직접 참여하였던 각종 연구 용역의 결과를 다섯 가지 주제로 나누어 정리함으로써 내 경험이 후일의 교육자와 기술자에게 작은 도움이 되도록 하고 싶다.

우리나라는 세계에서 가장 늦은 나이까지 일하는 나라라고 한다. 50대 초반에 자의든 타의든 다니던 직장에서 나와 비정규직으로 20여 년 더 일을 해야 하는 형편이다. 이에 맞추어 우리는 생각의 전환과 생활 패턴의 변화가 필요한 시기에 진입하였다. 이제 '평생직장'의 시대에서 '평생직업'의 시대에 부응할 수 있게 변화해야 한다.

올해는 세계적으로 '코로나19'의 여파로 지구인들이 고통을 많이 겪었다. 이 와중에서도 내 자신의 생각을 정리할 수 있는 기회를 신으로부터 부여받은 나는 무척 행운아다. 원래 위기는 모르고 당할 때 위기라 하였다. 알고 대비하면 피할 수 있다. 부디 독자 여러분들도 어려운 시기지만 잘 극복하여 각자의 성과를 내기 바란다. 마음의 문을 여는 손잡이는 마음의 안쪽에만 달려 있음을 알아야 한다. 먼 길을 떠나는 사람은 많은 짐을 갖지 않는다. 높은 정상에 오르기 위해서는 무거운 것들은 산 아래 남겨두는 법이다. 정신적 가치와 인격의 숭고함을 위해서는 소유의 노예가 되어서는 안 된다. 부디 먼 길을 가기 전에 모든 짐을 내려놓을 수 있도록 노력해야겠다.

모름지기 공부란 남에게 인정받기 위해 하는 게 아니라 인격을 완성하기 위해 하는 수양이다. 여러 가지로 부족한 나를 채우고 완성하기 위해 필자는 오늘도 집필에 정진한다. 사명이 주어진 노력에는 불가능이 없기에 남이 하지 못한 일에 과감히 도전해보고 싶다. 잘된 실패는 잘못된 성공보다 낫다는 말에 희망을 걸고 용기를 내본다. 욕심의 반대는 무욕이 아니라 만족이기 때문이다.

2023년 2월 '홍원표지반연구소'에서

저자 **홍원표**

『항만공사사례』
머리말

필자는 34년간의 중앙대학교 교수직을 마감하면서 '홍원표의 지반공학 강좌'를 집필하여 오고 있다. 이미 세 시리즈 15권을 완성하고 지금은 네 번째 시리즈인 「건설사례편」을 집필 중이다. 「건설사례편」 집필의 일환으로 이번에 네 번째 주제인 『항만공사사례』를 집필하게 되었다.

최근 우리나라에서는 고도의 산업발전에 따른 건축물의 대형화가 점차 증대되고 있다. 특히 수출 주도의 경제개발이 위주인 우리나라에서는 대형 항만건설이 보편화되었다.

얼마 전 TV에서 포항의 포스코 제철소 건설 당시의 우리나라 실정과 당시 건설에 대한 뒷이야기를 듣고 미래를 볼 줄 아는 눈을 가진 인재가 필요하였던 시기에 미래를 볼 줄 아는 지도자를 가질 수 있었던 것은 우리나라로서는 굉장히 큰 행운이었다는 생각이 들었다.

박태준 회장과는 직접 대면한 적은 없어도 포항과 광양에 걸친 수많은 프로젝트에 관여했던 사람으로 감회가 깊었다.

필자는 포항, 광양, 여수 등 우리나라 항만건설에 유난히 많이 관여했다. 항만이 계획된 지역의 연약지반 개량부터 항만시설의 설계 및 건설에 이르기까지 수많은 참여를 할 수 있었던 것은 개인적으로 큰 행운이기도 했다. 예를 들면, 제5장에서 다룬 포항 구항 방파제 두부 축조구간 지반의 안전성'과 같이 연약한 지반의 안정성에 대하여 집중적으로 설명할 기회를 가질 수 있었고, 필자가 개발한 특이한 안벽 설계법에 근거하여 우리나라에서 특별하게 고안한 벽강관식 안벽의 설계법을 확립시킬 수 있었음은 지금 생각해도 두고두고 가슴 벅찬 기여였다고 생각한다.

이상에서 열거한 바와 같이 이 서적에서의 집필 내용은 연약지반의 개량과 말뚝의 하중전이 및 벽강관식 안벽의 설계법으로 대별할 수 있다. 즉, 이 서적에서는 제반 연약지반 개량 관련 문제점과 항만건설에 관여했던 연구를 취급하였다. 따라서 항만 부지 조성 과정에서 발생하거나 적용한 하중전이, 연약지반 개량, 설계법 등에 대하여 설명하였다. 특히 항만이 예정된 지역에서 발생하기 쉬운 연약지반의 측방유동에 관해서는 이미 출판된 서적『연약지반 측방유동』과 함께 참고할 것을 권유하는 바다.

기존 출판된 서적과의 중복을 피하기 위해 본 서적에서는 연약지반의 측방유동에 관해서는 될수록 기존 출판된 서적을 참조하기로 하고 측방유동을 방지할 수 있는 연약지반의 개량 및 안벽의 설계법에 초점을 맞추어 설명하였다.

이 서적에서는 전체 7장 중 제1장과 제3장에서는 연약지반의 개량공법 문제를 취급하였다. 제1장에서는 고압분사 주입공법(SIG)을, 제3장에서는 쇄석말뚝 시스템공법의 하중전이 메커니즘에 대하여 구체적인 설명을 수록하였다. 먼저 연약지반을 개량하는 작업으로 고압분사 주입공법과 쇄석말뚝 시스템 공법을 설명하였다.

그리고 연약지반 측방유동 판정 기법 및 토목섬유/말뚝복합공법(GRPS)에 대하여 설명하였다. 그런 후 제2장에서 제7장까지는 연약지반에 관련된 측방유동과 지반개량 및 쇄석말뚝 시스템의 하중전이에 대하여 설명하였다. 그 밖에도 벽강관식 안벽의 설계법과 항만호안의 지반 안정성을 설명하였다.

끝으로 본 서적의 내용 중 연약지반의 지반개량에 관해서는 쇄석말뚝 시스템의 하중전이 메커니즘을 공학석사학위 논문으로 다룬 허세영 군의 기여가 컸고, 연약지반상의 뒤채움에 의한 항만호안의 수평변위거동에 관해서는 건설대학원의 박순제 군의 공학석사학위 논문의 기여가 컸음을 밝혀 두는 바다.

2024년 2월 '홍원표지반연구소'에서

저자 **홍원표**

Contents

Chapter 02 연약지반 측방변위 판정기법

Chapter 03 쇄석말뚝 시스템의 하중전이

Chapter 04 연약지반상 벽강관식 안벽 설계법

Chapter 05 포항 구항 방파제 두부 축조구간 지반의 안전성

Chapter

01

고압분사 주입공법(SIG)에 의한 지반개량체의 특성

고압분사 주입공법(SIG)에 의한 지반개량체의 특성

1.1 서론

1.1.1 연구 배경

각종 산업의 발달과 인구의 도시집중화에 따라 유발되는 토지 수요 증대 및 토지 활용 증대에 부응하기 위하여 연약지반이나 도심지에서의 도로공사, 해안매립공사, 지하철공사, 지하굴착공사 등의 각종 토목공사가 빈번히 실시되고 있다. 이와 같은 토목구조물의 축조 시 측방토압 증가, 지하수위 저하, 주변지반 침하, 측방유동 등의 바람직하지 않은 현상으로 인하여 인접구조물에 균열이 발생하거나 붕괴가 발생하여 공사 중의 안전성뿐만 아니라 공사 완료 후의 안전성의 확보에 어려움이 많이 발생하고 있다. 이러한 문제를 해결하기 위해서는 연약지반을 개량하거나 지반의 강도를 증대시킬 필요가 있다.

현재 연약지반의 개량 및 구조물기초지반의 보강을 위하여 약액주입공법(chemical grouting) 및 고압분사 주입공법인 제트그라우팅(jet grouting) 등의 지반개량공법이 건설현장에서 널리 사용되고 있다. 이 가운데 약액주입공법은 약액을 지반 중에 주입 혹은 혼합하여 지반을 고결 또는 경화시킴으로써 지반강도 증대효과나 차수효과를 높일 수 있다. 그러나 이 공법은 저압주입공법인 관계로 적용 대상 지반의 범위가 넓지 못하여 시공 시 종종 난관에 직면하는 결점을 가지고 있다. 그 밖에도 이 공법은 지반개량의 불확실성, 주입효과 판정법 부재, 주입재의 내구성 및 환경공해 등 아직 해결되지 못한 문제점을 내포하고 있다. 이러한 문제점을 해결하기 위해 1970년대부터 수력채탄에 쓰던 고압분사 굴착기술을 도입한 고압분사 주입공법으로 CCP 공법, JSP

공법, SIG 공법 등이 개발되었다. 이들 공법은 종래의 약액주입공법과는 달리 균등침투가 불가능한 세립토층, 자갈층 등 다양한 지층에 대해서도 교반혼합방법 등 여러 가지 형태로 활용할 수 있다. 이들 고압분사 주입공법 가운데 특히 3중관 롯드 방식을 채택하고 있는 SIG(Super Injection Grouting) 공법은 지반보강효과가 크고 적용 대상 지반의 범위가 큰 것으로 알려져 최근 널리 이용되고 있다.

SIG 공법은 초고압분류수의 강력한 운동에너지에 의해 지반을 세굴하고, 세굴된 토립자를 지표면으로 배출시키면서 원지반을 시멘트경화재로 치환시키는 메커니즘을 취하고 있다. 그러나 아직까지 이 공법의 지반개량효과에 관해서는 정확하게 규명된 바가 없다. 단지 현재 SIG 공법의 지반개량효과를 경험에 의거하거나 외국의 자료를 토대로 하여 피상적이고 현상적으로 판단하여 현장에 적용하고 있다.[2,17] 그럼에도 불구하고 국내 각종 토목공사에서 SIG 공법의 채택 빈도는 점점 증가하고 있는 실정이다. 따라서 SIG 공법을 각종 건설공사에 유효·적절하게 적용하기 위해서는 SIG 공법의 지반개량효과를 면밀히 연구할 필요가 있다.

1.1.2 연구 목적

SIG 공법은 초고압분류수의 운동에너지로 지반을 세굴 파괴하여 지중에 인위적인 공동을 형성시킨 후 경화재를 충진시키는 치환공법이다. 이 공법은 이토에서 연암에 이르는 넓은 범위의 토층에 적용할 수 있는 개량공법으로 취급·활용하고 있다.[2,17]

현재 유럽에서는 흙막이벽의 차수 및 강도보강, 연약지반 속의 터널의 보강, 토목구조물의 기초보강에 이용되고 있다. 그 밖에도 지반앵커 및 록앵커를 대신해서 사면안정용으로 사용되는 등 각종 지반보강에 다각적으로 사용되고 있다.

국내에서도 본 공법을 각종 토목공사에 보조공법으로 사용하여 지반강도보강 및 차수효과 면에서 우수한 성과를 얻고 있다. 그러나 아직 본 공법의 지반개량효과 및 개량체의 강도특성, 차수특성에 대해서는 명확히 규명되고 있지 못한 실정이다.

따라서 본 연구에서는 고압분사 주입공법의 지반개량효과를 면밀히 규명하는 것을 목적으로 한다.[17] 이러한 목적으로 일산 신도시 지하철굴착현장 부근에서 현장실험을 실시하여 지중에 SIG 개량체를 형성시켰다. 이 현장에서 시공된 시험시공 개량체에 대하여 각종 실내시험 및 현장시험을 실시한다. 즉, 실내시험으로는 시험현장 개량체에서 채취된 코어를 가지고 일축압축강도시험 및 점하중재하시험을 실시하여 압축강도를 조사하며, 현장시험으로는 SIG 개량체 내의 보링 구멍 내에서 공내재하시험 및 수압시험(packer test)을 실시하여 현장변형계수 및 현장투수계수를 조사하고자 한다.

한편 SIG 공법에 대한 각종 시험 결과를 본 실험현장과 지반조건이 유사한 부근 지반에서 실시된 JSP 공법과 SCW 공법에 의한 지반개량체의 시험 결과와 비교·분석하여 SIG 개량체의 강도특성 및 투수특성의 우수함을 확인하고자 한다.(17)

1.1.3 연구 범위

본 연구에서는 현재 적용되고 있는 주입공법을 약액주입공법과 고압분사 주입공법의 두 가지로 크게 분류하여 이에 관련된 사항을 전반적으로 정리·분석한다.

먼저 화학약액, 석회, 시멘트 등을 지반에 침투·주입시켜 지반을 고결 또는 경화시키는 각종 약액주입공법의 개량효과 및 적용 범위 등에 대하여 알아본다. 그 다음에 일산 신도시 지하철공사현장 흙막이벽체 배면에 차수목적으로 SIG 공법이 채택 시공된 시공 사례를 열거·설명한다. 이 시공 기록을 본 현장과 지반특성이 유사한 다른 현장에서 타주입공법(SCW, JSP)에 의하여 실시된 현장시공기록과 비교·분석한다.

끝으로 일산 지하철 굴착현장 부근에서 실시된 현장시험공의 개량체 내에 천공하여 공내재하시험 및 현장투수시험과 같은 현장시험을 실시하고, 코어를 채취하여 각종 실내시험을 실시한다. 즉, 채취된 코어를 이용하여 일축압축강도시험, 점하중재하시험 및 탄성파시험을 실시하여 고압분사 주입공법의 지반개량효과를 조사·분석한다. 또한 이들 시험 결과로부터 얻는 강도 및 투수의 특성을 타주입공법에 의한 값과 비교·분석한다. 그 밖에도 SIG 공법으로 시공된 국내 현장기록을 조사·정리하고자 한다.

1.2 주입공법

1.2.1 주입공법의 개요

(1) 약액주입공법(9)

약액주입공법은 지반개량공법 중의 하나로 고결재를 지중에 유입하는 압력주입공법이며, 이것은 최근에 행해지고 있는 교반혼합공법 및 고압분사공법과 구별된다. 즉, 약액주입공법은 지반의 투수성을 감소시키거나 지반의 강도를 증대시킬 목적으로 세립관을 통하여 소정깊이에 약액을 주입하는 공법이다.(38,46,50,52)

이와 같이 약액을 지중에 주입하여 지반을 고결 또는 경화시킴으로써 최근 각종 토목공사에서 지반강도의 증대나 차수효과를 상당히 높이고 있다. 특히 지하철공사, 지하차도공사, 도심지 굴착공사 등의 토목공사에서 종종 직면하게 되는 교통장애, 협소한 도로, 주택지의 밀집, 각종 지하매설물 등의 악조건을 용이하게 극복하고 안전한 시공을 실시하고자 할 때 많이 사용되고 있다.

현재 약액주입공법은 건설공사의 넓은 분야에 걸쳐 광범위하게 적용되고 있다.(11,61) 예를 들어, 터널굴진 시의 지반 붕괴 방지 및 굴착 바닥의 융기 방지, 도심지지반 굴착 시 인접건물 언더피닝(underpinning), 흙막이벽의 토압 감소, 기초의 지지력 보강, 댐 기초의 지수 목적으로 활용되고 있다. 그 밖에도 최근에는 지반진동을 경감하기 위한 대책으로도 쓰이고 있다.(57-60)

약액주입공법의 특징으로는 설비가 간단하고 소규모여서 협소한 공간에서도 시공이 가능한 점과 소음, 진동, 교통에 대한 문제가 적은 점을 들 수 있다. 더욱이 신속하게 시공할 수 있다는 장점도 갖고 있다. 또한 주입관은 상하, 좌우 어느 방향으로도 압입이 가능하며, 지중에 매설물이 있어도 큰 영향을 받지 않고 주입구로부터 상당히 넓은 범위를 개량할 수 있다.

그러나 복잡하고 불균일한 지반을 대상으로 약액주입공법을 적용할 경우 대상 지반의 불균일성, 약액의 종류, 겔화 시간, 주입압력, 주입방식 등의 여러 가지 요인에 크게 영향을 받으므로 지반개량효과를 정확히 확인하기가 어렵다. 특히 본 약액주입공법에는 개량 후의 지반고결강도의 신뢰성 문제, 지하수 등의 수질오염 문제, 정확한 주입효과의 판정방법의 부재 문제 등 아직까지 해결되지 않은 많은 문제점들이 내포되어 있어 고도의 시공기술과 철저한 시공관리가 요구된다. 또한 현재 사용되고 있는 약액은 내구성에 문제가 있어 영구적으로 사용되는 예는 거의 없다. 따라서 내구성이 있는 약액의 개발이 필요하다.(46,52,56,62)

본 공법에 대한 공학적 체계화가 진행 중에 있는 현 상황에서 볼 때 다른 지반개량공법에 비해 반드시 신뢰할 수 있는 공법이라고는 할 수 없다. 그러나 본 공법의 역할을 감안해볼 때 사용 빈도가 점차 증대되고 있어서 본 공법이 내포하고 있는 문제점들을 해결하고 발전시키기 위해서는 보다 많은 연구가 뒤따라야 한다.

(2) 고압분사 주입공법

고압분사 주입공법은 지반개량공법의 하나로서 경화재를 고압고속으로 일정한 방향으로 송출시킴으로써 이 분류체가 가진 운동에너지에 의해 지반을 절삭·파괴하는 동시에 경화재로 원지반을 치환시키거나 교반혼합시키는 공법이다. 즉, 고압분사 주입공법은 분출압력이 대기압의 보통 200~500배 정도인 초고압력의 유체로 구성된 제트(jet) 분류의 에너지로 지반을 절삭파괴시켜 생긴 공간에 지반을 개량하는 주입재를 충진시키는 공법이다.[27,33,40,48]

이 공법의 특징 중의 하나는 에너지 변환효율이다. 고압분류유체의 밀도, 유량 노즐의 직경, 압력의 크기, 노즐의 이동속도 등을 변환시킴으로써 용이하게 지반의 파쇄조건을 변화시킬 수 있다. 분사 노즐의 운동형식에 의해서 지중에 원주상의 고결체 형성을 기본으로 하여 연직방향, 수평방향 어느 쪽으로도 고결체를 지중에 조성할 수 있다.[27-29]

이 공법은 초고압분류수에 의한 암반굴착기술을 지반개량공법으로 응용한 것으로, 공법이 개발된 직접적인 계기는 약액주입공법의 문제점을 보완하고자 하는 데 있었다. 즉, 약액주입공법에서는 지층의 복잡성 및 이방성 때문에 균질한 침투주입을 개량할 수 없었으며, 개량지반 전체에 대한 균일한 개량효과를 얻을 수 없었다. 특히 비공학적 요소가 많이 존재하고, 이론과 실제와의 모순을 피할 수 없는 면이 존재하였다. 그러나 고압분사 주입공법은 이러한 약액주입공법의 결점을 어느 정도 해결하고 있다.

고압분사 주입공법의 장점은 지중에 인위적으로 만든 간극에 경화재를 충진시키기 때문에 인접건물이나 지하매설물에 미치는 영향을 상당히 감소시킬 수 있다는 점과 사용하는 재료가 무공해 시멘트계 재료이므로 지하수 오염물질에 해당하지 않는다는 점이다. 또한 경화재의 밀도도 높기 때문에 지중에 다소의 유속이 있어도 유실되지 않으므로 지반조건이나 시공 목적에 따라 균일한 개량체를 조성할 수 있으며 개량체의 직경을 어느 정도 조절할 수 있다.[2,10,45,66]

이 공법에 의한 개량체를 말뚝 대용으로 사용하고자 하는 시도도 있어 현장 콘크리트말뚝과 자주 비교되고 있다. 본 공법의 적용 범위는 연약지반의 지지력 보강, 히빙의 방지, 사면붕괴의 방지, 기설구조물의 보호 및 언더피닝 등 어떠한 경우에도 적용 가능하다. 그 밖에도 현장에서 말뚝을 지중에 조성하여 흙막이 등의 목적으로 사용할 수 있다. 특히 흙막이의 경우에는 지수효과를 얻을 수 있기 때문에 굴착흙막이 벽면의 안정처리에 적합하다.[7,11,13,15,16,23,24,51]

1.2.2 주입공법의 역사

주입공법은 약액주입공법이 먼저 개발되었으며 최근에 활용되는 고압분사 주입공법의 개발에까지 이르고 있다. 약액주입공법은 19세기 초 프랑스의 Berigny가 점토와 석탄의 수용액을 세굴된 수문의 보수공사에 이용한 것이 시초가 되었다. 또한 점토의 대용으로 천연 시멘트(pozzolana)도 이용되어 자갈층 지반에의 침투주입도 행해졌다. 그 후 포틀랜드 시멘트가 개발되었고 주입용 펌프의 개량과 더불어 시멘트의 현탁액을 암반의 균열에 주입하는 기술이 개발되어 터널굴착 등의 토목공사 이외에 광산의 입갱굴착공사에서 용수처리로 시공되었다.[52] 이러한 기술은 댐의 건설이 시작된 1920~1930년대에 비약적으로 발전하여 댐 기초암반의 차수를 목적으로 하는 커튼그라우팅(curtain grouting)이나 강도 증가를 목적으로 하는 압밀 그라우팅 등 현재의 암반 주입기술의 기초가 되었다.

일본에서도 1915년에 탄광입갱굴착에 시멘트가 사용된 기록이 있으며, 1924년에는 터널 용수처리에 다량의 시멘트밀크가 사용되었다. 한편 지반에의 침투를 목적으로 한 현탁액형 주입재의 발상은 19세기 후반(1986) 독일의 Jeziorsky의 물유리계와 염화칼슘을 각각 지반에 주입하는 기술까지 거슬러 올라간다.

이 방법은 1926년 광산 기술자 Joosten에 의해 실용화되었고, 그 후 지하철공사 등에 사용되었지만 세립토층에서는 침투가 어려워 일반화되지는 못하였다. 1930년대에 이르러서 주재의 물유리계와 반응재의 염화칼슘을 별도로 주입하는 2액 2계통식(2shot형)으로 대체되었고 주재와 반응재를 사전에 혼합해서 주입하는 2액 1계통식(1.5shot형)의 약액의 개발이 이루어졌다. 그리고 물유리계를 주재로 하고 염산이나 유산 등의 염류, 중탄산나트륨, 염화나트륨 등의 염류를 반응재로 하는 약액이 뒤따라서 개발되었다.[25,26] 이러한 것이 현재 수많은 물유리계 용액형 약액의 기본이 되었다.

일본에서는 1952년에 발표된 알루미늄산염화나트륨을 반응재로 하는 MI법이 개발되어 약액주입공법이 토목공사에 응용되기 시작하였다.[25] 1961년에는 물유리계에 시멘트밀크를 반응재로 이용한 LW 공법이 개발되었고, 건설공사의 증가와 동시에 주입공법이 발전하는 토대가 되었다. 그 후 LW 공법은 고로수재 슬래그 이용에 의해서 겔화 시간을 자유롭게 조절하여 강도 증가와 내구성, 내해수성의 향상 등 뛰어난 성질을 가진 MS 공법으로 발전하였다.[30]

한편 1960년에 석유화학공법의 발달을 배경으로 아크릴아미드계, 요소계, 우레탄계와 같이 각각의 특징이 있는 고분자계약액이 차례로 개발되어 주입공사의 전성기를 추구하였다. 그리고

1970년대에 들어와서 이러한 고분자계 약액은 이때까지의 약액으로 지반개량이 불가능하였던 지반에 대해서도 뛰어난 개량효과를 발휘하였다. 반면 지반조건이나 주변 환경에 대해 충분히 고려하지 않고 사용함으로써 지하수오염 문제를 일으키게 되었다.

1974년 일본에서 발생한 이 아크릴아미드계 약액에 의한 우물, 호수 오염문제를 계기로 일본 건설성에서 동년 7월 '약액주입에 의한 건설공사의 시공에 관한 잠정지침'을 발표하였다. 이것에 의해 일본에서의 약액주입은 사용재료가 물유리계의 약액으로 제한되었다.

또한 이때까지의 시공기술은 가장 간단한 단관 롯드에 의한 2액 1계통식(1.5shot형)에 의한 것이 대부분이었지만 이 방식으로는 아무리 성능이 좋은 약액을 사용해도 약액의 유출을 피하기 어려워 복잡한 지층구조를 가진 연약지반을 확실하게 개량하는 것은 매우 어려운 실정이었다. 따라서 약액을 개량 범위에 확실하게 주입할 목적으로 1976년경부터 수초의 겔화 시간을 가진 순결성 약액과 이중관을 이용한 순결이중관 공법이 실용화되었다. 이 공법을 기초로 순결성 약액과 겔화 시간이 수분 이상의 완결성 약액을 조합시켜 보다 낮은 압력에서 효과를 증대시킬 수 있는 복합주입공법도 실용화되었다.[46,52] 또한 프랑스에서 개발된 겔화 시간이 매우 긴 약액을 이용하는 주입방식도 점차로 확대되어 이중관 더블팩커 공법으로 정착되어 현재에 이르고 있다.

한편 1965년에 이르러서 종래의 약액주입공법의 단점을 보완하기 위해 고압분사 주입공법이 개발되었다. 본 공법은 심층지반을 개량하는 기술로서 약액주입공법보다 훨씬 광범위하게 적용되는 지반개량공법이다.

지반을 굴삭·제거하기 위해 고압분류체와 시멘트소일의 사용에 대한 최초의 연구는 1965년 초에 일본에서 Yamakado 형제에 의해 시작되어 1970년 초에 이르러서 고압분사 주입공법이 개발되었다. 고압분사 주입기술은 Nakanishi와 그의 회사 N.I.T에 의해 발전하였다. 단일 롯드의 하단에 위치하고 있는 작은 노즐(1.2~2.0mm)을 통해서 초고압력으로 분사된 분사매체로 화학주입재와 시멘트 주입재를 사용하였다. 주입재가 분사되는 동안 단일 롯드는 상승회전하므로 소일-시멘트 기둥과 같은 말뚝이 형성된다. 공법의 가장 큰 특징은 현장에서 지반을 굴삭하기 위해 세 가지 다른 형태의 유체(물, 공기, 주입재)가 사용되기 때문에 세 가지 롯드 방식이 요구된다.[18,19]

이러한 공법은 국제적인 기술용어로는 '제트그라우팅 공법'으로 칭하는데, 1965년경부터 일본에서 최초로 단관분사방법을 사용하여 경화재를 고압으로 분사시켜 지반을 세굴하고 경화재를 원지반과 혼합시켜 원주상의 개량체를 조성하는 CCP 공법이 개발·실용화되어 공사현장에 응용되었다.

당시 CCP 공법은 고압분류체가 분출할 때 그 수력으로 지반을 파쇄할 수 있다는 것에 힌트를 얻어서 개발되었다. 지반 중에 주입관을 삽입하여 수평방향으로 200kg/cm^{2}의 고압으로 경화재(cement paste)를 분사시켜 주입관을 회전 인발시킴과 동시에 직경이 30~50cm 정도의 원주상 고결체를 지중에 형성하는 것이다.[45,47,64]

1970년 중반 제트그라우팅에 대한 변화가 급속하게 일어났다. 이러한 결과로 제트그라우팅 공법은 당연히 지반개량공법으로서 세계 여러 나라에서 주목을 받았다. 여기에 에어젯(air jet)을 변형시킴으로써 토층에 경화재 분류체의 절삭능력을 높여 직경을 CCP 공법보다 크게 하는 2중관 분사공법을 개발하였는데, 이를 JSP 공법이라 칭하였다. JSP 개량체는 압축공기를 사용함으로써 비슷한 분사매개체를 사용하여 만든 CCP 개량체보다 크기가 일반적으로 1.5~2배 더 크다.[10,40,53,65]

고압분사 주입공법의 기술은 서유럽(특히 이탈리아, 독일, 브라질)에서도 활발하게 활용되었다. 일례로 1974년경 이탈리아에 CCP 공법이 도입되어 고압분사 주입공법의 기본 원리 및 시공실적과 기술자료를 기초로 해서 이탈리아 RODIO 회사에 의해 기술개량이 이루어졌다. 한편 1979년 초에 북아메리카에도 고압분사 주입공법이 널리 보급되었다.[19-22,63,66]

오늘날 기계공학의 발전과 더불어 400~800kg/cm^2 정도의 초고압 펌프가 개발되어 분류체의 수압이 더욱 커지고, 3중관 분사공법의 개량으로 급기야는 직경이 2.0~2.5m가 되는 초대형 원주상 고결체를 지중에 조성할 수 있게 되었다.[51] 이러한 공법은 이탈리아 Pacchiosi 회사에서 개발한 공법으로 종래의 고압분사 주입공법의 기본 원리에, 그동안 기술 축적된 경험을 바탕으로 개발된 분사 시스템을 합하여 더욱 개량 발전시킨 공법이다. 본 공법의 명칭은 Super Injecting Grouting의 알파벳 첫머리를 문자로 인용하여 SIG 공법이라 부른다. 본 공법의 분사 시스템은 3중관 롯드 방식으로 1991년 국내에 처음으로 도입되어 연약지반의 개량공사 및 각종 토목공사의 보조공법으로 널리 활용되고 있다.[2,6]

1.2.3 주입재의 분류 및 특성

(1) 주입재의 분류

주입재는 유동성을 갖고 있으므로 지중의 간극 내에 압입·충진되어 일정 기간이 경과하면 경화 또는 고결하는 성질을 갖고 있다.

일반적으로 약액을 유동성과 주제별로 분류하면 표 1.1과 같이 시멘트계, 점토계, 아스팔트계 등의 현탁액형과 물유리계 및 고분자계와 같은 용액형으로 크게 구분되는데, 이 중 물유리계 및 고분자계를 약액이라고 부른다. 고분자계에는 크롬리그닌계, 아크릴아미드계, 요소계 및 우레탄계 등의 약액이 이에 속한다.(9,34-36)

표 1.1 주입재의 분류

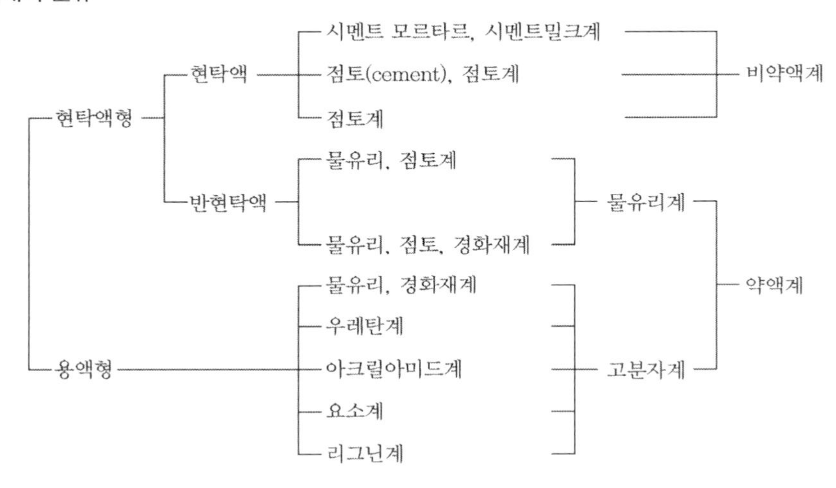

(2) 주입재의 특성

시멘트계를 함유한 현탁액형 주입재는 일반적으로 고강도고 내구성이 커서 경제적인 면에서 가장 널리 사용되고 있다. 하지만 지반 내의 침투성이 나쁘기 때문에 비교적 큰 공극을 갖는 사력층 이외에는 주입되지 않으며, 경화하기까지는 많은 시간이 소요된다. 따라서 시멘트계를 함유한 현탁액형 주입재는 고압분사 주입공법에서 지반을 절삭하는 초고압분류체로 사용되거나 지중에서 초고압으로 절삭된 토립자와 교반·혼합되어 원주상의 고결체를 형성시키는 데 사용된다. 이러한 고결체는 지수, 지반보강, 기존구조물의 기초보강 등에 큰 효과를 발휘하고 있다.

물유리계 주입재는 침투성이 좋아 사력층, 모래지반, 실트질 모래지반 등에 널리 사용되고 있다. 물유리계 주입재의 겔화 시간은 수 초에서 수십 분까지 조절이 가능하며, 고농도의 물유리계를 사용하면 고분자계 주입재에 상응하는 고강도의 고결토를 얻을 수 있다. 한편 입자가 작아서 시멘트 주입으로는 기대할 수 없는 작은 균열의 깊은 곳까지 주입할 수 있다. 물유리계 주입재는 단관 고압분사 주입공법인 CCP 공법에서도 널리 사용되고 있으며, 시멘트계와 함께 사용하면 개량 강도를 증대시킬 수 있다.[45] 차수효과가 크고 공해의 염려가 적어 다른 주입재보다 많이 사용되고 있다.

우레탄계는 지반에 주입되어 물과 접촉하는 순간 고결화가 이루어지기 때문에 유속이 빠른 지하수류에서 차수용으로 효과가 크다. 또한 팽창성이 매우 우수하여 주입량 이상의 고결화가 가능하고, 강도 증대 효과가 매우 높으나 물과 혼합되지 않는 부분에서는 고결이 어려우며, 점도가 매우 높아서 경우에 따라서 유독가스가 발생하기도 한다.

아크릴아미드계는 점성이 약액 중에 가장 낮아 침투성이 매우 우수하다. 겔화 시간의 조절이 정확하고 용이하며 겔화 직전까지도 저점성을 유지할 수 있다.

요소계는 투수성도 양호하고 약액 중 강도효과가 가장 우수하고 경제적이다. 그러나 강산성 조건이 아니면 겔화가 어렵다.

크롬리그닌계는 물유리계와 비슷한 점성을 가지고 있으나 재료자체에 계면활성효과가 있어서 침투성은 우수한 편이다. 또한 강도증대효과도 크며 값도 비교적 저렴하나 유독성을 함유하고 있어 지하수 오염에 충분한 주의를 요한다.

1.2.4 주입공법의 분류

주입공법은 매립지 또는 간척지등의 연약지반상에 구조물을 축조할 때 연약지반의 지지력 보강, 지반융기 방지, 사면붕괴의 방지, 가설구조물의 보호를 위한 지반강화를 목적으로 실시한다. 또한 흙막이벽의 지수, 저수지 등의 누수 방지, 지하 댐의 건설 시나 특히 기존 댐의 누수 방지를 위한 지수목적으로도 사용된다.

이러한 주입공법은 지반을 고결 개량하는 것에 의해 지반의 투수성을 감소시키고 지반을 보강시키기 위하여 각종 토목공사에서 보조공법으로 광범위하게 사용되고 있다. 주입공법으로는 주입재에 적당한 압력을 가하여 지반 중에 주입하는 약액주입공법과 주입재를 지반 속의 고압으로 분사하여 주입재와 절삭토를 혼합함으로써 고결시키는 고압분사 주입공법으로 대별된다.[43,51]

(1) 약액주입공법

① 공법의 분류[12,35,44,46,52,54]

약액주입공법은 시멘트, 점토 또는 모래 및 약액을 이용해서 조합된 주입재를 지반에 주입해서 지반개량을 실시하는 공법이다. 약액의 혼합방식으로는 1액 1계통식(1shot 방식), 2액 1계통식(1.5shot 방식), 2액 2계통식(2shot 방식)이 있다.

현재 사용되는 각종 약액주입공법에서는 각각의 방식에 사용되는 주입재의 특성을 고려할 수 있도록 관로의 구성이나 주입 모니터(주입관의 하단에 토출구가 있는 부분)가 고안되었다. 주입관으로는 보링 롯드를 주입관으로 겸용하고 있는 단관 롯드, 다중관 롯드(2중관 또는 3중관 롯드) 형식과 미리 주입관을 삽입한 후에 주입재를 주입하는 형식의 단관 혹은 2중관 방식의 두 가지가 있다. 한편 주입재의 분출 방식으로는 주입관의 외부에 있는 여러 개의 작은 구멍에서 횡방향으로 이루어지는 방식과 주입관의 하단에서 보링 수와 함께 직접 하향으로 분출하는 방식이 있다. 즉, 단관 롯드 공법, 단관 스트레이나 공법, 2중관 더블팩커 공법, 2중관 롯드 공법, 2중관 롯드 복합공법 등이 있다.

각 공법의 특징 및 개요는 표 1.3과 같으며, 표 1.2는 현재 국내외에서 실시되고 있는 주입공법을 주입관 형태에 따라 분류한 것이다. 대표적인 주입공법의 개략도를 도시하면 그림 1.1과 같다.

표 1.2 약액주입공법의 분류

<table>
<tr><th>공법명</th><th>공법</th><th>혼합방식(shot)</th><th>주입방식</th></tr>
<tr><td rowspan="2">LW 공법</td><td>롯드 공법</td><td>1.5</td><td rowspan="2">단관주입공법</td></tr>
<tr><td>스트레이나 공법</td><td>1, 1.5</td></tr>
<tr><td>TAM 공법</td><td>2중관 더블팩커 공법</td><td>1</td><td rowspan="3">다중관주입공법</td></tr>
<tr><td>SGR 공법</td><td>2중관 롯드 공법</td><td>2</td></tr>
<tr><td>토연식 공법</td><td>다중관 복합공법</td><td>(1차 주입): 1.5
(2차 주입): 1, 1.5, 2</td></tr>
</table>

표 1.3 약액주입공법의 개요 및 특징

주입공법	공법	공법의 개요	특징
단관주입공법	롯드 공법	천공과 주입을 동시에 실시하고, 롯드를 통해 선단부터 주입재를 압입한다.	작업이 용이하고 경제성이 좋다.
	스트레이나 공법	스트레이나 관을 지중에 설치하고 전진식(step down)으로 압입한다.	다수공에서 분출되고, 수평으로 분출 압입이 가능하다.
2중관 주입공법	2중관 더블팩커 공법	외관을 지중에 고정시킨 후 더블팩커를 부착한 내관을 외관의 소정의 단계에서 결합시켜 압입한다.	전진식 주입과 후진식 주입이 자유롭고, PQ 관리가 용이하다. 복합주입과 반복합주입이 가능하여 광범위한 지반에 적용이 가능하다.
	2중관 롯드 공법	천공 후 2액을 외관과 내관에 나누어서 압송하고, 선단부에서 합류시켜 압입한다. 용액과 현탁액을 병용한 공법이 있다.	주입재가 주입 범위 밖으로 유출되는 것이 거의 없이 한정주입된다.
	2중관 롯드 복합공법	천공 후 순결성과 침투성 약액을 외관과 내관을 조합시킨 특수 2중관 방식으로 압입한다.	복합주입이 가능하여 광범위한 지반에 적용이 가능하다.

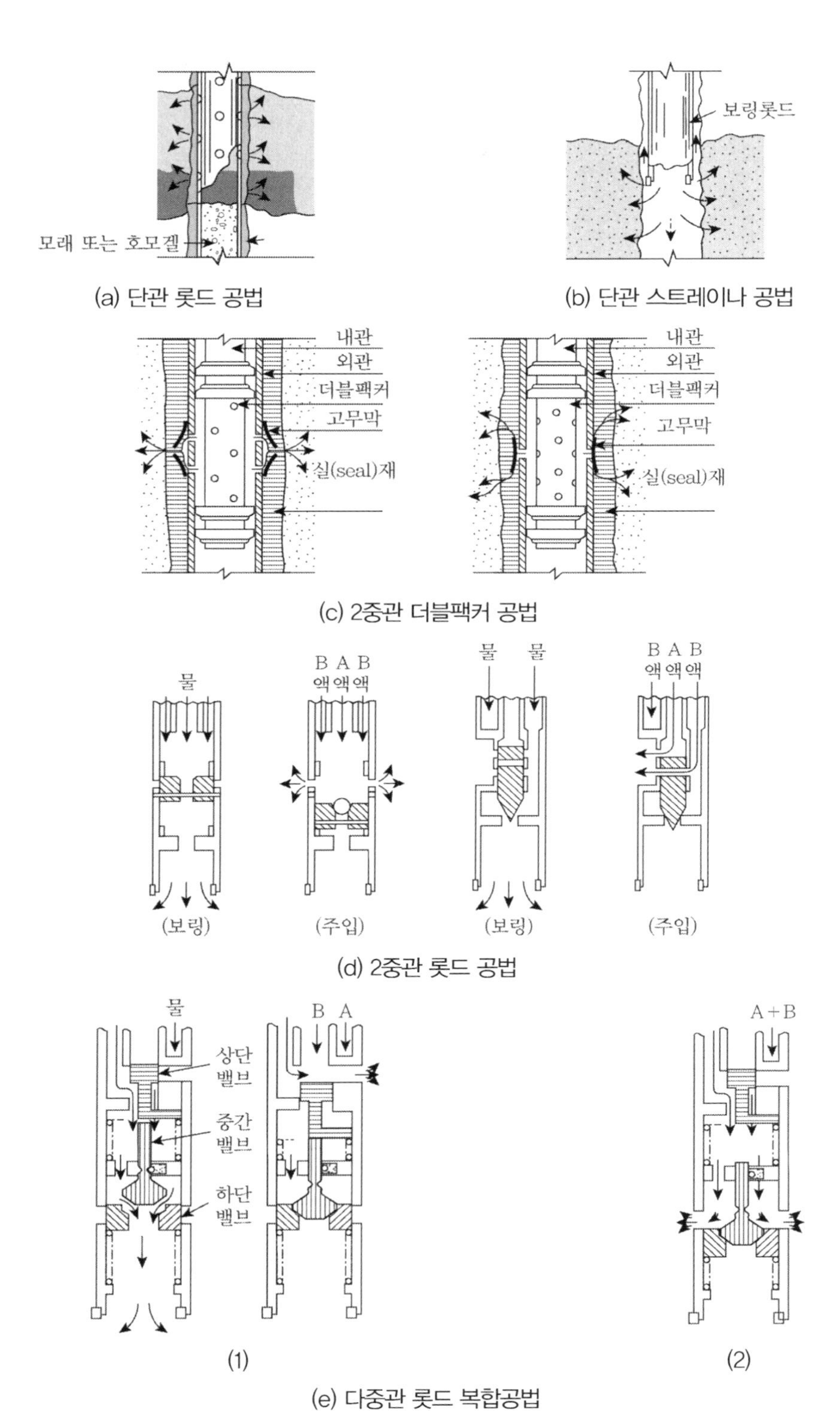

그림 1.1 대표적인 주입공법의 개략도

② 주입효과

약액주입공법은 시멘트나 약액 등의 주입재를 지중에 주입해서 지반개량을 실시하는 공법으로 다른 개량공법에 비해 간단하고 편리하다는 특징을 가지고 있다. 또한 적절히 시공된 개량지반은 굴착에 대한 적절한 강도와 충분한 지수성을 가지고 있다. 따라서 지하철공사나 도심지 지하굴착공사에서 지수나 지반보강을 목적으로 하는 보조공법으로서 중요한 지반개량공법의 하나가 되고 있다.

이 공법은 시공설비가 간편하지만 시공하는 지반조건이나 시공조건의 영향을 크게 받으므로 절대적으로 신뢰성이 있는 공법이라고 할 수는 없다. 즉, 지반개량효과는 시공의 정도, 주입재의 선정, 시공기술자의 경험이나 기량에 크게 영향을 받는다.

주입공법에 사용되고 있는 주입재는 표 1.3과 같다. 주입재 가운데 현탁액형 약액은 시멘트계나 점토계 또는 물유리계의 경화재를 사용하고 있어 개량지반의 강도는 크게 나타나며 내구성이 우수하다. 그러나 점성이 높아 침투성은 양호하지 못하다. 따라서 투수성이 좋은 사질토지반의 경우 주입재는 토립자 간에 균등 침투하여 주입구를 중심으로 한 구형에 가장 가까운 고결체가 형성될 수 있지만 침투성이 나쁜 점성토지반의 경우에는 균등침투가 곤란하므로 할렬주입이 이루어진다.

따라서 점성토지반의 경우에는 주입재 자체가 어느 정도 강도를 지닌 시멘트계 이외의 주입재를 사용할 경우에는 강도 증가를 기대할 수 없다. 그러나 시멘트계 주입재가 주입공에서 가까운 각 방향으로 비교적 잘 분산·주입되는 경우 지반개량효과는 어느 정도 기대할 수 있다.

보통 실드 공법에 의한 터널공사에서는 절취면을 물리적으로 억제하는 것이 불가능하지만 주입에 의하여 지반을 고결·강화시킴으로써 안정된 상태로 확보하는 것이 가능하다. 또한 개착공사에서도 흙막이벽 배면에 주입재를 주입하면 토압을 감소시켜 수평지보공의 절감이 가능하다. 극단적인 예로서는 흙막이벽을 설치하지 않고 앵커 공법을 병용하여 토압을 앵커가 부담하는 것으로 하는 주열식 흙막이벽 굴착공사도 가능하다.[31,32]

주입재의 주입 형태는 주입재가 침투하기 쉬운 방향으로 주입되기 때문에 원형의 고결체를 얻는 것은 곤란하며, 그림 1.2에 나타난 바와 같이 주입고결체가 부정형이 되기 쉽다. 따라서 지수를 목적으로 하는 경우 단열주입은 충분한 지수효과를 기대할 수 없고, 다소 미고결된 부분이 남아 있으므로 지수벽이 중첩되도록 그림 1.3과 같이 복렬주입을 기본으로 한다. 이 경우에 주입고결체가 연결되는 것이 필요하기 때문에 충분한 양의 주입재를 주입할 필요가 있다.[57]

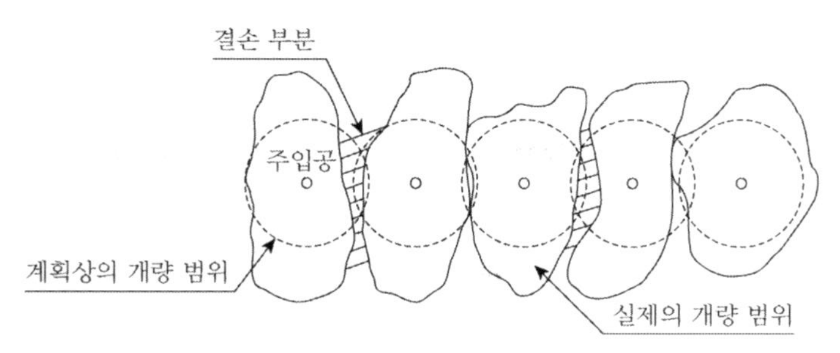

그림 1.2 약액주입재의 고결거동

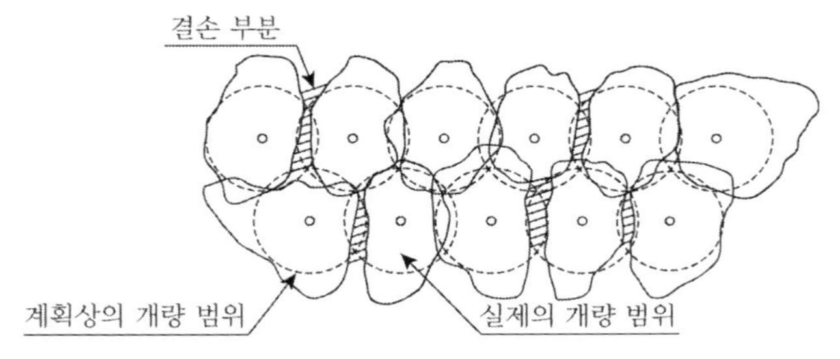

그림 1.3 복렬주입 상태

(2) 고압분사 주입공법

① 공법의 분류

약액주입공법은 주입압력이 수 kg/cm^{2}에서 수십 kg/cm^2 정도의 비교적 저압주입공법인 데 반하여 최근에는 주입재를 고압으로 분사시켜 지반을 개량하는 분사주입공법이 많이 사용된다. 분사주입공법은 개량체의 조성방법에 의해 크게 교반혼합공법과 고압분사공법으로 구분한다.

교반혼합공법은 종축으로 교반날개를 가진 안정처리기로 천공하고, 주입재를 지중에 주입하여 원지반을 기계적으로 교반·혼합시켜 개량체를 조성하는 지반개량공법이다. 이 공법의 주입재로서는 시멘트, 벤토나이트, 생석회, 약액(물유리계) 등이 이용된다.

고압분사 주입공법은 보통 보링 기계나 고압회전의 보링 기계의 롯드 선단에 특수한 노즐을 장착시켜 지중에 지반을 절삭하고, 주입재를 고압으로 분사시켜 지중의 지반을 절삭시킨 후 절삭 부분의 토립자와 혼합교반하거나 치환시켜 개량체를 조성하는 공법이다. 이 공법의 주입재로서는 시멘트밀크나 약액 등이 이용되고 있다.

분사교반공법은 대형 기계를 사용하고 설비도 대규모이므로 해저나 매립지의 연약지반상에 구조물을 축조하는 안벽, 호안, 하수처리장 등의 기초지반의 개량에 이용되고 있다. 한편 고압분사방식은 개량체의 강도도 크고 지수성이 뛰어나기 때문에 터널공사나 굴착공사의 보조공법으로 이용되고 있다.

고압분사 주입공법은 분사 메커니즘, 사용기계, 분사압력, 시공방법에 따라 다음과 같은 세 가지 공법으로 크게 분류할 수 있다.(6,10,39,49,52,55) 이들 공법들을 비교하면 표 1.4와 같다.

표 1.4 고압분사 주입공법의 분류

공법		CCP 공법	JSP 공법	SIG 공법
공법특징		기계교반혼합공법	교반혼합공법	치환공법
적용지반		점성토, 사질토	점성토, 사질토	점성토, 사질토, 사력층
시공 사양	상용압력	$P=200\text{kg/cm}^2$	$P=200\text{kg/cm}^2$	$P=500\text{kg/cm}^2$
	피압 대상	초고압경화재	초고압경화재+공기	초고압수+공기
	사용 경화재	물유리계현탁형 시멘트계	시멘트계	시멘트계
	초고압 노즐경	1.2~3.2mm	3.0~3.2mm	1.8~3.2mm
	롯드	단관	2중관	3중관
	천공방법	단관 롯드로 천공	2중관으로 직접	3중관으로 천공
개량경		$\phi300\sim\phi500$mm	$\phi800\sim\phi1200$mm	$\phi1200\sim\phi2000$mm
개량 강도	점성토	$q_u=25\sim30\text{kg/cm}^2$	$q_u=20\sim40\text{kg/cm}^2$	$q_u=100\sim200\text{kg/cm}^2$
	사질토	$q_u=30\sim40\text{kg/cm}^2$	$q_u=40\sim90\text{kg/cm}^2$	$q_u=200\sim300\text{kg/cm}^2$
개요도		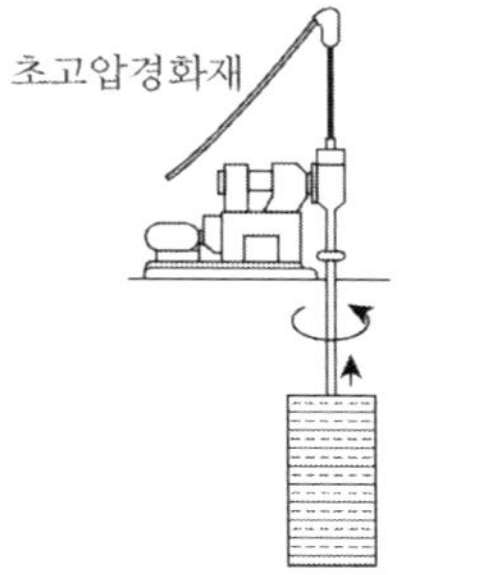 초고압경화재	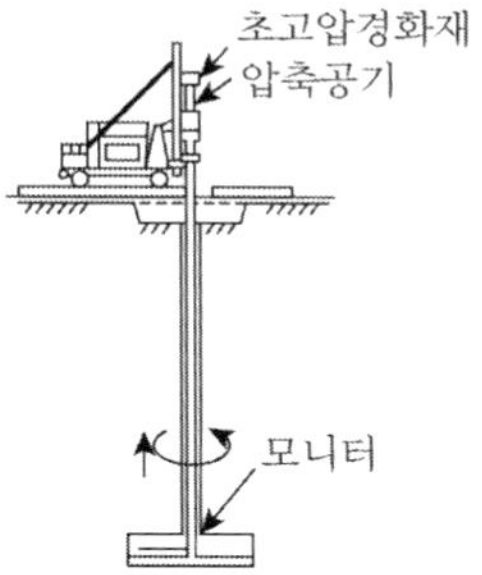 초고압경화재 압축공기 모니터	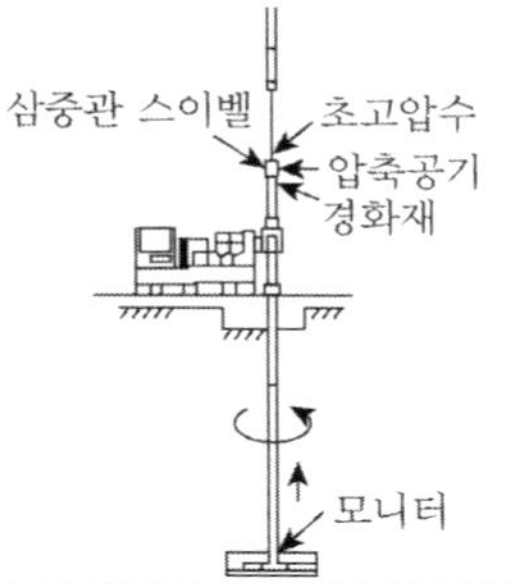 삼중관 스이벨 초고압수 압축공기 경화재 모니터
공법개요		초고압경화재를 지중에 회전분사시켜 지반을 절삭과 동시에 원주상의 개량체를 조성한다.	공기와 함께 초고압경화재를 지중에 회전분사시켜 지반을 절삭하고 원지반 흙과 경화재를 교반혼합하여 원주상의 개량체를 조성한다.	공기와 함께 초고압수를 지중에 회전분사시켜 지반을 절삭하고 그 슬라임을 지표면에 배출시키며 동시에 경화재로 그 공감을 충진시켜 원주상의 개량체를 조성한다.

② 주입재 분사방식

단관을 사용하며 경화재를 고압으로 분사시켜 지반을 세굴하고 세굴토와 경화재를 기계적으로 교반·혼합시켜 지반개량체를 조성하는 기계적 교반혼합공법으로, CCP 공법이 여기에 속한다.

③ 주입재, 공기 병용 분사방식

이중관을 사용하며 외주로부터 압축공기를, 그 중심으로부터 경화재를 고압으로 분사시켜 지반을 세굴하여 세굴된 흙과 경화재를 교반·혼합시켜 지반개량체를 조성하는 공법으로, JSP 공법 및 JGP 공법이 여기에 속한다.

④ 주입재, 물, 공기 병용 분사방식

3중관을 사용하며 공기와 물을 고압으로 분사·회전시켜 지반을 세굴 파괴하고, 이것을 지표면에 배출시켜 지중에 인위적인 공간을 만든다. 하단부터 경화재를 충진시켜 지반개량체를 조성하는 치환공법으로 SIG 공법 및 CJP 공법이 여기에 속한다.

가. 주입효과

약액주입공법은 지반 내에 주입재를 침투주입해서 지반을 고결시켜 강도 증가를 꾀하는 공법이다. 반면 고압분사 주입공법은 고속분류체를 이용해서 지반을 파괴시키고 노즐을 회전시킴으로써 지반을 원형으로 절삭하고 경화재로 지반을 치환하거나 또는 혼합·교반하는 것에 의해 지반 내에 원주형의 고결체를 조성하는 공법이다. 주입공법에서 지반으로의 침투주입이 곤란한 시멘트 등의 주입재도 고압분사 주입공법의 경화재로서 이용되는 것이 가능하고 강도와 장기 내구성이 우수한 개량체를 얻는 것도 가능하다.

고압분사 주입공법은 적용 대상 지반이 광범위하여 투수성이 나쁜 점성토에 대해서도 개량 가능하며, 지중의 구조물에 밀착시켜 개량을 행하는 것이 가능하다. 즉, 분사주입공법은 일축압축강도가 1kg/cm^2 이하인 연약한 점토지반에서도 시멘트 주입재에 의해 수십~수백 kg/cm^{2}의 강도로 개량이 가능하다. 이 공법은 그림 1.4에 나타난 바와 같이 개착공사에서 수평지보공과 굴착저면 융기 방지 겸용으로 미리 2단으로 시공하면 개착굴착에 따른 흙막이벽의 과다한 수평변위를 억제할 수 있다. 또한 이 경우에 상하의 분사주입이 행해진 중간 점토층이 시공 후에는 시공 전에 비해서 함수량이 감소하며 *N*치도 크게 증가하는 것이 실측되었다.[28,31,32,37]

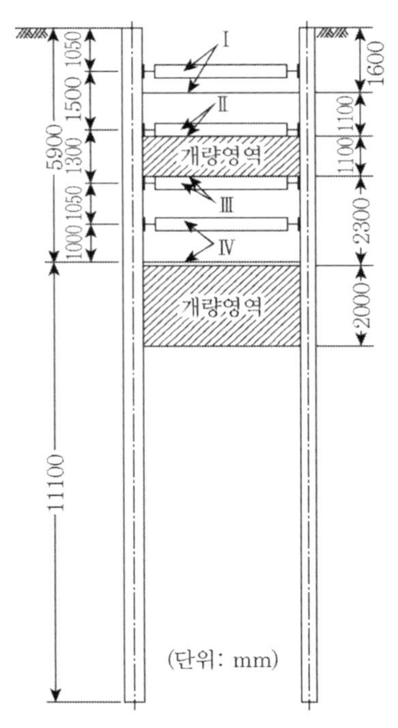

그림 1.4 분사 주입에 의한 지반보강 공법

한편 고압분사 주입공법에 의한 개량체의 표면은 노즐의 회전이나 지반강도의 파라메타로부터 그림 1.5와 같은 파형이 된다. 지수 목적으로 개량하는 경우에는 이러한 영향을 고려해서 그림 1.6과 같이 최저 20cm 이상 중첩시킬 필요가 있다.(42,49)

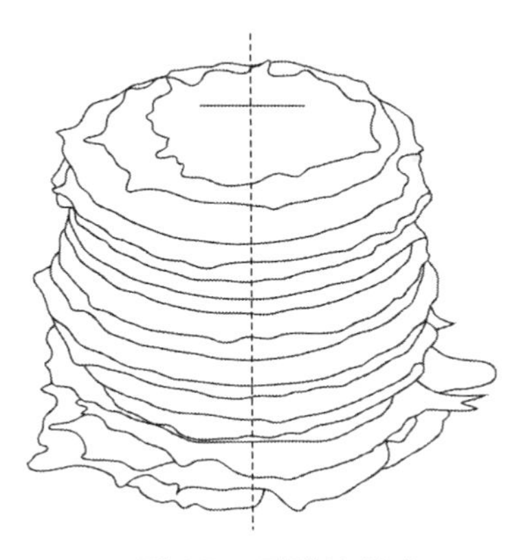

그림 1.5 고결체의 상태

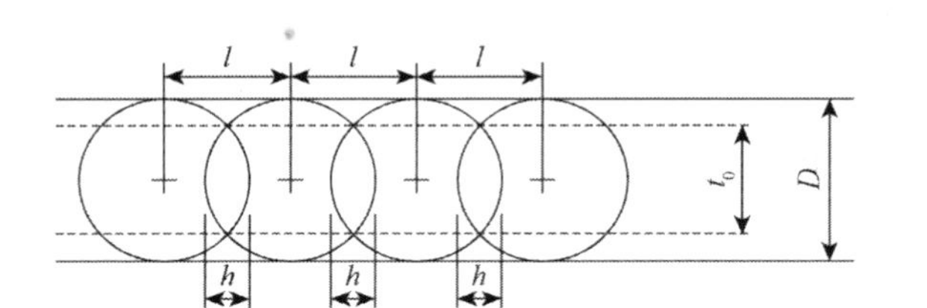

$$t_0 = 2\sqrt{\left(\frac{D}{2}\right)^2 - \left(\frac{l}{2}\right)^2}$$
$$h = D - \sqrt{D^2 - t_0^2}$$
단, $h \geq 0.2\text{m}$

그림 1.6 벽체개량의 기본 배치

이 공법은 이상과 같이 우수한 특징을 갖고 있지만 고압으로 분사하기 때문에 시공 시에 사람이 근접하지 않도록 안전관리에 주의를 요한다. 절삭압이 지표면으로 배출되지 않는 경우 지반의 융기, 지하매설물이나 주변구조물에 변형을 일으킬 수 있으므로 철저한 시공관리를 행할 필요가 있다.

1.3 SIG 공법 현장시험시공

1.3.1 현장 상황(16)

고압분사 주입공법으로 지반개량을 실시한 시험시공현장은 일산 신도시 지역 일산 전철 장항정차장 건설을 위한 지반굴착현장 부근이다.

장항정차장 구간 지반굴착의 규모는 그림 1.7에 도시된 바와 같이 굴착폭은 22.1m(일반 구간)와 25.7m(확폭 구간)로 중앙 구간의 폭이 확대되어 있으며, 굴착깊이는 16.44~16.64m(일반 구간)와 15.46~15.66m(확폭 구간)다. 시험시공 위치는 이 그림에 표시되어 있는 바와 같다. 본 굴착현장 흙막이벽 배면에는 약 3m 정도 높이의 성토작업이 이루어진 상태며, 인접 주변에는 고층 아파트 건설현장들이 위치해 있다.

흙막이구조물은 엄지말뚝과 나무널판을 사용한 흙막이벽과 버팀보 및 앵커로 지지되는 엄지말뚝흙막이공법으로 시공되고 있다. 엄지말뚝은 풍화암이나 연암 속에 2.0m까지 근입시켰으며, 본 시험시공구간의 지지구조로는 상부에 8단의 버팀보와 하부에 4단의 앵커를 설치하였다. 한편 앵커의 사용강선으로는 ϕ12.7mm P.C 강선을 7~8개 사용하며 1개당 11.22t의 유효긴장력을 유지하도록 하였다.

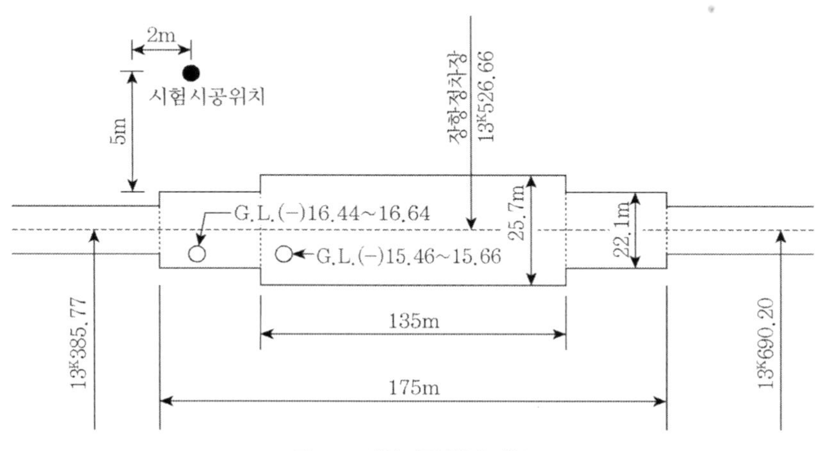

그림 1.7 시험시공현장 개요도

본 현장은 지반조사 결과 지하수위가 G.L.(-)1.0~4.0m로 매우 높게 나타났다. 굴착 시 보링 문제가 발생할 것이 예측되어 굴착 도중 엄지말뚝 흙막이벽 배면에 SGR 차수용 그라우팅을 2열 실시하고 굴토작업을 실시하였으나 4.0m 굴착 시까지 차수효과를 얻을 수 없었다. 다시 흙막이벽 외측부에서 2.5~3.5m 떨어진 위치에 차수목적으로 직경 55cm의 SCW(Soil Cement Wall)의 차수벽을 중첩 시공하였다. 그러나 지하굴토심도가 깊어짐에 따라 보링이 심하게 발생하여 굴착을 계속할 수 없었다. 이런 상황에서 사력층, 풍화암층 및 연암층의 일부까지를 포함한 전 지층에 걸쳐 차수효과를 얻기 위해 흙막이벽 배면에 다시 고압분사 주입공법을 채택하여 차수공을 재차 시공하였다.

1.3.2 지반조사(16)

(1) 지반 특성

본 현장지역에는 한강수계에 의해 퇴적된 충적층이 깊게 존재하고 있다. 지반조사 결과에 의하면 지표면은 매립층으로 피복되어 있으며, 충적층은 주로 실트질 모래층으로 구성되어 있으나 부분적으로 자갈 및 호박돌층이 존재하기도 한다. 특히 실트층과 풍화암층 사이의 모래자갈층은 한강수계와 대수층을 형성하고 있으며 투수성이 매우 크다.

충적층 하부의 기반암은 경기편마암 복합체로 선캄브리아기의 편마암류로 구성되어 있는데,(41) 이 편마암류는 주로 호상흑운모편마암(bonded biotite gneiss)으로 구성되어 있다. 편마암의 암상은 주로 흑운모 등의 유색광물로 구성된 우흑대와 석영, 장석 등으로 구성된 우백대로 이루어진 호상구조를 나타내는 것이 특징이며 구성입자는 대체로 중립 내지 조립이다.

본 시험시공현장의 지층구조는 지표면으로부터 G.L.(-)11.5m까지는 실트질 세사층, G.L.(-)21.0m까지는 모래자갈층, G.L.(-)22.7m까지는 풍화암층, 그 이하는 연암층 순으로 형성되어 있다. 본 시험시공 위치의 대표적인 토질주상도는 그림 1.8과 같으며 각 지층의 특성은 다음과 같다.

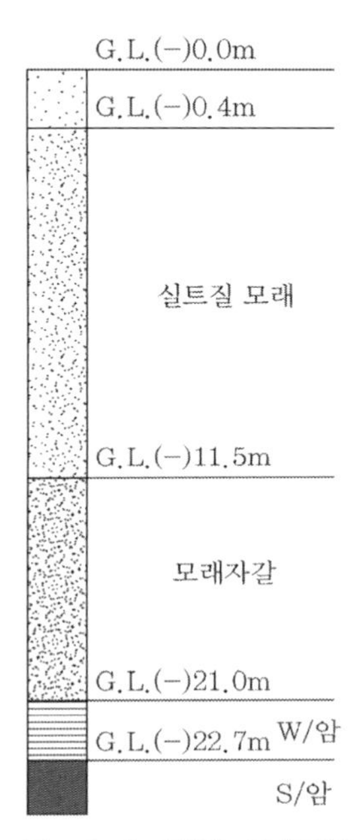

그림 1.8 대표적인 토질주상도

① 표토층

본 지층은 암갈색의 사질실트로 0.4m 깊이까지 구성되어 있으며 모래, 자갈, 점토 혹은 전석이 섞인 경작토다. 본 지역은 굴토공사 이전에 경작지였던 관계로 습윤상태로 분포되어 있다.

② 실트질 세사층

본 지층은 상부범람원의 퇴적물로 형성된 하상퇴적층이며, 유기질토를 혼재하고 있고 부분적으로 모래 포켓이 분포되어 있다. 본 지층은 G.L.(-)11.5m 깊이까지 분포되어 있으며 느슨~약간 조밀한 상태의 밀도를 지니고 있다. 본 층의 습윤상태는 습윤 내지 포화상태로 존재한다.

③ 모래자갈층

본 지층은 하부 범람원의 퇴적물로 모래 섞인 자갈층이 습윤 내지 포화상태로 존재한다. ϕ10~ϕ80mm의 아각성에서 원상의 자갈 및 호박돌이 함유되어 있으며 암갈색 내지 갈색을 띠고 있다. 하부로 갈수록 조밀 내지 매우 조밀한 상태의 밀도를 지니고 있다.

④ 풍화대층

풍화대는 모암의 조직이 와해되었는가 남아 있는가에 따라 풍화토와 풍화암으로 구분할 수 있다. 본 구역에서는 대부분 암갈색 풍화암으로 분류되지만 일부 구간에서 암갈색 풍화토가 존재하는 것으로 나타났다. 풍화암은 0~4.8m의 두께로 분포하고 풍화토가 존재하는 곳에서는 2.0m 정도의 두께로 분포되어 있다.

⑤ 연암층

암갈색의 호상흑운모편마암이 심한 혹은 중간 정도의 풍화작용으로 절리 및 균열면을 따라 풍화가 심하게 진행되어 황갈색으로 착색된 부분이 존재한다. 풍화 정도, 절리 및 균열의 발달 정도, 석영맥의 포함 여부에 따라 다소 차이가 있으나 대부분 코어 회수율이 불량하다.

(2) 지반조사 결과(16)

① 투수계수

지반조사 결과 본 현장은 한강수계에 의해 퇴적된 충적층으로 형성되어 있다. 특히 모래자갈층은 한강수계와 대수층을 형성하고 있어 지하수위는 지표면으로부터 G.L.(-)1.0~4.0m로 매우 높게 형성되어 있다. 따라서 굴착 도중 엄지말뚝 흙막이벽 배면에 SGR 차수용 그라우팅을 2열로 실시하고 굴토작업을 실시하였으나 차수효과를 얻을 수 없었다. 다시 흙막이벽 외측부에서 2.5~3.5m 떨어진 위치에 지하수의 차수목적으로 직경 55cm의 SCW의 차수벽음을 충첩 시공하였다.

차수공법인 SGR 및 SCW 공법의 효과 및 지반변화를 확인하기 위하여 7개소의 추가 지반조사 및 현장투수시험을 실시하였다. 표 1.5는 굴착공사 전 원지반의 투수시험 결과며 표 1.6은 추가로 실시한 투수시험 결과다.

표 1.5 원지반 투수계수

지층	투수계수(cm/sec)	
	범위	평균
점토질 실트	$2.32 \times 10^{-6} \sim 1.26 \times 10^{-6}$	6.56×10^{-6}
실트질 모래	$1.13 \times 10^{-4} \sim 4.09 \times 10^{-3}$	5.76×10^{-4}
모래자갈, 자갈	$3.23 \times 10^{-3} \sim 8.12 \times 10^{-3}$	6.16×10^{-3}
풍화토	$9.58 \times 10^{-5} \sim 6.92 \times 10^{-4}$	2.55×10^{-4}
풍화암	$5.80 \times 10^{-5} \sim 2.20 \times 10^{-4}$	1.19×10^{-4}

표 1.6 추가로 실시한 투수시험 결과

지층	투수계수(cm/sec)	
	범위	평균
실트질 모래	$1.30 \times 10^{-4} \sim 2.35 \times 10^{-4}$	1.87×10^{-4}
모래 및 자갈	$1.55 \times 10^{-4} \sim 3.17 \times 10^{-4}$	5.14×10^{-4}
자갈 및 전석	$6.02 \times 10^{-4} \sim 1.12 \times 10^{-3}$	8.21×10^{-4}

표 1.5 및 1.6을 토대로 각 지층의 투수계수를 비교 분석한 결과 실트질 모래층의 투수계수는 5.76×10^{-4}cm/sec에서 1.87×10^{-4}cm/sec로 감소했고, 모래 및 자갈층의 투수계수는 6.16×10^{-3}cm/sec에서 5.137×10^{-4}cm/sec로 약간씩 감소했다.

② 표준관입시험

본 현장에서 3차에 걸쳐 실시된 표준관입시험을 통해 얻어진 각 지층별 *N*값을 정리하면 표 1.7과 같으며 이것을 토대로 각층별 전단저항각을 추정한 결과는 표 1.8과 같다.

표 1.7 각 토층별 *N*값 분포

지층	*N*값	
	범위	평균
실트층	6~12	8
실트질 모래층	9~16	12
사력층	50	

표 1.8 각 지층별 전단저항각의 추정치

깊이 \ 방법	Peck	Meyerhof	오오자키	Dunham	Peck, Hansen, Thornburn	평균
실트층	28.5	30.0	27.6	24.8	29.5	28.1
실트질 모래층	30.0	35.0	29.8	26.5	30.5	30.4
사력층	41.0	45.0	46.6	39.6	41.0	42.6

1.3.3 현장시험시공

SIG 공법에 의하여 지중에 형성된 지반개량체를 대상으로 SIG 공법의 지반 개량효과를 알아보기 위하여 그림 1.7에 표시된 위치에 시험공을 설정하였다.

SIG 공법은 점성토층, 사질토충, 사력충 등 거의 모든 지반에 적용 가능한 공법으로 알려져 있으며, N치가 50 이하인 지반에서는 개량체의 직경을 2.0m 정도까지 확보할 수 있는 특징을 지니고 있다. 본 시험 대상 지층은 표준관입시험 결과, 상부의 실트질 세사층에서는 N치가 6~10 사이에 분포하고 있으며, 그 이하의 모래자갈층의 N치는 30~50 사이에 분포하고 있다. 본 시험공의 지반개량체 직경은 1.5m 정도로 형성되었다.

지반개량체 조성에 이용된 분사 시스템은 그림 1.9와 같이 3중관 롯드 분사주입방식이었으며, 시험공의 개량심도는 G.L.(-)23.0m로 연암층 상단까지 도달하였다. 롯드를 23.3cm/min의 속도로 회전 상승시키면서 롯드의 상단 양측면의 공기, 물 및 고화재의 분사 노즐을 폐쇄시키고 롯드 선단에 있는 노즐구멍만을 통해서 50~100kg/cm^{2}의 세굴압력수를 분사시켰다. 이때 공벽의 붕괴 및 굴진을 용이하게 하기 위해 소량의 시멘트를 주입하면서 천공을 실시하였다. 분사광경과 개량체 조성광경은 각각 사진 1.1 및 1.2와 같다.

개량심도까지 천공을 실시한 후 그림 1.9에서 보는 바와 같이 롯드 선단에 있는 노즐을 폐쇄하고, 롯드 상단 측면에 있는 노즐에서 13kg/cm^{2}의 압축공기압과 500kg/cm^{2}의 초고압수를 동시에 분사하여 지반을 세굴 파괴시켜 지중에 공간을 형성시켰다. 이때 파쇄된 토사를 지표면에 배출시킨 후 롯드 하단 측면에 있는 노즐에서는 130kg/cm^{2}의 압력으로 고화재를 분사시켜 절삭 하단부터 고화재로 지중 공간을 충진시켜 지반개량체를 조성하였다.(43)

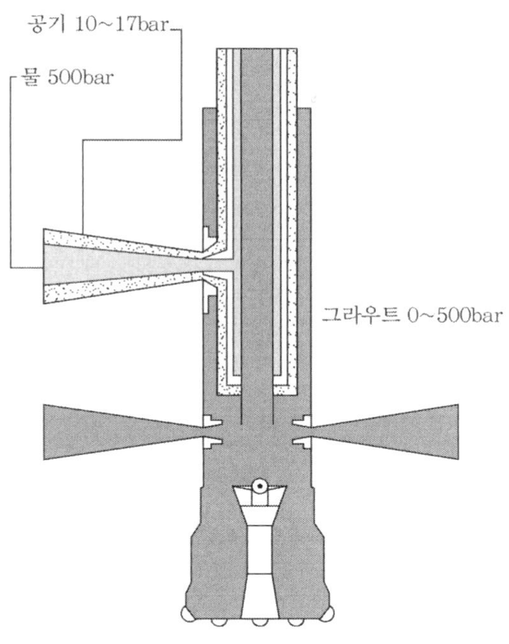

그림 1.9 SIG 공법의 분사 시스템

사진 1.1 고압분사 광경

사진 1.2 SIG 개량체 조성 광경

지반개량체 조성시간은 2시간 10분 정도 소요되었으며 지반개량체 조성 시 고화재 토출량 및 고화재 사용량은 각각 0.76m^3/min, 3.14m^3/m였다. 고화재 시공배합조건은 시멘트 430kg과 물 300kg으로 배합되었다. 시험공에 적용된 시공 제원은 표 1.9와 같다.

표 1.9 시공 제원

항목		제원
인발속도		9sec/4cm
분사압력	세굴압력수	50~100kg/cm^2
	압축공기압	13kg/cm^2
	초고압분류수	500kg/cm^2
	경화재분사압력	130kg/cm^2
노즐 크기	고압분류수용	ϕ2.0mm
	경화재분류용	ϕ3.0mm
분사 시스템		3중관 롯드 방식
개량심도		23m
개량체 직경		1.5m
시멘트/물 배합비		430kg/300kg

1.3.4 SIG 개량체의 특성

(1) 강도특성

흙막이벽체의 배면에 고압분사주입에 의해 시험시공된 지반개량체가 흙막이 기능을 충분히 발휘하기 위해서는 적절한 강성을 가지고 있어야 한다.

SIG 개량체의 강도특성을 알아보기 위해 시험시공된 SIG 개량체의 시료를 채취하여 일축압축강도시험과 점재하하중시험을 실시하여 얻은 결과를 정리하면 다음과 같다. 또한 이 결과를 유사지반조건을 가지는 시험시공 인접 부근에서 실시된 SCW, JSP 공법에 의해 조성된 개량체의 일축압축강도와 비교·분석해보았다.

① 일축압축강도

SIG 개량체의 일축압축강도는 실트질 세사층에서 95.6~422.2kg/cm^2(평균 205.1kg/cm^2)의 범위에 있으며, 모래자갈층에서는 140.2~497.8kg/cm^2(평균 338.6kg/cm^2)로 나타났다. 따라서 모래자갈층에서의 일축압축강도가 실트질 세사층에서의 강도보다 약 1.5배 정도 크게 나타났다.

한편 지반조건이 유사한 인접 지하철 공사현장에서 채취된 SCW 개량체의 일축압축강도는 4.2~20.6kg/cm^2(평균 9.5kg/cm^2)고, JSP 개량체의 일축압축강도는 49.0~195.0kg/cm^2(평균 86.6kg/cm^2)로, SIG 개량체의 일축압축강도가 이들 개량체의 강도보다 현저히 크게 나타났다. 그림 1.10은 각 공법에 의해 조성된 개량체의 일축압축강도 분포를 개량심도에 따라 나타낸 것이다.

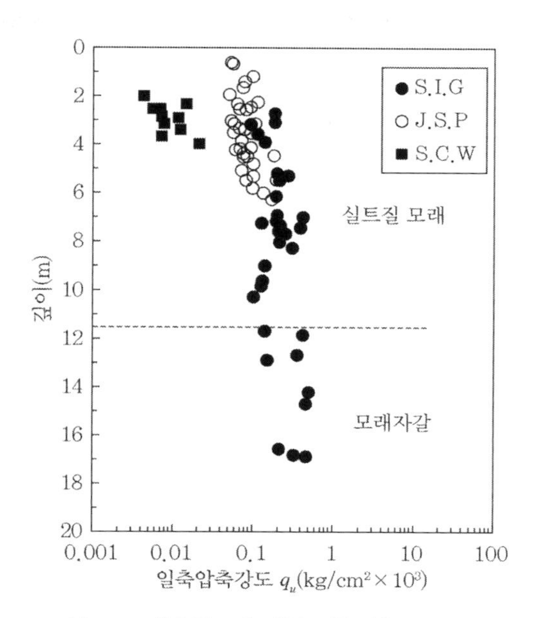

그림 1.10 개량심도에 따른 일축압축강도 분포

이러한 일축압축강도를 콘크리트에서의 설계기준강도와 비교해보면(무근콘크리트 부재의 최저 설계기준강도 $\sigma_{ck}=160\text{kg/cm}^2$, 철근콘크리트부재의 최저설계기준강도 $\sigma_{ck}=210\text{kg/cm}^2$), SCW 개량체와 JSP 개량체는 무근콘크리트부재의 최저설계기준강도보다 현저히 작게 나타났다. 그러나 SIG 개량체 강도는 실트질 세사층에서 무근콘크리트 부재의 설계기준강도보다는 크고 철근콘크리트 부재의 설계기준강도보다는 약간 적으나 모래자갈층에서의 강도는 콘크리트 부재의 최저설계기준강도보다도 크게 나타났다.[1.8]

그림 1.10에 나타난 바와 같이 SCW, JSP 및 SIG 개량체의 강도분포가 확실히 구분되어 분포하고 있음을 알 수 있다. SIG 개량체의 강도 분포는 최저치와 최대치 사이가 차이가 다소 크게 보일 수 있다. 이 원인으로는 지층이 균일하지 못한 점과 약간의 시공 불량을 들 수 있다. 즉, 지반개량 시 세굴된 토립자의 일부가 고화재에 혼입되어 개량체를 조성하는데, 이때 지반조건에 따라 동일한 지층일지라도 개량체의 원지반의 밀도 및 간극에 의해 강도 차이가 발생한 것으로 판단된다. 특히 G.L.(-)8～12m 지점에 형성된 개량체의 일축압축강도가 다른 지점의 일축압축강도보다 현저하게 작게 나타나고 있다.

이러한 원인은 이 지점에서 채취된 코어 상태로 미루어볼 때 원지반 구성 성분의 일부인 점토가 과압밀 상태로 존재하고 있어 지반개량 시 원지반의 토립자가 완전히 치환되지 않은 상태로 개량체에 혼입되어 강도가 저하된 것으로 판단된다. 따라서 이들 강도의 불균일성을 줄이도록 시공기술의 개발 및 시공품질관리에 더욱 노력해야 한다.

② 인장강도

그림 1.11은 시험 시공된 SIG 개량체의 간접인장강도시험에 의한 인장강도를 깊이에 따라 도시한 결과다. 이 결과에 의하면 실트질 세사층에서는 7.8~21.3kg/cm^2(평균 17.0kg/cm^2)고, 모래자갈층에서는 19.1~39.2kg/cm^2(평균 25.9kg/cm^2)로 인장강도도 일축압축강도와 마찬가지로 모래자갈층이 실트질 세사층보다 1.5배 정도 크게 나타났다.

이 그림에 나타난 바와 같이 실트질 세사층의 인장강도는 G.L.(-)10.0m까지 거의 일정하게 분포하고 있으나 특히 모래자갈층에서의 인장강도는 깊이가 깊어질수록 약간 증가하는 경향을 보이고 있다.

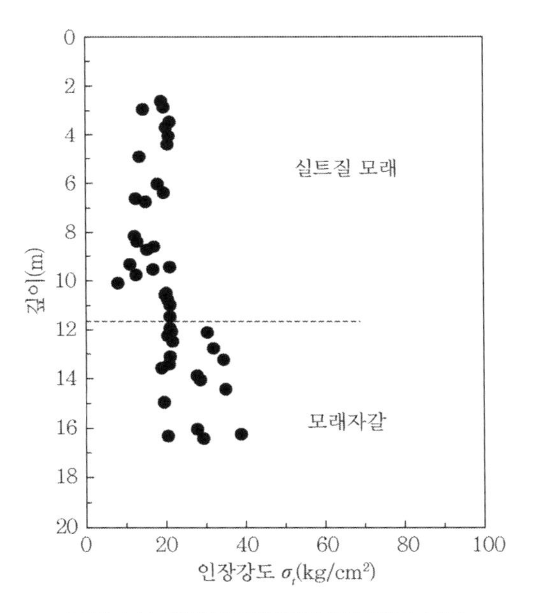

그림 1.11 개량심도에 따른 인장강도 분포

그림 1.12는 SIG 개량체의 인장강도와 일축압축강도와의 관계를 나타낸 것이다. 이 그림에서 실선으로 표시한 부분은 실트질 세사층에 대한 것이고 점선으로 표시한 부분은 모래자갈층에 대한 것이다. 이 그림에서 알 수 있는 바와 같이 실트질 세사층에서의 인장강도와 일축압축강도

와의 관계는 $\sigma_t = (1/8 \sim 1/13) q_u$ 로 나타나고 있다. 한편 모래자갈층에서의 인장강도와 일축압축강도와의 관계는 $\sigma_t = (1/7 \sim 1/16) q_u$ 로 나타나고 있다. 모래자갈층의 일축압축강도시험 결과가 적어 실트질 세사층에 비해 상관성이 약간 떨어지는 경향을 보이고 있다. 실트질 세사층의 인장강도와 일축압축강도의 관계는 콘크리트의[31] $\sigma_t = (1/9 \sim 1/13) \sigma_c$ 의 값과 거의 비슷하게 나타난다.

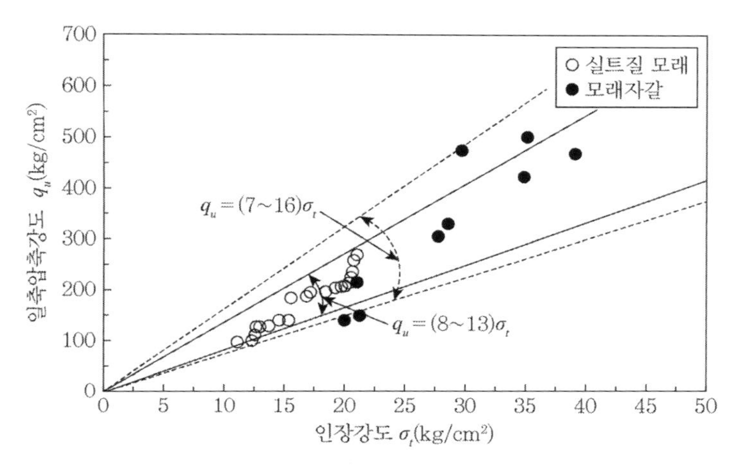

그림 1.12 일축압축강도와 인장강도와의 관계

따라서 고압분사 치환공법(SIG)에 의해 시험시공된 지반개량체의 일축압축강도(q_u)와 인장강도(σ_t)와의 관계는 다음과 같다.

가. SIG 개량체

$q_u = (8.0 \sim 13.0)\sigma_t$: 실트질 세사층

$q_u = (7.0 \sim 16.0)\sigma_t$: 모래자갈층

나. 콘크리트

$\sigma_c = (9.0 \sim 13.0)\sigma_t$

한편 그림 1.13은 일축압축강도와 취성도(brittleness)의 관계를 나타낸 것이다. 일반적으로 취성도는 일축압축강도를 인장강도로 나눈 값으로 식 (1.1)과 같이 나타낼 수 있다. SIG 개량체

의 취성도는 그림에 나타난 바와 같이 일축압축강도가 클수록 크게 나타나는 선형적인 관계를 보여주고 있다. SIG 개량체의 취성도는 7~13 범위에 분포하는데, 이는 콘크리트의 취성도 8~10과 비슷하다.

$$B_r = \frac{q_u}{\sigma_t} \tag{1.1}$$

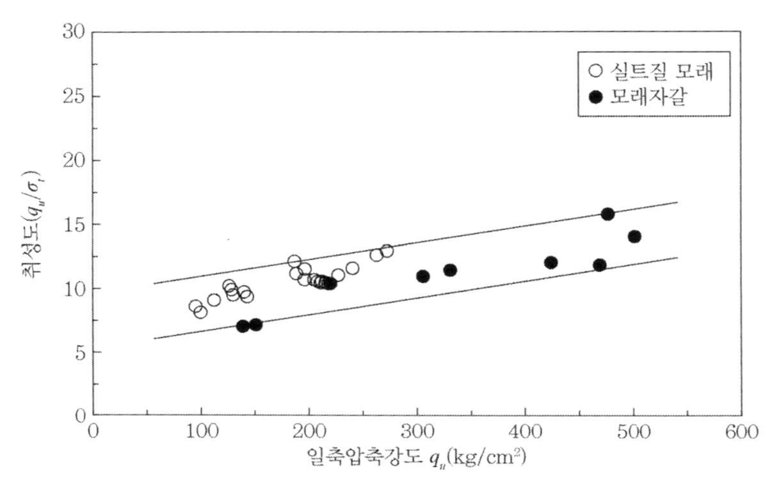

그림 1.13 일축압축강도와 취성도와의 관계

한편 암석의 취성도와 비교해보면 화강암(15~20), 유문암(14~18)보다는 작으며, 이암(5.3~9.2), 혈암(10.1~14.3), 석회암(5.8~10.9)과는 비슷한 분포를 보이고 있다.

③ 탄성파속도에 의한 강도특성

그림 1.14는 개량심도에 따른 개량체의 탄성파속도를 도시한 것이다. 이 그림에 나타난 바와 같이 G.L.(-)2.5~4.0m 지점과 G.L.(-)8.0~12.0m 지점의 탄성파속도는 2.4~2.8kg/cm^3 범위에 분포하고 있어 암반분류에 의해 풍화암에 속하는 것으로 나타났다. 특히 G.L.(-)8.0~12.0m 지점의 탄성파속도가 작게 나타난 이유는 개량심도에 따른 일축압축강도 분포에서 언급된 바와 같이 지반개량 시 고화재가 원지반의 토립자를 일부 혼입하여 고결되는 과정에서 조성개량체의 밀도와 간극이 균일하게 형성되지 않는 것으로 판단된다.

실트질 세사층에서의 탄성파속도(V_s)는 2.3~3.4km/sec에 분포하며, 모래자갈층에서는 3.9~4.2km/sec에 분포하고 있다. 그림 1.14에 의하면 개량체의 탄성파속도는 원지반이 모래자갈층인 경우가 더 크게 나타나고 있다. 이 지층의 일축압축강도도 실트질 세사층의 경우보다 컸으므로 일축압축강도가 크면 탄성파속도도 크게 됨을 알 수 있다.

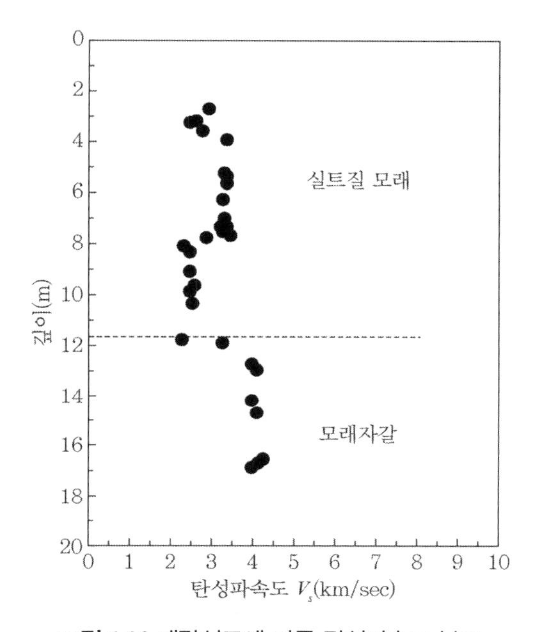

그림 1.14 개량심도에 따른 탄성파속도 분포

한편 그림 1.15와 같이 탄성파속도와 일축압축강도와의 관계를 도시한 결과에 의하면 탄성파속도가 증가하면 일축압축강도도 증가하는 현상을 보인다. 따라서 지반개량체의 강도특성은 원지반의 지반의 구성성분에 큰 영향을 받고 있음을 알 수 있다.

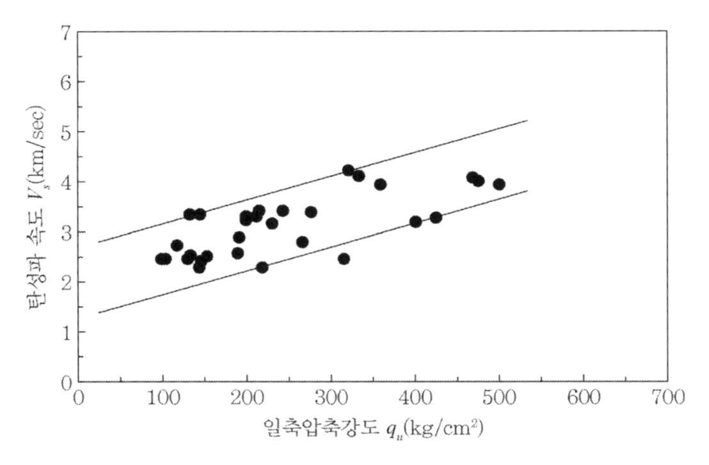

그림 1.15 일축압축강도와 탄성파속도와의 관계

(2) 변형 특성

시험시공에 의해 조성된 지반개량체(SIG 개량체)에서 채취한 일축압축강도시험의 응력-변형률 곡선에서 얻은 변형계수(E_{50})와 지반조건이 유사한 인접 지하철 공사현장에서 실시된 JSP 개량체의 응력-변형률 곡선에서 얻은 변형계수(E_{50})를 개량심도에 따라 도시하면 그림 1.16과 같다.

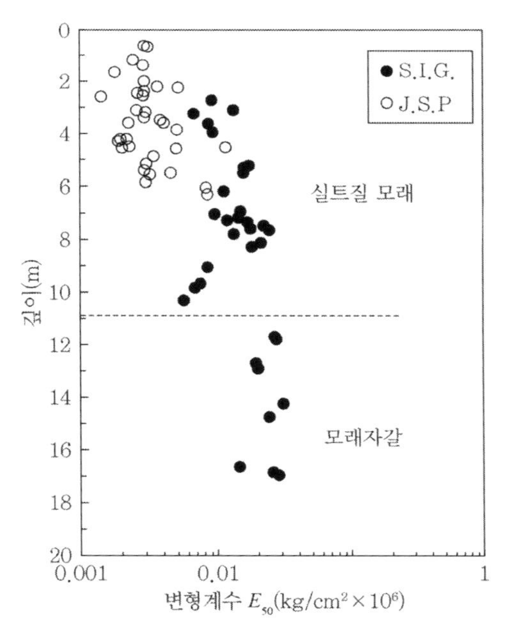

그림 1.16 개량심도에 따른 변형계수 분포

이 그림에 의하면 실트질 세사층에서의 SIG 개량체의 변형계수는 지표면에서 G.L.(-)8.0m 지점까지는 깊이에 따라 약간씩 증가하는 분포를 보이다가 G.L.(-)8~11.5m 사이에서는 급격히 감소(이 부분은 앞에서 이미 설명한 바와 같이 시공 시 토립자가 주입재와 혼합되어 개량체의 시공 정도가 양호하지 못한 것으로 기인한다)하는 분포를 보이는 반면, 모래자갈층에서의 변형계수는 깊이에 관계없이 거의 일정한 분포를 보인다. 한편 JSP 개량체의 변형계수는 깊이에 관계없이 대부분 일정한 분포를 보인다.

그림 1.16에 도시된 개량심도에 따른 변형계수 분포와 그림 1.10에 도시된 개량심도 따른 일축압축강도 분포를 비교해보면 거의 비슷한 분포 형태를 보이고 있음을 알 수 있다. 따라서 일축압축강도와 변형계수는 비례관계가 있음을 알 수 있다.

① 변형계수와 일축압축강도와의 관계

그림 1.17은 고압분사 주입공법(SIG)에 의해 시험시공된 지반개량체의 일축압축시험에서 구한 변형계수(E_{50})와 일축압축강도(q_u)와의 관계를 나타내고 있다. 이 그림에서 나타난 것처럼 변형계수의 분포는 실트질 세사층에서 5,000~25,000kg/cm^3, 모래자갈층에서 15,000~33,000kg/cm^{3}에 분포하고 있다.

그림 1.17에 도시된 바와 같이 SIG 개량체의 변형계수(E_{50})는 일축압축강도(q_u)의 50~100배 사이에 분포하고 있음을 알 수 있다. 따라서 SIG 개량체의 변형계수는 식 (1.2)로 표현할 수 있다.

$$E_{50} = (50 \sim 100)q_u \quad \text{(SIG)} \qquad (1.2)$$

한편 그림 1.18은 시험시공현장의 부근에서 기초보강지지말뚝으로 시공된 JSP 개량체의 일축압축강도시험 결과에서 구한 변형계수(E_{50})와 일축압축강도(q_u)의 관계를 나타낸 것이다. 이 그림에 나타난 바와 같이 변형계수(E_{50})는 대략 1,500~5,000kg/cm^{2}에 분포하고 있으며, 식 (1.3)과 같이 일축압축강도(q_u)의 20~70배 사이에 분포하고 있음을 알 수 있다.

$$E_{50} = (20 \sim 70)q_u \quad \text{(JSP)} \qquad (1.3)$$

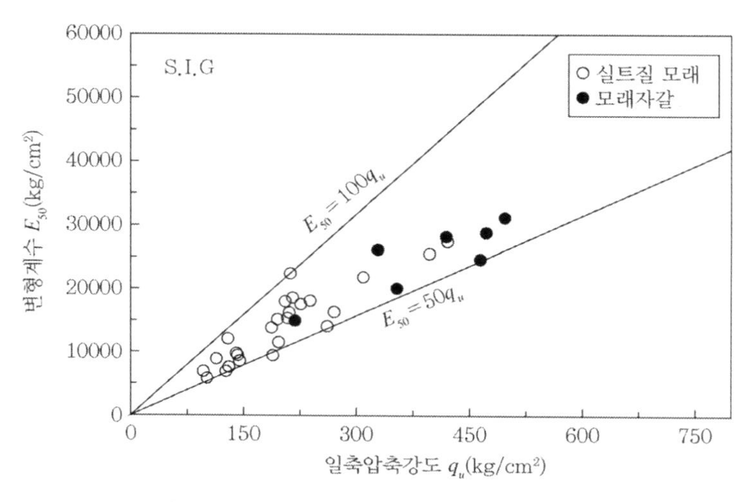

그림 1.17 일축압축강도와 변형계수와의 관계(SIG)

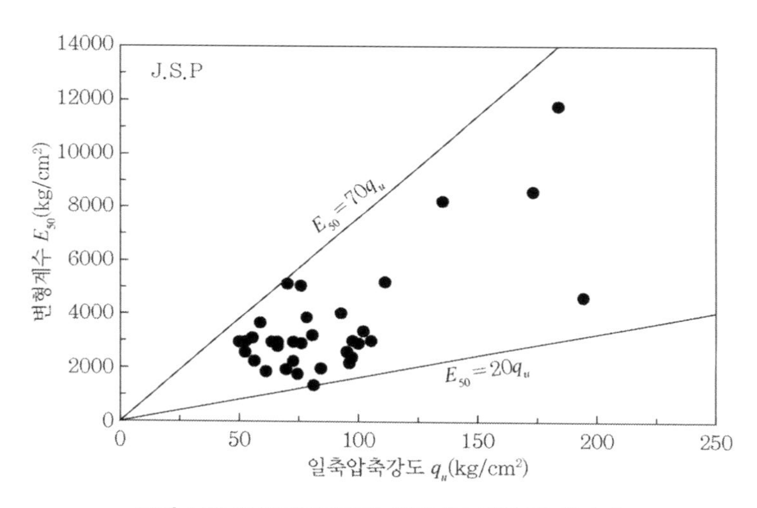

그림 1.18 일축압축강도와 변형계수와의 관계(JSP)

그림 1.19는 SIG 및 JSP 개량체의 일축압축강도와 변형계수의 관계를 함께 도시한 결과다. 이 그림에서 알 수 있는 바와 같이 일축압축강도가 크면 클수록 변형계수도 크게 나타나고 있어 개량체의 강도특성과 변형특성은 매우 밀접한 관계가 있음을 알 수 있다.

또한 일축압축강도와 변형계수의 관계로부터 압축강도가 큰 SIG 개량체가 JSP 개량체보다 변형계수가 상당히 커서 SIG 공법의 지반 개량효과가 JSP 공법보다 양호함을 알 수 있다.

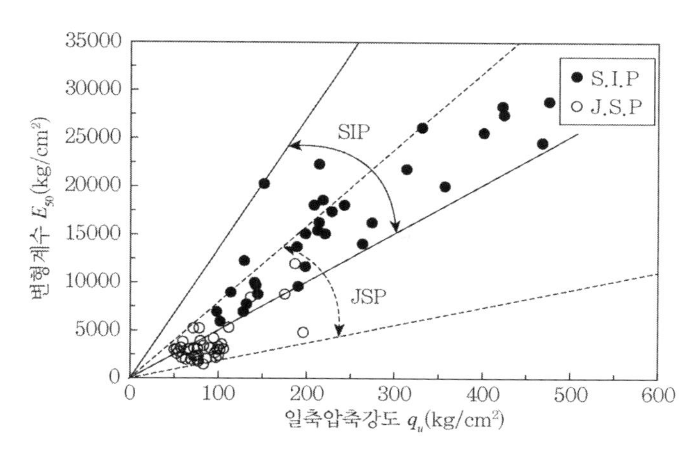

그림 1.19 일축압축강도와 변형계수와의 관계(SIG, JSP)

② 개량체의 응력과 변형률 관계

SIG 개량체의 일축압축시험과 병행하여 일부 시료(6개)에 대해 종·횡방향으로 스트레인 게이지(strain gauge)를 부착하여 포아송 비를 측정한 결과 SIG 개량체의 포아송 비는 0.16~0.28의 범위에 분포하고 있다. 이는 콘크리트의 포아송 비[1] 0.15~0.20(평균 0.17)보다는 약간 크게 나타났으며, 암석의 포아송 비 0.10~0.3 범위에 분포하고 있다.

응력-변형률의 관계에서 최대응력이 작용할 때의 변형률은 SIG 개량체가 0.8~1.5%(평균 1.0%)이고, JSP 개량체는 1.2~4%(평균 2.5%)로, JSP 개량체의 변형률이 SIG 개량체보다 약 2.5배 크게 나타났다. 따라서 SIG 개량체는 JSP 개량체보다 동일변형에 동반되는 강도 발휘가 큼을 알 수 있다.

③ 기타

그림 1.20은 포아송 비와 일축압축강도의 관계를 나타낸 것이며, 그림 1.21은 포아송 비와 변형계수의 관계를 나타낸 것이다. 이 그림에서 알 수 있는 바와 같이 개량체의 포아송 비는 일축압축강도와 변형계수가 증가할수록 감소하는 경향을 보인다. 따라서 포아송 비는 개량체의 강도에 반비례함을 알 수 있다.

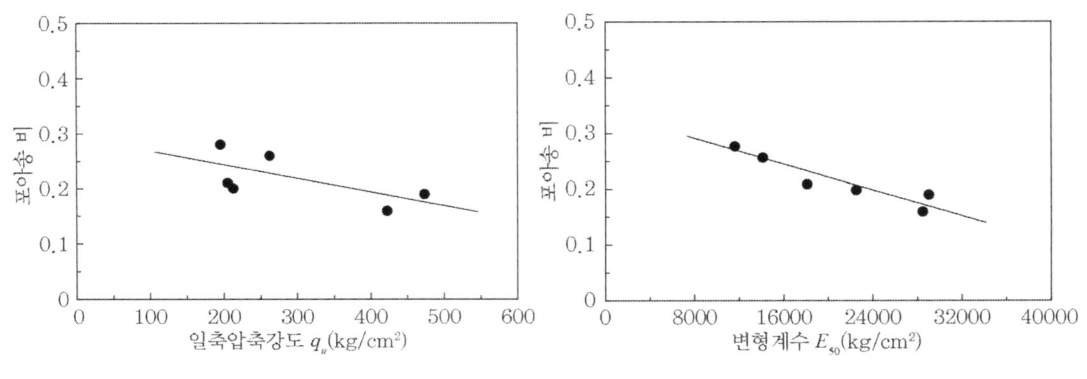

그림 1.20 포아송 비와 일축압축강도와의 관계

그림 1.21 포아송 비와 변형계수와의 관계

그림 1.22는 원지반의 *N*치와 포아송 비의 관계를 나타낸 것이다. 그림에서 알 수 있는 바와 같이 개량체의 포아송 비는 개량심도가 깊어질수록, *N*치가 증가할수록 감소하는 현상을 보인다.

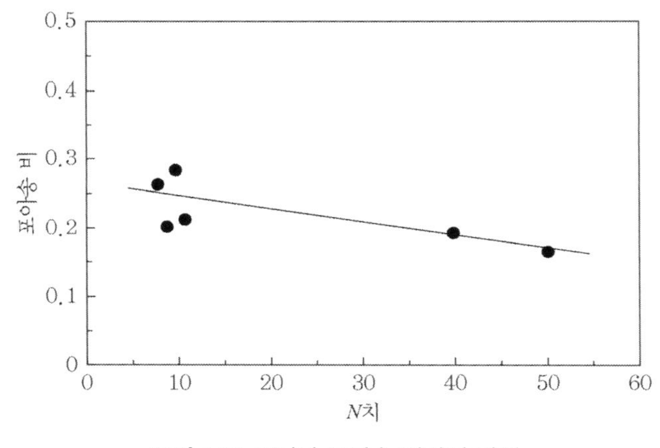

그림 1.22 *N*치와 포아송 비와의 관계

(3) 투수특성

지하굴착공사 현장의 원지반 상태의 현장투수시험 결과는 표 1.1에 나타낸 바와 같다. 표 1.1에 의하면 개량공법이 적용되기 전 원지반 실트질 모래층에서의 투수계수는 1.13×104~4.09×10^3cm/sec(평균 5.76×10cm/sec) 정도, 모래자갈층에서의 투수계수는 3.23×103~8.12×10^3cm/sec (평균 6.16×10^3cm/sec) 정도로 나타났다.

본 시험공 현장의 흙막이벽체의 차수성을 높이기 위해서 흙막이벽 배면에 보조차수 공법으로 SCW 벽체를 시공한 후 SCW 벽체의 투수성을 확인하기 위해서 수압시험을 시도하였으나 구체의 강도가 약하여 팩커의 압력이 걸리지 않아 주수시험을 실시하여 표 1.6과 같은 투수계수를 얻었다.(3) 주수시험을 통해 얻은 SCW 개량체의 투수계수는 실트질 모래층에서 $5.64 \times 10^{4} \sim 1.65 \times 10^{5}$cm/sec로 나타났다. 표 1.1의 개량 전 실트질 모래층의 평균투수계수와 비교해보면 거의 비슷한 투수계수값을 보이고 있어 SCW 공법에 의한 차수정의 효과가 미흡하였음을 알 수 있다.

표 1.6 SCW 구체의 투수계수

지층	공번	깊이	투수계수(cm/sec)	비고
실트질 세사층	SC-1	2.0～5.0	2.262×10^{-5}	
	SC-2	2.0～5.0	1.653×10^{-5}	
		5.0～8.0	3.952×10^{-5}	
	SC-3	2.0～5.0	6.408×10^{-4}	
		5.0～8.0	1.755×10^{-4}	
		8.0～11.0	5.640×10^{-4}	
	SC-4	2.0～5.0	2.431×10^{-4}	
		5.0～8.0	1.053×10^{-4}	
		8.0～11.0	1.137×10^{-3}	9m 이하 모래층

한편 시험시공된 SIG 개량체의 보링공 내에서 수압시험을 실시한 결과 실트질 세사층의 G.L.(-)4.0～4.8m 지점과 G.L.(-)7.0～8.0m 지점의 2개소의 투수계수는 $10^{-3} \sim 10^{-4}$cm/sec로 다소 크게 나타났다.

이는 현장시험 시 공내재하시험을 먼저 실시하고 수압시험을 나중에 실시한 관계로, 시험시공 개량체의 보링공 내 벽체의 이완 또는 미세한 균열이 생겨 유입량의 누수현상이 발생하여 차수효과가 없는 것으로 나타났다. 그러나 공내재하시험을 실시하지 않은 G.L.(-)10.5～11.5m 지점에 실시한 수압시험의 결과 투수계수는 6.89×10^{-5}cm/sec로 다소 작게 나타나고 있다.

따라서 G.L.(-)8.0～11.5m의 실트질 세사층에서 측정한 투수계수만을 비교하면 표 1.7과 같다. 표 1.7에 나타난 바와 같이 실트질 세사층에서의 SIG 개량체의 투수계수는 원지반의 투수계수보다 $10^{-1} \sim 10^{-2}$ 정도의 차수효과를 얻을 수 있는 것으로 나타났다.

그러나 본 시험공에서 얻은 투수계수는 설계기준치의 투수계수보다는 크게 나타나고 있다. 이는 앞에서 설명한 바와 같이 이 위치에 조성된 개량체는 원지반의 점토분이 혼입되어 있어

수압시험 시 주수압력에 의해 미개량 부분에 균열이 발생한 것으로 판단된다. 따라서 설계기준치를 만족시키는 투수계수를 얻기 위해서는 보다 정밀한 시공을 통해 지반개량 시 균질개량체를 얻을 수 있는 시공기술의 개발이 요구된다. 특히 모래자갈층의 투수효과는 실내시험에 의해 확인된 강도특성과 변형특성에 미루어볼 때 다른 공법의 투수효과보다 양호할 것으로 판단된다.

표 1.7 실트질 세사층의 투수계수

지층	구분	심도(m)	투수계수(cm/sec)
실트질 세사층	원지반		$1.13 \times 10^{-4} \sim 4.09 \times 10^{-3}$
	SCW 개량체	8.0~11.0	$5.64 \times 10^{-4} \sim 1.14 \times 10^{-3}$
	SIG 개량체	10.0~11.5	6.89×10^{-5}

(4) SIG 개량체와 암석과의 비교

① 일축압축강도와 탄성계수의 관계

일반적으로 암석의 강도가 크면 탄성도 크게 되어 양자 간에 비례적인 관계가 있음을 알 수 있다. 그러나 암석의 역학적 성질과 암석의 종류에 따라 다른 것도 있다.

그림 1.23은 암석의 일축압축강도와 정탄성계수 E_{50}과의 관계를 나타낸 것이다.[41] 암석의 경우 암석이 견고할수록 탄성도 크게 되는 것을 알 수 있지만 굳게 되는 과정이 잠재적으로 균열이 증가하여 일축압축강도의 차이가 커진다.

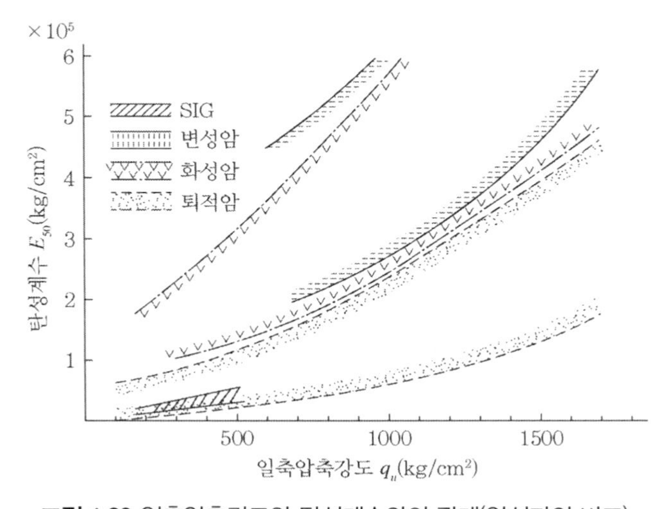

그림 1.23 일축압축강도와 탄성계수와의 관계(암석과의 비교)

따라서 퇴적암의 경우에도 일축압축강도가 1,000kg/cm^2 이상이 되면 비선형적인 관계를 보이고 있다. 화성암, 변성암의 경우에는 일축압축강도에 비례하여 정탄성계수는 크게 되지만 값의 차이가 상당히 커서 정도가 높은 대비는 곤란하다.

한편 SIG 개량체의 일축압축강도와 탄성계수와의 관계를 나타내면 그림 가운데 빗금 친 부분에 해당한다. SIG 개량체의 최대일축압축강도는 500kg/cm^{2}으로 암석의 일축압축강도에 비해 (1/3~1/4) 정도여서 탄성계수도 상당히 작게 나타나고 있다. 즉, SIG 개량체는 퇴적암의 분포 곡선의 하부에 분포하고 있으므로 강도 면에서는 퇴적암과 비슷하거나 다소 작음을 알 수 있다.

② 일축압축강도와 취성도와의 상관성

SIG 개량체의 취성도는 그림 1.13에서 본 바와 같이 압축강도가 클수록 취성도는 컸다. 그러나 암석은 압축강도에 비해 인장강도가 매우 작은 취성재료며 암석의 종류에 따라 다르다.

그림 1.24는 화성암과 퇴적암에 대한 취성도를 일축압축강도와의 상관성을 나타냈다.[41] 그림에 도시된 바와 같이 화성암이 퇴적암보다 취성도가 큰 암석이 많다. 퇴적암의 취성도는 10~30의 범위에 분포하고 있는 반면, 화성암의 취성도는 30~40 범위에 분포하고 있다.

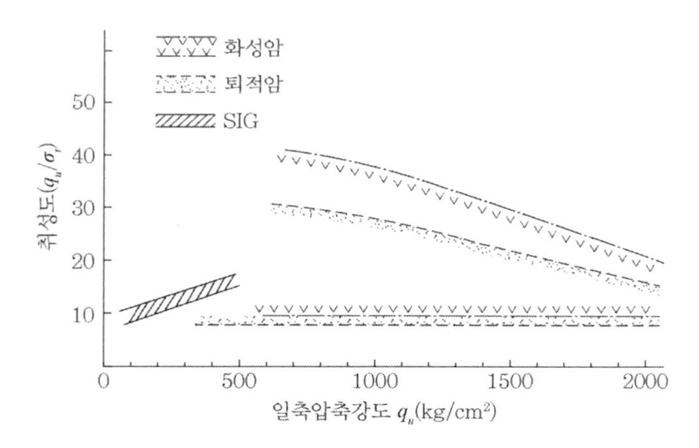

그림 1.24 일축압축강도와 취성도와 관계(암석과의 비교)

한편 SIG 개량체의 일축압축강도와 취성도와의 관계를 나타내면 그림 가운데 빗금 친 부분에 해당한다. SIG 개량체의 취성도는 8~13의 범위에 분포하고 있어 암석의 취성도보다는 상당히 작음을 알 수 있다. 암석의 취성도는 일축압축강도의 증가에 따라 거의 일정하거나 감소하는 경향을 보이고 있는 반면, SIG 개량체의 취성도는 일축압축강도가 증가함에 따라 선형적으로 증가하는 현상을 보인다. 즉, 낮은 압축강도에는 취성도와 일축압축강도와의 관계는 비례관계를 나타내지만 압축강도가 어느 정도 이상이 되면 반비례 관계를 보임을 알 수 있다.

③ 탄성파속도와 일축압축강도의 상관성

탄성파속도는 암석과 암반을 구분하거나 굴착도의 난이도를 판별하는 데 이용할 수 있다. 암석에 대한 탄성파속도와 일축압축강도와의 상관성에 대한 연구는 많이 이루어졌다. 그림 1.25는 암석의 탄성파속도와 일축압축강도와의 상관성을 암석에 따라 변성암, 화성암, 퇴적암으로 구분하여 나타낸 것이다.(41) 암석의 탄성파속도는 동일한 비중, 동일한 강도에서도 그 내부 구조의 차이에 따라 전파속도에 차이가 있다. 이 그림에 나타난 바와 같이 동일한 일축압축강도의 암석에서도 화성암의 탄성파속도가 다른 암석보다 빠른 것을 알 수 있다.

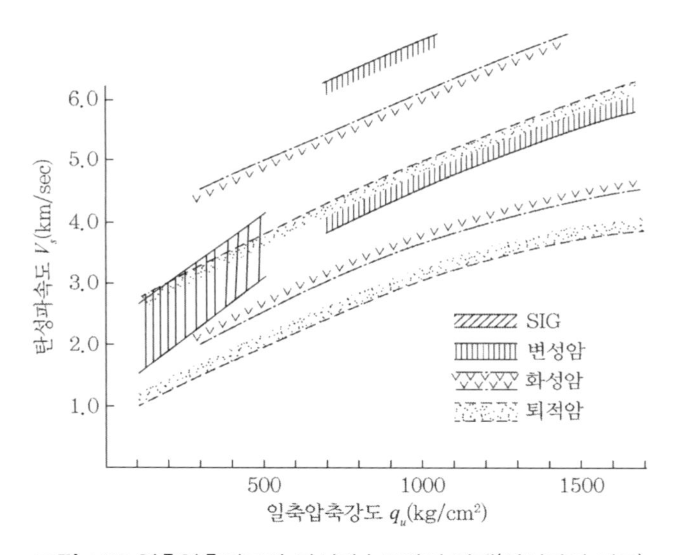

그림 1.25 일축압축강도와 탄성파속도와의 관계(암석과의 비교)

SIG 개량체의 탄성파속도와 일축압축강도와의 관계를 나타내면 그림 1.25 가운데 빗금 친 부분에 해당한다. SIG 개량체의 탄성파속도는 동일한 압축강도에서는 퇴적암과 비슷하거나 약간 크게 나타나고 있음을 알 수 있다. 또한 암석의 경우에는 일축압축강도가 증가하면 탄성파속도도 증가하는 경향을 보이고 있으며, 그 증가량도 많다. 반면 SIG 개량체의 경우에도 일축압축강도가 증가하면 탄성파속도도 증가하고 있지만 그 증가량은 암석에 비해 훨씬 작은 것으로 나타난다.

1.4 국내 SIG 공법 시공사례

1.4.1 일산 전철 장항정차장 공사현장

(1) 현장 상황

일산 전철 장항정차장 구간 지반굴착공사의 흙막이벽 차수성을 보완하기 위해 엄지말뚝 흙막이벽 배면에 SGR 그라우팅과 SCW 차수벽을 중첩 시공하였다. 그러나 G.L.(-)6.0~7.0m 지점까지 굴착공사가 진행되었을 때 보링 현상이 발생하여 세립의 토립자가 지하수와 함께 분출되었으며 일부 주변지반은 붕괴가 발생하였다. 따라서 이에 대한 대책공으로서 고압분사 주입공법인 SIG 공법을 적용하여 흙막이벽 배면지반을 보강함과 동시에 차수효과를 얻을 수 있었다. SIG 공법 개량 단면도 및 개량 평면도는 그림 1.26과 1.27에 각각 나타내었다.(13)

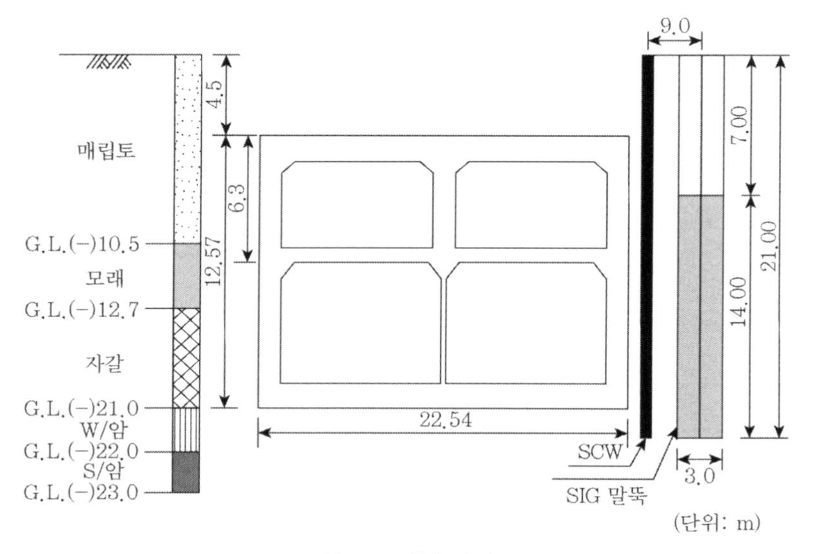

그림 1.26 개량 단면도

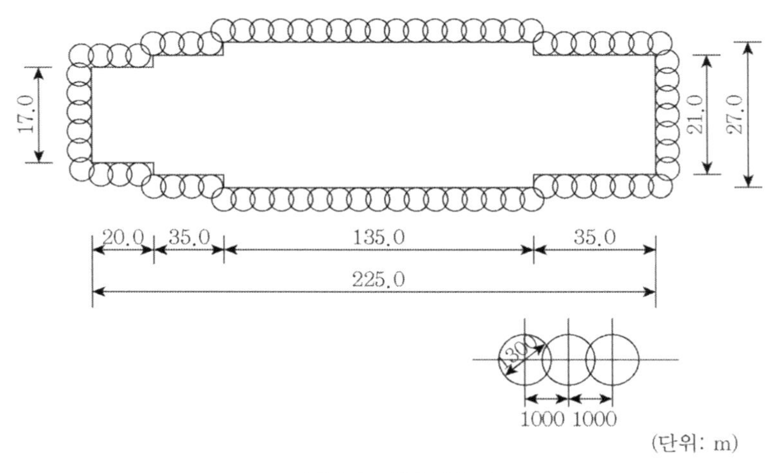

그림 1.27 개량 평면도

(2) 시공제원

① 분사 시스템: PA-3A 시스템(그림 1.9 참조)

② 노즐 직경: 고압 분사용 ϕ2.0mm, 고화재 분사용 ϕ3.0mm

③ 드릴 파이프: triple tube ϕ96mm

④ 사용압력: 고압분류수 500kg/cm^2, 경화재분사 100~200kg/cm^2

⑤ 인발 속도: 8sec/4cm

⑥ 주입 시간: 1시간 20~40분

⑦ 단위 m당 사용량: 550kg/m

⑧ 시멘트 주입량: 공당 5.8~6.0t

(3) 개량체의 배치

개량체의 배치형태는 그림 1.27에 나타낸 바와 같이 개량체의 유효직경을 1.3m로 하여 흙막이 벽체의 배면에 1.0m 간격으로 단열겹치기로 하였다.

(4) 개량효과

본 굴착현장에 차수벽 공법으로 SGR 공법과 SCW 공법을 이미 적용해보았으나 차수효과를 얻을 수 없었다. 그러나 SIG 공법을 시공하여 구조물의 안정성, 시공의 안전성을 높일 수 있었

으며 차수효과가 뛰어나 지하수의 누출 및 보링 현상을 방지할 수 있었다.(14)

1.4.2 일산 전철 굴착저면지반의 지지력 보강

(1) 개요

일산 전철 $11^K958 \sim 12^K376$ 구간 지반굴착공사 현장의 환기구 및 정차장 매표소 구조물의 침하를 방지하기 위해 지반보강을 목적으로 SIG 공법을 채택하여 SIG 개량체를 암반 지지층까지 시공하였다. 환기구 및 정차장 구간의 개량단면도는 그림 1.28과 1.29와 같다.

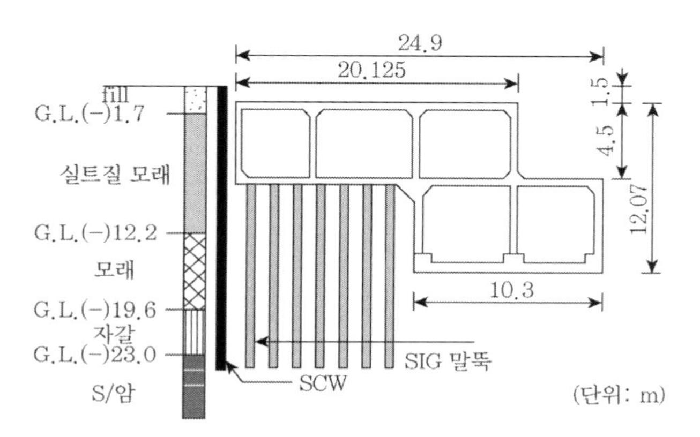

그림 1.28 환기구 구간 개량단면도

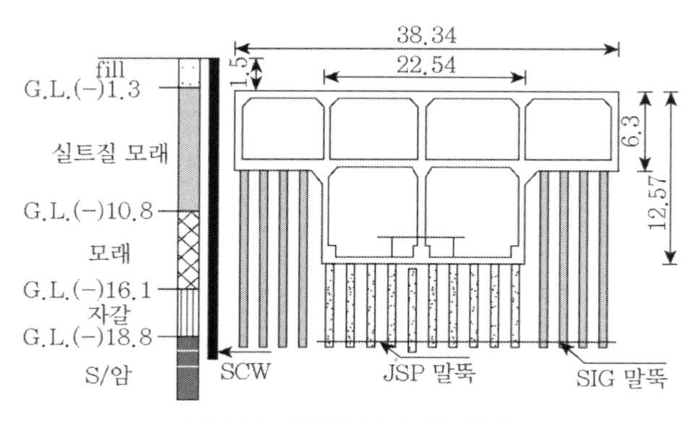

그림 1.29 정차장 구간 개량단면도

(2) 시공제원

각 시추공의 SIG 개량체의 시공제원은 표 1.8과 같다.(7)

표 1.8 시공 제원

구분		환기구 구간		집표소 구간	
	구간	$11^{K}958$	$12^{K}376$	$2^{K}958$	$2^{K}958$
분사압력	물(kg/cm^2)	450			450
	경화재(kg/cm^2)	130			170
	공기(kg/cm^2)	13	16	13	
롯드 인발속도		12sec/4cm			
주입길이(m)		13.30			13.39
물/시멘트 비		300kg/450kg			
시멘트 주입량(t)		9.0	9.0	9.45	8.55

(3) 개량체의 일축압축강도(10)

본 공사구간에 기초지반의 보강을 목적으로 SIG 공법에 의해 시공된 기초보강 말뚝개량체의 일축압축강도를 측정하기 위해 총 4개소의 시추공을 선정하여 코어를 채취하였으며 코어 채취심도는 13.0~13.5m다.

일축압축강도시험 시 환기구 구간(11k958)에서 채취된 공시체는 건조상태로, 나머지 구간의 공시체의 습윤상태로 시험을 실시하였다. 채취한 코어를 가지고 일축압축강도 시험 결과는 표 1.9와 같다.

표 1.9에 나타난 바와 같이 SIG 개량체의 일축압축강도는 94~587kg/cm^{2}로 개량심도에 관계없이 강도 차이가 크게 나타나는데, 이런 원인은 지반개량 시 지층 구성 성분에 따라 원지반이 완전히 치완되지 않아 개량체가 균일하게 형성되지 않은 것으로 판단된다. 따라서 이러한 강도 분포의 분산을 줄이기 위해 시공 시 철저한 품질관리와 보다 완벽한 시공기술의 개발이 이루어져야 한다.

한편 SIG 개량체 조성 시 월류(over flow)된 슬라임(slim)으로 공시체를 제작하여 일축압축강도시험을 실시한 결과는 표 1.10과 같다. 이 표에서 보는 바와 같이 SIG 개량체 조성 시 월류된 슬라임의 일축압축강도는 219~361kg/cm^{2}으로, 심도에 따라 약간의 강도 차이는 발생하고 있으나 SIG 개량체의 일축압축강도와 비교하면 거의 비슷하게 나타나고 있다.

표 1.9 각 구간의 일축압축강도

위치	심도	공시체 중량(g)	파괴하중(kg)	일축압축강도(kg/cm^2)
STA 12^{K}175 매표소(우)	2.35	369.3	3,040	141.1
	3.87	432.6	10,500	494.5
	6.97	439.5	10,840	510.5
	8.84	437.2	7,200	339.1
	12.14	390.9	3,200	150.7
	12.72	390.7	4,000	188.4
	평균 일축압축강도			304.05
STA 12^{K}196 매표소(좌)	1.92	392.8	2,000	94.2
	4.28	412.5	4,000	188.4
	6.08	438.3	7,400	348.5
	8.40	417.4	4,.080	192.1
	9.65	411.1	3,960	186.5
	평균 일축압축강도			201.9
STA 12^{K}376 환기구	2.34	441.5	12,480	587.8
	4.40	424.2	9,320	439.0
	6.13	425.4	9,280	437.1
	8.61	434.9	3,960	186.5
	10.61	449.2	6,080	286.3
	12.77	434.4	6,160	290.1
	평균 일축압축강도			371.7
STA 11^{K}958 환기구	2.89	382.9	2,080	97.9
	4.61	440.3	5,200	244.9
	7.01	444.8	5,600	263.7
	8.98	416.0	3,080	145.0
	9.76	429.0	3,760	177.1
	평균 일축압축강도			185.7

표 1.10 슬라임의 일축압축강도

구간	심도(m)	공시체(g)	파괴하중(kg)	일축압축강도(kg/cm^2)	비고
STA 12^{K}175 매표소(좌)	0~2	3,013	17,200	219.1	원통형 공시체 (ϕ: 10cm h: 20cm)
	2~4	3,090	18,200	231.8	
	4~6	3,008	27,400	349.0	
	6~8	2,979	28,400	361.7	
	8~10	3,064	21,000	267.5	
	10~12	3,042	20,000	254.7	
평균 일축압축강도					

1.4.3 노량진본동 재개발 조합아파트 현장

노량진 조합아파트 건설공사 현장의 흙막이공 배면에 시공된 SIG 개량체의 시료를 채취하여 일축압축강도를 실시한 결과는 표 1.11과 같다. 설계 시 SIG 개량체를 이용한 주열식 흙막이벽의 설계기준강도를 $\sigma_{ck} = 100\text{kg/cm}^2$로 설정하여 구조계산을 검토하였다. 그러나 이 표에 나타난 바와 같이 SIG 개량체의 일축압축강도는 169~263kg/cm^2 범위에 분포하고 있어 설계상의 강도보다 훨씬 커 만족할 만한 주열식 흙막이벽의 설치가 가능하였다.(2-4)

SIG 개량체를 이용한 주열식 흙막이벽의 설치 간격은 0.8m이며 주입폭은 1.0m로 하였다. 천공깊이는 12.5m며 상부 2.5m를 제외하고 10m를 주입하였다.

표 1.11 SIG 개량체의 일축압축강도(노량진)

보링번호	깊이(m)	직경(cm)	높이(cm)	파괴하중(kg)	일축압축강도(kg/cm^2)
B-1	3.50~3.65	5.35	13.18	5,800	258
B-1	8.50~8.65	5.38	11.98	6,000	263
B-2	3.50~3.65	5.34	12.97	3,800	169
B-2	6.30~6.45	5.34	13.60	4,200	187

1.4.4 김해전화국 통신구 공사현장

SIG 공법으로 시공 중인 김해전화국 통신구 공사현장의 G.L.(-)2.8m 지점 3개소의 원지반에서 채취된 불교란시료와 SIG 개량체를 일축압축시험을 실시한 결과로 비교하면 표 1.12와 같다. 표 1.12에 나타난 바와 같이 SIG 개량체의 재령 28일 일축압축강도는 203.5~210.3kg/cm^{2}으로 원지반의 일축압축강도에 비해 400배 이상 증가되는 것으로 나타났다.(2)

표 1.12 SIG 개량체의 일축압축강도(김해)

구분		깊이(m)	함수비 w(%)	비중(G_s)	균등계수(C_u)	200체 통과량(%)	일축압축강도 (kg/cm^2)
원지반	A	2.80	27.22	2.361	3.08		
	B	2.80	-	-	-		
	C	2.80	30.46	2.561	2.31		
SIG 고결토	A-1	-	-	-	-	-	206.7
	B-1	-	-	-	-	-	203.5
	C-1	-	-	-	-	-	210.3

1.4.5 화동지역 화력 1, 2호기 부지공사

연약한 점토지반의 지지력 보강 및 측방유동을 방지하기 위하여 SIG 공법에 의해 시공된 원형 개량체의 일축압축강도를 2차에 걸쳐 측정한 결과는 표 1.13 및 1.14와 같다. 표에서 알 수 있는 바와 같이 일축압축강도시험 결과는 1차에 실시된 보링 구멍 A-C-59의 258.87kg/cm^{2}를 제외하고는 150~154kg/cm^{2}의 범위에 분포하고 있어 점성토 지반에서의 설계기준강도를 만족하는 것으로 나타났다.[(5)]

표 1.13 1차 일축압축강도시험 결과(1994.03.18.)

보링 번호	깊이(m)	직경(cm)	높이(cm)	파괴하중(kg)	일축압축강도(kg/cm^2)
A-C-59	5.0	5.22	9.58	3,400	258.87
A-C-13	5.0	5.24	10.50	3,300	153.02

표 1.14 2차 일축압축강도시험 결과(1994.04.11.)

보링 번호	깊이(m)	직경(cm)	높이(cm)	파괴하중(kg)	일축압축강도(kg/cm^2)
B-1		5.10	10.01	3,140	153.7
B-2		5.34	10.00	3,360	150.0
B-3		5.31	10.01	3,400	153.5
B-4		5.27	9.93	3,360	154.1
B-5		5.15	10.04	3,160	151.7
B-6		5.14	9.97	3,170	152.7

1.4.6 기타

(1) 오목교 5호선 지하철(동양고속)

① SIG 시공 간격: 0.8m

② 주입폭: 1.0m/m

③ 천공 및 주입: 27.0m 천공, 22m 주입

④ 시공 형태: 기둥형 SIG

⑤ 시멘트 주입량: m당 450~700kg

(2) 일산 지하철 5공구(철도청 - 태영)

① SIG 시공간격: 0.8m

② 주입폭: 1.0m/m

③ 천공 및 주입: 24.5m 천공, 13 주입

④ 시공형태: 기둥형 SIG

⑤ 시멘트 주입량: 공당 6.5~7.0t

1.5 결론

연약지반 또는 투수성이 큰 사질토지반의 터널굴착공사나 개착식 굴착공사 시 지반강도 증대 및 차수 또는 지수 목적으로 적용되는 고압분사 주입공법(SIG 공법)에 의해 시험 시공된 개량체로부터 지반개량효과를 분석한 결과 다음과 같은 결론을 얻었다.

(1) SIG 개량체의 일축압축강도는 실트질 세사층에서 95.6~422.2kg/cm^{2}의 범위(평균 205.1kg/cm^2)에 분포하고 있으며, 모래자갈층에서는 140.2~497.8kg/cm^{2}의 범위(평균 338.6kg/cm^2)에 분포하고 있다. 따라서 모래자갈층에서의 일축압축강도가 실트질 세사층에서의 강도보다 약 1.5배 정도 크게 나타났다.

한편 지반조건이 유사한 인접 지하철 공사현장에서 채취된 SCW 개량체의 일축압축강도는 4.2~20.6kg/cm^2(평균 9.5kg/cm^2)의 범위에 분포하고 있다. JSP 개량체의 일축압축강도는 49.0~195.0kg/cm^2(평균 86.6kg/cm^2)의 범위에 분포하고 있으므로 SIG 개량체의 일축압축강도가 이들 개량체의 강도보다 현저히 크게 나타났다.

(2) SIG 개량체의 간접인장강도시험에 의한 인장강도는 실트질 세사층에서는 7.8~21.3kg/cm^2(평균 17.0kg/cm^2) 범위에 분포하고 있으며, 모래자갈층에서는 19.1~39.2kg/cm^2(평균 25.9kg/cm^2) 범위에 분포하고 있어 인장강도도 일축압축강도와 마찬가지로 모래자갈층이 실트질 세사층보다 1.5배 정도 크게 나타났다.

(3) SIG 개량체의 인장강도와 일축압축강도와의 관계는 실트질 세사층에서 $\sigma_t = (1/8 \sim 1/13)q_u$ 범위에 분포하고 있으며, 모래자갈층에서는 $\sigma_t = (1/7 \sim 1/16)q_u$ 범위에 분포되어 있음을 알 수

있다. 실트질 세사층의 인장강도와 일축압축강도의 상관성은 콘크리트의 $\sigma_t = (1/9 \sim 1/13)\sigma_c$의 값과 거의 비슷하게 나타났다.

(4) SIG 개량체의 일축압축강도(q_u)와 인장강도(σ_t)와의 관계는 실트질 세사층에서는 $q_u = (8.0 \sim 13.0)\sigma_t$이며, 모래자갈층에서는 $q_u = (7.0 \sim 16.0)\sigma_t$로 나타났다.

(5) SIG 개량체의 취성도는 7~13 범위에 분포하는데, 이는 콘크리트의 취성도(8~10)와 비슷하고, 화강암(15~20), 유문암(14~18)보다는 작으며, 이암(5.3~9.2), 혈암(10.1~14.3), 석회암(5.8~10.9)과는 비슷한 분포를 보인다.

(6) SIG 개량체의 탄성파속도는 실트질 세사층에서 4.0~2.8kg/cm^2 범위에 분포하고 있어 암반분류에 의해 풍화암에 속하는 것으로 나타났으며 모래자갈층에서 3.9~4.2km/sec에 분포하고 있어 암반분류에 의해 연암에 속하는 것으로 나타났다. 또한 SIG 개량체는 일축압축강도 증가할수록 탄성파속도가 증가하는 경향을 보이고 있다.

(7) SIG 개량체의 변형계수(E_{50})는 실트질 세사층에서 5,000~25,000kg/cm^2, 모래자갈층에서 15,000~33,000kg/cm^{2}에 분포하고 있다. 따라서 SIG 개량체의 변형계수(E_{50})는 일축압축강도(q_u)의 50~100배 사이에 분포하고 있다. 한편 JSP 개량체의 변형계수(E_{50})는 실트질 세사층에서 1,500~5,000kg/cm^{2}에 분포하고 있으며, 일축압축강도(q_u)의 20~70배 사이에 분포하고 있음을 알 수 있다. 따라서 지반개량체의 변형계수는 다음 식으로 표현할 수 있다.

$$E_{50} = (50 \sim 100)q_u \qquad \text{(SIG)}$$

$$E_{50} = (20 \sim 70)q_u \qquad \text{(JSP)}$$

또한 일축압축강도와 변형계수의 관계로부터 압축강도가 큰 SIG 개량체가 JSP 개량체보다 변형계수가 상당히 커서 SIG 공법의 지반개량효과가 JSP 공법보다 양호함을 알 수 있다.

(8) SIG 개량체의 포아송 비는 0.16~0.28의 범위에 분포하고 있다. 이는 콘크리트의 포아송비 0.15~0.20(평균 0.17)보다는 약간 크게 나타났으며, 암석의 포아송 비 0.10~0.3 범위 내에 분포하고 있다.

(9) SIG 개량체의 포아송 비는 일축압축강도와 변형계수가 증가할수록 감소하는 경향을 보이고 있다. 따라서 포아송 비는 개량체의 강도에 반비례함을 알 수 있다. 한편 SIG 개량체의 포아

송 비는 개량심도가 깊어질수록, *N*치가 증가할수록 감소하는 현상을 보인다.

(10) 실트질 세사층에서의 SIG 개량체의 투수계수는 원지반의 투수계수보다 10^{-1}~10^{-2} 정도의 차수효과를 얻을 수 있는 것으로 나타났다. 그러나 본 시험공에서 얻은 투수계수는 SIG 개량체 설계기준치의 투수계수보다는 크게 나타나고 있다. 따라서 설계기준치를 만족시키는 투수계수를 얻기 위해서는 보다 정밀한 시공을 통해 지반 개량 시 균질한 개량체를 얻을 수 있는 시공기술의 개발이 요구된다. 특히 모래자갈층의 투수효과는 실내시험에 의해 확인된 강도특성과 변형특성에 미루어볼 때 다른 공법의 투수효과보다 양호할 것으로 판단된다.

(11) SIG 개량체를 암석과 비교한 결과 SIG 개량체는 강도면에서는 퇴적암과 비슷하거나 다소 작게 나타났다. SIG 개량체의 취성도는 8~13 범위에 분포하고 있어 퇴적암(10~30)과 화성암(30~40)의 취성도보다 상당히 작게 나타났다. 한편 SIG 개량체의 탄성파속도는 동일한 압축강도에서는 퇴적암과 비슷하거나 약간 크게 나타나고 있다.

• 참고문헌 •

(1) 건설부, '도로교 표준 시방서'.

(2) 건설산업연구소(1993), 'SIG공 공사비 산정에 관한 연구보고서'.

(3) 금호감리단(1993), '일산전철 제6공구 연약지반 JSP 시공 확인 조사보고서'.

(4) (주)동인엔지니어링(1992), '노량진 본동 아파트 신축 지하굴토공 시 SIG 시험 성과 보고서'.

(5) (주)동일기술공사(1994), '화동 화력 1,2호기 부지정지 1차 공사 SIG 고결토 압축강도시험 성과표'.

(6) (주)동원기초, 'SIG 공법'.

(7) (주)동원기초(1994), '일산선 제6공구 공사현장 환기구 및 정차장 매표소 구조물 SIG 지반보강공 시험보고서'.

(8) 변동균 · 신현묵 · 문제길(1989), 철근콘크리트, 동명사, pp.8-19.

(9) 삼성종합건설기술연구소(1989), '약액주입공법에 관한 이론적 연구'.

(10) 심재구(1981), '고압분사 주입공법(JSP)', 한국농공학회지, 제2권, 제3호.

(11) 심재구 · 김관호 · 박정옥(1988), '고씨 – 사평 간 수해복구공사 공사보고서', 대한토질공학회, 제4권, 제1호.

(12) 천병식(1989), 토목근접시공에 있어서 지반안정처리에 관한 고찰, 대림기술정보, pp.12-29.

(13) 천병식 · 오민열(1993), '지하철과 근접시공에서 지반주입의 역할', 한국지반공학회, 지반굴착위원회, 학술발표집, 제2집, pp.96-141.

(14) 천병식(1993), '일산선 제6공구 공사현장 환기구 및 정차장 매표소 구조물 침하에 대한 안정검토연구 보고서', 한양대학교 부설 산업과학연구소.

(15) 홍원표(1984), '수동말뚝에 작용하는 측방토압', 대한토목학회논문집, 제4권, 제2호, pp.77-88.

(16) 홍원표 · 임수빈 · 김홍택(1992), '일산전철 장항정차장구간의 굴토공사에 따른 안정성 검토 연구 보고서', 대한토목학회.

(17) 홍원표(1994), '고압분사 주입공법(SIG)에 의한 개량체의 특성에 관한 연구보고서', 중앙대학교.

(18) Ichise, Y., Yamakado, A.(1974), "High Pressure Jet Grouting Method", U.S. Patent 3, 802, 203.

(19) Kauschinger, J.L., Perry, E.B. and Hankour, R., "Jet Grout, State-of-the Practice", Grouting, Improvement Soil and Geosynthetics Edited by Roy H. Borden, Robert D. Holtz and Ilan Juran, ASCE, Vol.1, pp.169-180.

(20) Kauschinger, J.L., Welsh, J.P.(1989), "Jet Grouting for urban Construction", BSCES Geotechnical

Group Seminar, Design, Construction, and Performance of Deep excavations in Urban Areas, Massachusett Institute of Technology, Cambridge.

(21) Keller, GKN.(1985), “Jet Grouting: An Introductory Report”, Manufacturers Literature, Oxford Road, Ryton-on-Dunsmore, Coventry, England.

(22) Rodio & C., S.P.A.(1983), “Jet Grouting Test Results at Varallo Pomia RodinJet Trial Field”, Rodio Internal Report, No.L3052 and No.1982.

(23) Shibazaki, M., Otha, S. and Kubo, H.(1983), “Jet Grouting Method”, Kajima Publisher, pp.63-65.

(24) Yoshiomi Ichihashi, Mitsuhiro Shibazaki, Hiroaki Kubo, Masahiro Iji, Akiro Mori(1985), “Jet Grouting in Airport Construction”, Grouting, Improvement Soil and Geosynthetics Edited by Roy H. Borden, Robert D. Holtz and Ilan Juran, ASCE, Vol.1, pp.182-193.

(25) 沼田政矩·丸安隆和·黑崎達二(1952), “薬液注入による地盤の固結方法 に關する 研究”, 土木學會論文集, Vol.12.

(26) 桶口芳郎·吉田 雄共(1960), “セメント薬液注入工法”, ヘンスイエーデ著, 技報堂全書, pp.156-159.

(27) 柳井田勝哉(1967), “高におけるノズの水噴流特性について”, 日本鑛 業學會誌, Vol.83, No.950.

(28) 山門明雄(1968), “高細噴流による土の切削し工法に關よる考察”, 土と基礎, Vol.16.

(29) 柳井田勝哉·工藤光威(1972), “ジェットグラウト工法の流體力學的問題 點と施工の實際”, コンストラクション, Vol.10, No.3.

(30) 丸安隆和·阪本好史(1972), セメントスラグ·水ガラスを用いたグラウ トによる地盤注入工法, 生産研究, Vol.24.

(31) 三木五三郎(1976), “海外における地盤注入”, 土と基礎, Vol. 24, No.5, pp.1-6.

(32) 三木五三郎·佐藤剛司·中川晃次(1976), “粘性土へのセメント係急硬材の壓力注入效果について”, 第11回, 土質工學研究發表會, pp.1077-1080.

(33) ジェットグラウト協會(1978), “JGR工法技術資料”.

(34) 大島重利·蒔田實(1978), “薬液の種類と取扱い上の注意”, 土と基礎, Vol.26, No.28, pp.7-12.

(35) 羅文鵠(1978), “地盤注入における注入剤の選定と注入の技術”, 土と基礎, Vol.26, No.28, pp.13-18.

(36) 國土開發技術研究センター(1978), “薬液等注入材料の研究開發 に關する研究報告書”.

(37) 三木五三郎(1978), “建設工事における薬液注入工法の役割”, 土と基礎, Vol.26, No.28, pp.3-6.

(38) 日本土質工學會(1979), “地盤改良の調査·設計から施工まで”, 現場 技術者のための土と基礎シリーズ, 3.

(39) CCP協會(1980), “CCP工法の設計と施工指針”.

(40) JSG協會(1981), "JSG工法 技術資料".

(41) 三木幸藏(1982), "わかりやすい岩石と岩盤の知識"" 鹿島出版會, pp.113-144.

(42) 所武彦・鹿島昭一・村田峰雄(1982), "Grouting Method by Using The Flash-Setting Grout", Proc, of Cont. on Grouting in Geotechnical Engineering, New Orleans. pp.738-759.

(43) 梶原和敏(1983), "柱列式 地下連續壁工法", 鹿島出版會.

(44) 小松英弘・鶴谷浩二(1983), "一般ロッド注入による注入数果についての考察", 土と基礎, Vol.31, No.4, pp.5-11.

(45) 坂田 正彦・今泉 長和(1984), "CCP工法の概要と施工例", 基礎工, Vol.12, No.11, pp.85-89.

(46) 日本土質工學會(1985), "薬液注入工法の調査・設計から施工まで", 現場技術者のための土と基礎シリーズ, 9.

(47) 柴崎光弘・下田一雄(1985), "最新藥液注入工法の設計と施工", 山海堂, pp.105-107.

(48) 柴崎光弘(1985), "高壓噴射注入工法", 土と基礎, Vol.29, No.5.

(49) 日本ジェットグラウト協會(1988), "JET GROUT 技術資料".

(50) 日本土質工學會(1988), "軟弱地盤對策工法-調査・設計から施工まで", 現場技術者のため の土と基礎シリーズ, 16.

(51) 久保 弘明(1990), "ジェットグラウト工法による止水工法設計・施工どその効果", 基礎工, Vol.18, No.8, pp.82-89.

(52) 日本材料學會・土質安定材料委員會編(1991), "地盤改良工法便覧－薬液 注入工法", 日本工業新聞社, pp.411-446.

(53) 日本材料學會, 土質安定材料委員會編(1991), "地盤改良工法便覧－高壓噴射注入工法", 日本工業新聞社, pp.447-463.

(54) 太田 想三(1991), "薬液注入工法, 材料の種類とその選擇", 基礎工, Vol.19, No.3, pp.18-25.

(55) 關根建(1991), "CCP工法の最近の施工例", 基礎工, Vol.19, No.6, pp.74-79.

(56) 森麟(1991), "薬液注入による地盤改良効果と問題點", 基礎工, Vol.19, No.3, pp.2-6.

(57) 盛政晴(1991), "薬液注入の設計 施工における考え方", 基礎工, Vol.19, No.3, pp.33-39.

(58) 佐藤 宏郎・佐藤 憲司・岡田 和諺(1991), "薬液注入工の施工例", 基礎工, Vol.19, No.3, pp.61～71.

(59) 半野 久光(1991), "最近の首都高速鐵道における薬液注入工事", 基礎工, Vol.19, No.3, pp.72-79.

(60) 大野 宏紀・吉田 秀男(1991), "大口径シールド發進防護工としての薬液 注入施工例", 基礎工, Vol.19, No.3, pp.86-91.

(61) 佐藤武·南山 敏行(1991), "基礎工における液注入の適用例", 基礎工, Vol.19, No.3, pp.46-52.

(62) 中谷 昌一(1991), "今後の藥液注入工事における施工管理", 基礎工, Vol.19, No.3, pp.7-10.

(63) 坂田 正彦(1991), "RJP工法の最近の施工例", 基礎工, Vol.19, No.3, pp.80-85.

(64) 日本建設機械化協會(1991), "最近の軟弱地盤工法と施工例－CCP工法の施工例", pp.521-547.

(65) 日本建設機械化協會(1991), "最近の軟弱地盤工法と施工例－ジェットグラウト", pp.548-566.

(66) 日本建設機械化協會(1991), "最近の軟弱地盤工法と施工例－RJP工法と施工例", pp.576-602.

Chapter

02

연약지반 측방변위 판정기법

Chapter 02 연약지반 측방변위 판정기법

2.1 서론

2.1.1 연구 개발 배경

연약지반상에 성토를 시공하거나 교대, 옹벽 등의 구조물을 축조한 후 뒤채움을 실시할 경우 연약지반에는 편재하중이 작용하여 연약지반의 측방유동이나 활동파괴가 종종 발생한다. 특히 성토를 대단히 빠른 속도로 시공할 경우에는 연약지반에 수평방향응력이 증가하고, 이로 인하여 지반의 측방유동과 융기현상이 발생하여 인접 구조물의 안전을 위협하게 된다(Peck et al., 1969).[7] 또한 측방유동이 발생하는 지반 속에 말뚝기초가 설치되어 있으면 기초말뚝은 지반으로부터 측방토압을 받게 되며 이로 인하여 말뚝에는 과잉휨응력, 전단응력, 변위 등으로 인한 문제가 발생한다(De Beer & Wallays, 1972).[2] 연약지반의 측방유동으로 인한 도로 및 교대의 변형은 교통장애 요인으로 작용하며, 물류비의 증가와 주행시간의 증가 등으로 막대한 경제적 손실을 야기한다. 또한 교대나 성토부의 측방이동 현상은 도로의 파손으로 직결되며, 이는 이용자의 불안감을 증대시킴과 더불어 미관상으로도 나쁜 영향을 미치게 되므로 이에 대한 대비가 시급한 실정이다.

연약지반의 측방유동에 대한 연구는 Frank & Boonstra(1948)[5]에 의하여 시작되었다고 할 수 있는데, 이들은 연약지반상에 설치된 말뚝의 파손 원인과 측방변위의 상관관계를 연구하였다. 1969년 Peck이 연약지반에서의 측방유동을 공학적으로 처음 정의하였으며, 1973년 Tschebotarioff가 모스코바에서 개최한 ICSMFE[11]에서 구조물에 작용하는 점성토 지반의 측방토압에 관한 연구 결과를 발표한 이후, 측방유동에 관한 연구가 본격적으로 이루어지고 있다. 또한 공학 분야에 컴퓨터의 도입과 더불어 수치해석법을 이용하여 연약지반상의 성토에 따른 측방변위 특성을 규명하기 위한 연구가 활발히 수행되고 있으며(Duncan & Chang, 1970;[3] Worth & Simpson, 1972;[12] Loganathan, et al., 1993;[6] Ellis & Springman, 2001[4] 등), 현장계측 자료 분석을 통해 실제 현장에서 발생하는 측방변위 특성을 평가하기 위한 연구들도 다수 수행된 바 있다(Tavenas et al., 1979,[10] 1980; Suzuki, 1988[8] 등).

본 연구는 2004년 8월부터 2007년 8월까지 3년에 걸쳐 수행되었으며,[1] 각 연도별 연구 목표, 주요 연구수행 내용 및 범위를 요약하면 다음과 같다.

먼저 제1, 2차 연도에는 국내 지반조건을 고려한 연약지반 측방유동 발생기구를 규명한다. 그런 후 연약지반 측방유동 대책공법의 합리적인 선정 및 설계방안을 제시한다.

제3차 연도에는 연약지반의 변형거동 및 측방토압 발생 특성 평가를 위한 모형실험을 실시한다. 경험적 및 해석적 연구 결과를 종합하여 측방유동 대책공법의 합리적인 선정 및 설계방안을 제시한다. 이에 근거하여 대책공법 설계 프로그램 개발한다. 그리고 측방유동지반 안정관리 항목 선정 및 안정관리방안 관련 지침을 제시한다.

2.1.2 연약지반의 측방유동

연약한 점성토지반에 하중을 재하하면 지중응력이 증가하고 간극수압이 변화되면서 체적이 수축되어 지반의 침하가 발생한다. 이러한 지반의 변형은 하중재하초기에 탄성거동을 보이다가 하중이 증가하여 어느 시점에 이르면 과잉간극수압이 급증하여 강도가 저하되고 소성영역이 확대되어 점차 소성평형상태로 이전된다. 즉, 간극수압의 소산에 필요한 충분한 시간이 지나기도 전에 재하하중을 지속적으로 증가시키면 지반 내의 과잉간극수압이 증가하게 되어 측방유동압(lateral flow pressure)이 발생하고, 이로 인해 흙입자의 소성화에 의한 수평적인 측방변위와 주변지반의 융기가 발생한다. 이러한 지반변형은 결국 활동파괴를 유발하여 기존 구조물의 안정에도 영향을 미치게 된다(그림 2.1 참조).

Tavenas et al.(1978)[9]은 측방유동에 의한 연약지반 변형거동의 과정을 그림 2.2와 같이 재하시점부터 한계하중까지의 거동(OA)과 그 이후부터 극한하중까지의 거동(AB) 그리고 극한하중 이후의 장기 배수거동(BC)의 3단계의 순서를 거치는 것으로 설명하였다. 재하 초기(OA)에는 간극수압의 소산이 없는 K_0 상태로 탄성적인 침하만이 인식된다. 하중의 증가에 따라 유효응력이 증가하여 어느 한계치를 넘게 되면(AB) 흙입자가 항복하여 압축성이 급증함과 더불어 측방변위량의 증가가 시작된다고 하였으며, 대부분의 측방유동은 이 구간에서 발생한다고 하였다.

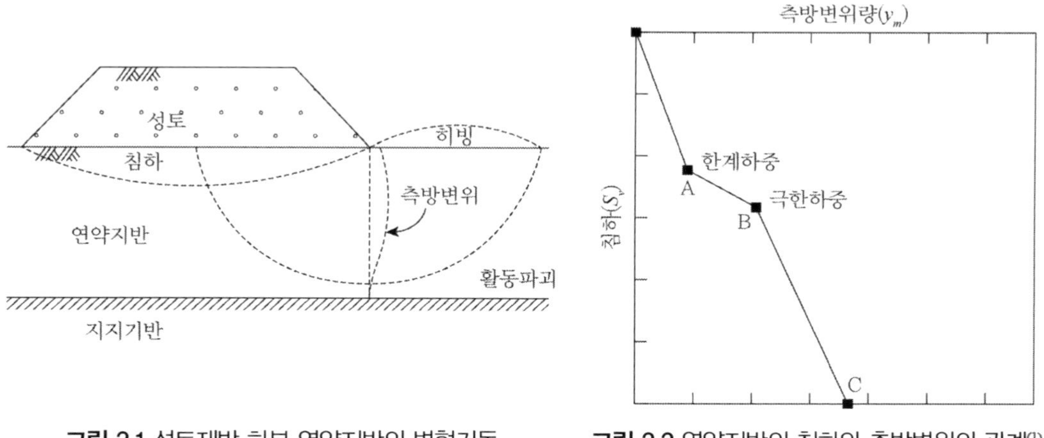

그림 2.1 성토재방 하부 연약지반의 변형거동

그림 2.2 연약지반의 침하와 측방변위의 관계[1]

이와 같이 지반이 탄성의 상태에서 소성의 상태로 바뀌지는 시점의 응력을 한계하중으로 Jaky & Fröhlich는 규정하였다. Tschebotarioff(1973)[11]는 전단변형이 시작되는 점의 응력을 한계하중으로 규정하고, 그 이후부터는 측방변위량이 급격한 증가 경향을 나타낸다고 하였다. 이러한 한계하중은 점성토 지반의 비배수전단강도를 기준으로 정의하고 편재하중이 한계하중을 초과할 경우 측방유동의 가능성이 있다고 판정한다. 또 소성평형의 상태에서 지반의 침하량과 측방변위량이 극단적으로 증대하여 국부적인 활동파괴를 나타낼 때의 하중을 극한하중으로 규정하였다.

한계하중 및 극한하중은 지반의 탄성평형과 소성평형상태에서의 재하중과 지반의 전단저항의 관계로부터 이론 제안식과 실험 결과에 의해서 결정할 수 있으며, 표 2.1은 기존에 제안된 한계하중과 극한하중의 산정식을 나타낸 것이다. 여기서 c_u는 점토의 비배수강도, B는 재하폭, H는 토층의 두께다.

표 2.1 극한하중과 한계하중 산정에 관한 이론식

제안자	한계하중	극한하중	q_{cr}/q_{ult}
Meyerhof	$q_{cr}=(B/2H+\pi/2)C_u$	$q_{ult}=8.30C_u$	-
Tschebotarioff	$q_{cr}=3.00C_u$	$q_{ult}=7.95C_u$	0.38
JHI	$q_{cr}=3.60C_u$	$q_{ult}=7.30C_u$	0.49
Jahy	$q_{cr}=3.14C_u$	$q_{ult}=6.28C_u$	0.50
Terzaghi 1	$q_{cr}=3.81C_u$	$q_{ult}=5.71C_u$	0.67
Fellenius	-	$q_{ult}=5.52C_u$	-
Terzaghi 2	$q_{cr}=3.81C_u$	$q_{ult}=5.30C_u$	0.72
Prandtl	-	$q_{ult}=5.14C_u$	-
Darragh	$q_{cr}=4.00C_u$	-	-

2.2 측방유동지반

2.2.1 실내모형실험 목적 및 계획

편재하중 작용 시 기초연약지반의 변형거동에 미치는 영향요인은 크게 연약지반 조건과 편재하중조건으로 구분할 수 있다. 따라서 본 연구에서는 표 2.2에 나타낸 바와 같이 지반조건의 영향은 연약지반 조성 시 예압밀하중을 다르게 적용하고 하중조건에 대한 영향은 단계하중의 크기를 다르게 적용하여 모형실험을 수행함으로써 이들 영향인자 변화에 따른 연약지반의 변형거동을 평가하고자 한다.

본 모형실험에서는 연약지반재료로 영종도 해성점토를 사용하였다. 모형실험 결과의 분석을 통해 연약지반 조성을 위한 예압밀 압력과 성토하중을 모사하기 위한 단계하중의 크기가 기초연약지반의 침하, 성토체 인접지반의 융기 및 지중측방변위 발생에 미치는 영향을 평가한다.

표 2.2 측방유동지반의 거동특성 평가를 위한 모형실험 종류 및 조건

실험 종류	연약지반 심도	예압밀 압력(kPa)	단계하중 증분(kPa)
case I	2B	2	2
case II		2	4
case III		2	6
case IV		4	4
case V		4	6

2.2.2 모형실험 장비 및 방법

(1) 모형실험장치

편재하중에 의한 무처리 연약지반의 측방유동에 대한 변형거동을 관찰하기 위하여 그림 2.3의 실험장치계통도에서 보는 바와 같이 실험장치를 제작하였다. 모형실험장치는 크게 모형토조 부분과 정규압밀 혹은 과압밀 상태를 위한 예압밀장치, 단계하중증분을 위한 재하장치, 계측장치로 구성되어 있다.

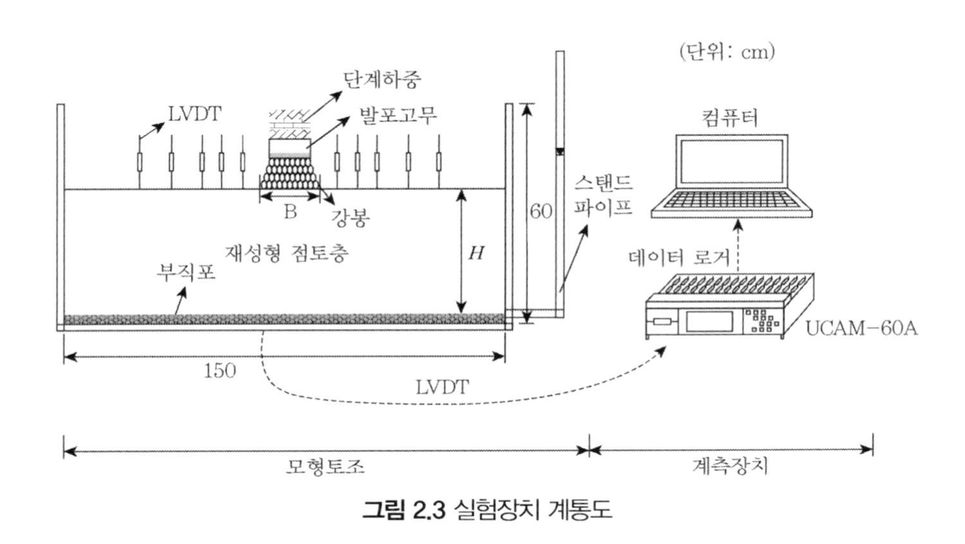

그림 2.3 실험장치 계통도

모형토조의 크기는 길이 150cm, 높이 60cm, 폭 15cm며, 충분한 강성을 가질 수 있도록 전면판, 후면판 및 측면판을 제작하였다. 전면판은 연약지반의 조성 및 지반의 거동 관측을 용이하게 하기 위해 15mm 두께의 아크릴판으로 투명하게 제작했으며, 분리 및 조립이 가능하다. 후면판은 지반조성 시 모형토조의 배부름현상을 방지하기 위해 두께 8mm의 아크릴판과 두께 7mm의 스테인리스판을 일체로 결합시켜 제작한 후 사각 스테인리스파이프로 보강하였다.

본 실험에서는 토조에 교반된 점토를 채운 후 균질한 상태의 지반을 형성시키기 위하여 일정 압력으로 예압밀을 실시하는 것으로 계획하였다. 따라서 연약지반층 지표면의 전단면에 일정한 압력이 균등하게 전달될 수 있도록 하기 위한 예압밀하중 거치대를 제작하였다. 거치대 하부에 설치한 예압밀판에는 배수구멍을 뚫어 압밀기간 동안 배수가 원활히 이루어질 수 있도록 하였다. 또한 예압밀 시 점토가 예압밀판 상부로 빠져 나오는 것을 방지하기 위해 예압밀판에 고무판을 부착하여 모형토조 벽면과 밀착될 수 있도록 하였다. 한편 비닐랩과 오일을 이용한 마찰저감처리(lubrication)를 실시함으로써 예압밀 및 단계 하중재하 시 토조와의 벽면마찰을 최소화하도록 계획하였다.

예압밀 및 본 실험 시 편재하중의 용이한 재하를 위해 납을 이용하여 예압밀용 추 및 편재하중재하용 추를 제작하였다. 예압밀용 추는 토조 내부 치수를 고려하여 개당 예압밀압력 1kPa에 해당하는 무게인 55.1lb(25kg)로 제작하였고, 편재하중재하용 추는 토조의 크기와 편재하중재하조건을 고려하여 개당 2kPa의 상재하중을 재하할 수 있도록 13.7lb(6.2kg)로 제작하였다.

실제 현장과 유사한 성토층의 연성침하를 모사하기 위해 그림 2.3에 보인 바와 같이 강봉, 발포고무 및 하중추를 동시에 사용하였다. 즉, 직경 9mm, 길이 14.6mm의 강봉을 낚싯줄로 엮어 5~6층을 제형으로 쌓고, 발포고무를 위치시킨 후 단계하중을 재하한다. 발포고무는 강봉층의 부등변형 시 발생할 수 있는 단계하중의 부등분포를 방지하여 균등한 수직하중이 강봉층 상부면에 작용하도록 하는 역할을 한다. 또한 편재하중재하 시 중앙의 침하량을 계측하기 위하여 침하판을 제작하였으며, 단계별 편제하중재하 시 재하하중이 재하면에 균등하게 작용할 수 있도록 재하추의 기울어짐을 방지하기 위한 하중거치대를 제작하였다.

본 모형실험에서는 모형실험을 통해 연약지반상 편재하중에 의한 무처리 연약지반의 측방유동에 대한 변형거동을 관찰하기 위해 예압밀 압력 및 단계하중 증분변화에 따른 지반의 침하, 융기, 측방변위 등의 지반변형 거동을 평가하는 것이 주목적이다.

따라서 본 모형실험에서는 세 가지 종류의 변위계(LVDT)를 사용하였다. 우선 자기저항식 변위계는 최대 100mm까지 측정이 가능하며 오차범위 1/100mm 변위를 측정할 수 있다. 성토체 중앙의 침하량을 측정하기 위해 최대 100mm까지 측정할 수 있는 KYOWA사에서 제작한 변위계를 사용하였고, 성토체와 먼 거리의 지반변위는 최대 30mm까지 측정할 수 있는 변위계를 사용하여 측정하였다. 변위계 설치 간격은 예비실험을 통해 결정하였으며, 이를 이용하여 성토체 중앙부의 침하와 인접지반의 연직변위를 측정하였다. 계측자료의 수집을 위해 KYOWA사의 U-CAM60A를 계측용 컴퓨터와 연결하여 사용하였다.

(2) 사용시료

본 모형실험에서는 모형지반의 재료로 영종도 해성점토를 사용하였다. 영종도 해성점토의 공학적인 특성을 조사하기 위하여 각종 토질시험을 수행하였다.

본 모형실험에서 사용된 모형지반의 재료는 우리나라 서해안에 위치한 영종도지역의 인천공항 화물터미널 근처 공사현장에서 채취한 해성점토를 사용하였고, 채취된 시료는 불순물을 제거한 후 재성형하여 실험에 사용하였다. 채취된 시료를 대상으로 물리적 특성과 역학적 특성을 조사하기 위해 각종 토질시험을 실시하였다.

흙시료에 대한 물성시험 결과는 표 2.3에 나타내었다. 영종도 흙시료의 물리적 특성은 표 2.3에서 알 수 있는 바와 같이 자연함수비(W_n) 39.22%, 액성한계(LL) 29.4% 및 소성지수(PI) 8.03이며, 통일분류법의 분류기준에 의하면 CL로 분류된다. 또한 비중(G_s)은 2.696, 간극비(e) 1.055, 습윤단위중량(γ_t)과 건조단위중량(γ_d)은 각각 17.92kN/m^{3}과 12.87kN/m^{3}인 것으로 나타났다.

표 2.3 영종도 해성점토시료의 물리적 특성[1]

W_n(%)	G_s	LL(%)	PI(%)	흙 분류 (소성도표)	e	n	γ_t (kN/m^3)	γ_d (kN/m^3)	No.200 통과량(%)
39.22	2.696	29.4	8.03	CL	1.055	0.513	17.92	12.87	83

연약지반 재료의 역학적 특성을 조사하기 위해 수행한 일축압축강도시험과 표준압밀시험 결과는 표 2.4에 나타내었다. 연약지반 재료로 사용하기 위해 영종도에서 채취한 불교란시료에 대한 일축압축강도시험 결과, 일축압축강도 q_u가 38.74kPa이고 예민비 S_t는 5.85로 나타나 중간 정도의 예민성을 가지는 연약한 점토임을 알 수 있다. 한편 표준압밀시험 결과, 선행압밀하중(P_c)이 98.01kPa, 압축지수(C_c) 및 팽창지수(C_s)는 각각 0.34 및 0.03으로 평가되었다. 또한 압밀계수(C_v)는 7.81×10^{-3}cm^2/sec이고, 투수계수(K)는 6.88×10^{-7}cm/sec로 나타났다.

표 2.4 일축압축강도시험 및 압밀시험 결과[1]

q_u	S_t	P_c	C_c	C_s	C_v (cm^2/sec)	K (cm/sec)
38.74	5.85	98.01	0.34	0.03	7.81×10^{-3}	6.88×10^{-7}

(3) 모형실험 방법 및 순서

본 모형실험에서는 연약지반에 접한 재하하중의 폭을 20cm로 하였으며, LVDT를 이용하여 성토체 중앙부의 침하량과 성토체 주변지반의 융기량을 측정하였다.

실제 현장과 유사한 성토층의 연성침하를 모사하기 위해 그림 2.1에 보인 바와 같이 강봉, 발포고무 및 하중추를 동시에 사용하였다. 즉, 직경 9mm, 길이 14.6mm의 강봉을 낚싯줄로 엮어 5층을 제형으로 쌓고, 발포고무를 위치시킨 후 단계하중을 재하하였다. 발포고무는 강봉층의 부등변형 시 발생할 수 있는 단계하중의 부등분포를 방지하여 균등한 수직하중이 강봉층 상부면에 작용하도록 하는 역할을 한다.

모형실험은 다음과 같은 순서로 수행하였다.

① 연약지반 조성 단계

1) #10번체를 이용하여 불순물을 제거한 점토시료를 준비한다.
2) 점토시료를 일정 함수비 58%(2LL)로 교반한다.
3) 토조 내에 모형지반을 성형하기 위하여 토조를 눕히고 전면판을 떼어낸다.
4) 토조의 내부벽면에 오일을 바르고 비닐랩을 부착하여 모형지반의 유동 시 벽면의 마찰을 최소화시킨다. 전면판도 동일한 방법으로 한다.
5) 일정 높이의 점토시료를 채우기 위한 가이드판을 예상 지표면 위치에 설치한다.
6) 배수조건을 고려해 토조 하부에 부직포를 설치한다.
7) 불순물이 제거된 점토시료를 목표높이까지 채운다.
8) 전면판을 조립·부착한 후 토조 배부름 방지장치를 위한 보강장치를 토조 하부에 조립·설치한다.
9) 토조를 바로세우고 가이드판을 해체한 후 토조 배부름 방지를 위한 2차 보강장치를 토조 상부에 조립·설치한다.
10) 예압밀 장치와 침하량 관측을 위하여 변위계(LVDT)를 설치한 후 일정한 예압밀하중을 재하한다(그림 2.2 참조).
11) 침하량 측정 결과로부터 압밀도를 분석하여 1차 예압밀 종료 시점을 결정한다.
12) 예압밀장치를 해체하고 토조 상부에 가이드판을 부착한 후 토조를 눕힌 상태에서 전면판을 해체한다.
13) 모형지반의 변형거동을 조사하기 위해 모형지반 전면에 유성 페인트로 착색한 면봉을 오일코팅 후 지표 표면에 일정 간격으로 삽입하여 표점을 마련한다.

14) 9)~11) 과정을 재차 수행하여 2차 예압밀을 수행한다.

15) 침하량 측정 결과 압밀도 85% 이상에 도달하면 예압밀을 종료한다.

그림 2.2 지반조성을 위한 예압밀 모습

② **편재하중 묘사를 위한 단계하중재하단계**

1) 예압밀장치를 해체한 후 조성지반의 비배수전단강도를 평가하기 위한 베인시험을 수행하고, 연약지반 지중변형을 기록하기 위한 접착식 투명 시트지를 전면판에 부착한다.
2) 성토체 주변지반상에 연직변위 측정을 위한 변위계(LVDT)를 설치하고, 데이터로거(data logger)에 연결한다.
3) 성토체 중앙부의 침하를 측정하기 위하여 침하판을 설치하고, 강봉(길이: 14.6cm, 지름: 0.9cm)을 낚싯줄로 묶어 총 5~6층이 되게 쌓는다.
4) 강봉 위에 발포고무와 하중 거치대, 성토체 중앙부의 침하 계측용 LVDT를 설치한다. 하중 거치대는 단계하중이 성토체에 지속적으로 균등하게 작용하도록 하는 역할을 한다.
5) 조건별 단계하중을 재하하면서 일정 시간간격으로 지반변형을 측정한다(그림 2.3 참조). 이때 각 재하단계별 종료시점은 예측침하량의 80% 이상 압밀도에 도달한 시점으로 한다.
6) 실험 종료 후 샘플러를 이용해 토질시험용 시료를 각 위치별로 채취한다.

그림 2.3 단계하중재하 모습

2.2.3 실험 결과 및 고찰

본 절에서는 앞에서 기술한 모형실험장치를 이용하여 모형실험을 실시한 결과를 정리 및 분석한다. 연약지반의 측방유동은 성토하중과 기초지반의 강도와 두께에 의하여 영향을 받는다. 그러므로 본 모형실험은 편재하중을 받는 무처리 연약지반에서의 거동을 관찰하기 위하여 예압밀에 따른 침하량, 단계하중에 따른 침하량과 융기량, 수평변위 등의 거동을 파악하기 위해 실험을 실시하였다. LVDT를 이용한 지표변위 측정 결과와 표점의 이동을 분석한 지중변위 측정 결과를 정리하면 다음과 같다.

(1) 예압밀에 따른 침하량

본 실험에서는 모형토조에 재성형 점토를 채운 후 정규압밀 혹은 과압밀상태의 지반을 조성하기 위하여 지표면의 전단면에 일정한 압력을 균등하게 재하하는 방법으로 예압밀을 실시하였다.

연약지반 조성을 위한 예압밀의 종료 시점은 쌍곡선법 및 Asaoka법을 이용하여 산정한 예상 총 침하량을 근거로 결정하였으며, 압밀도 85% 이상에 도달할 때까지 예압밀하중을 재하하였다. 앞에서 설명했던 바와 같이 지중변위 관찰을 위한 표점을 설치하기 위하여 2차에 걸쳐 예압밀을 수행하였다. 예압밀 시 시간에 따른 침하량 측정 결과의 대표적인 사례를 그림 2.4에 나타냈다.

본 연구에서는 표 2.2에 나타낸 바와 같이 총 5회의 모형실험을 수행하였으며, 모형실험 case I, case II, case III, case VI 및 case V에서 예압밀에 따른 최종침하량은 각각 52, 55, 65, 70 및 76mm로 측정되었다.

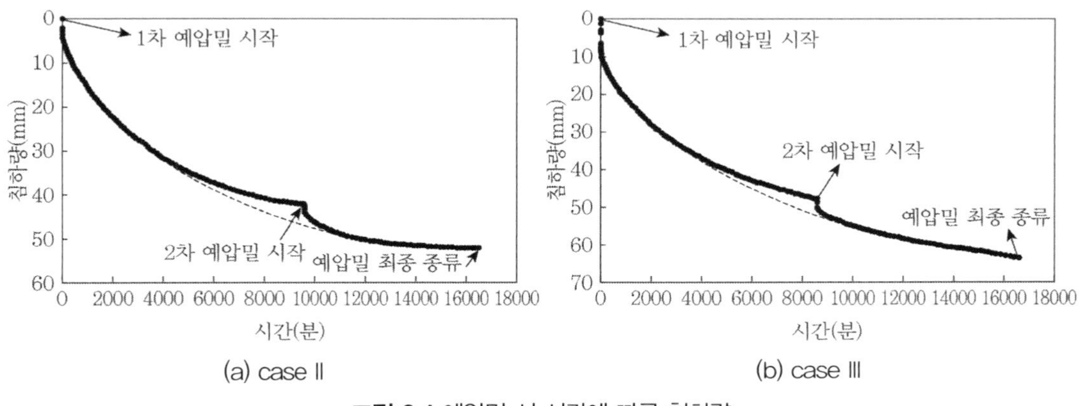

(a) case II (b) case III

그림 2.4 예압밀 시 시간에 따른 침하량

(2) 단계 성토하중재하에 따른 침하량

예압밀을 통한 연약지반 조성 후 토조 중앙부에 20cm 폭의 편재하중을 그림 2.1 및 그림 2.3에 나타낸 바와 같이 재하하였다. 본 실험에서는 실제 연약지반상 성토 시 발생하는 기초지반의 연성침하를 모사하기 위해 앞에서 설명한 바와 같이 강봉, 발포고무 및 하중추를 동시에 이용하여 단계하중을 재하하였다.

한편 각 재하단계별 종료 시점은 예측 침하량의 80% 이상 압밀도에 도달한 시점으로 결정하였다.

단계하중재하 시 기초지반의 연성침하가 잘 재현되었는지를 검토하기 위하여 하중재하면의 지반침하량 측정 결과를 그림 2.5에 나타내었다. 재하면 중앙부를 기준으로 좌측 반단면에서의 지표면 침하량 측정 결과 중 case II의 결과를 대표적으로 그림 2.5에 나타내었다. 그림 2.5에서 보는 바와 같이 재하면 중앙부에서 최대 침하가 발생하고 선단부로 갈수록 침하량이 비선형적으로 작아지는 것으로 나타났다. 본 모형실험에서 사용한 하중재하방법은 실제 성토하부지반의 연성침하를 비교적 유사하게 잘 재현하고 있음을 알 수 있다.

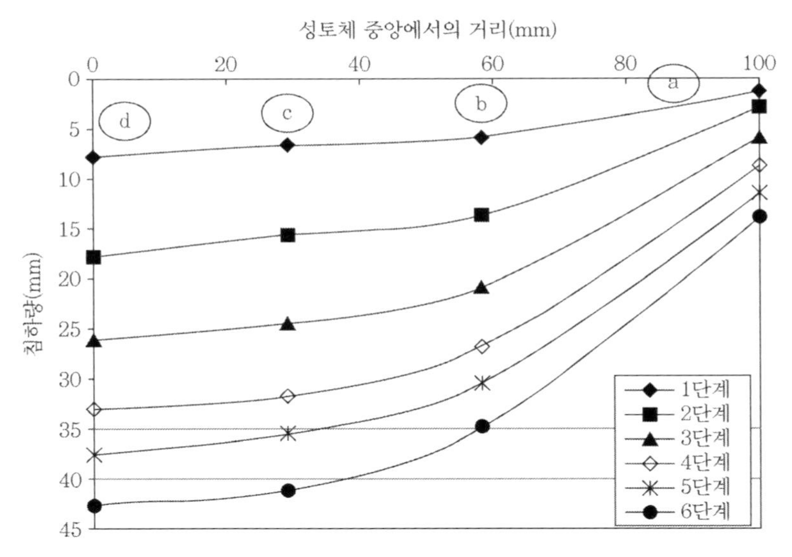

그림 2.5 편재하중재하단계별 성토하부 지표면 침하량(case Ⅱ)

한편 단계하중재하에 따른 재하면 중앙부에서의 침하량 측정 결과는 그림 2.6에 나타내었다. 성토속도가 연약지반의 변형거동에 미치는 영향을 고찰하기 위해 단계하중을 변화시키면서 모형실험을 수행하였다. 즉, 그림 2.6에서 알 수 있는 바와 같이 모형실험 case I의 경우 6회에 걸쳐 2kPa씩 하중을 단계적으로 재하하였으며, case II 및 case IV의 경우는 6회에 걸쳐 4kPa씩 하중을 단계적으로 재하하였다. case III 및 V의 경우에는 6kPa씩 하중을 단계적으로 재하하였는데, 이와 같이 비교적 큰 하중의 재하로 인해 2단계 재하 시 연약기초지반의 펀칭 파괴가 관찰되었다. 3단계 재하 이후에는 하중재하면 하부의 연약지반층이 거의 압축되어 4단계 재하 시 침하량이 상대적으로 매우 작게 측정되었다.

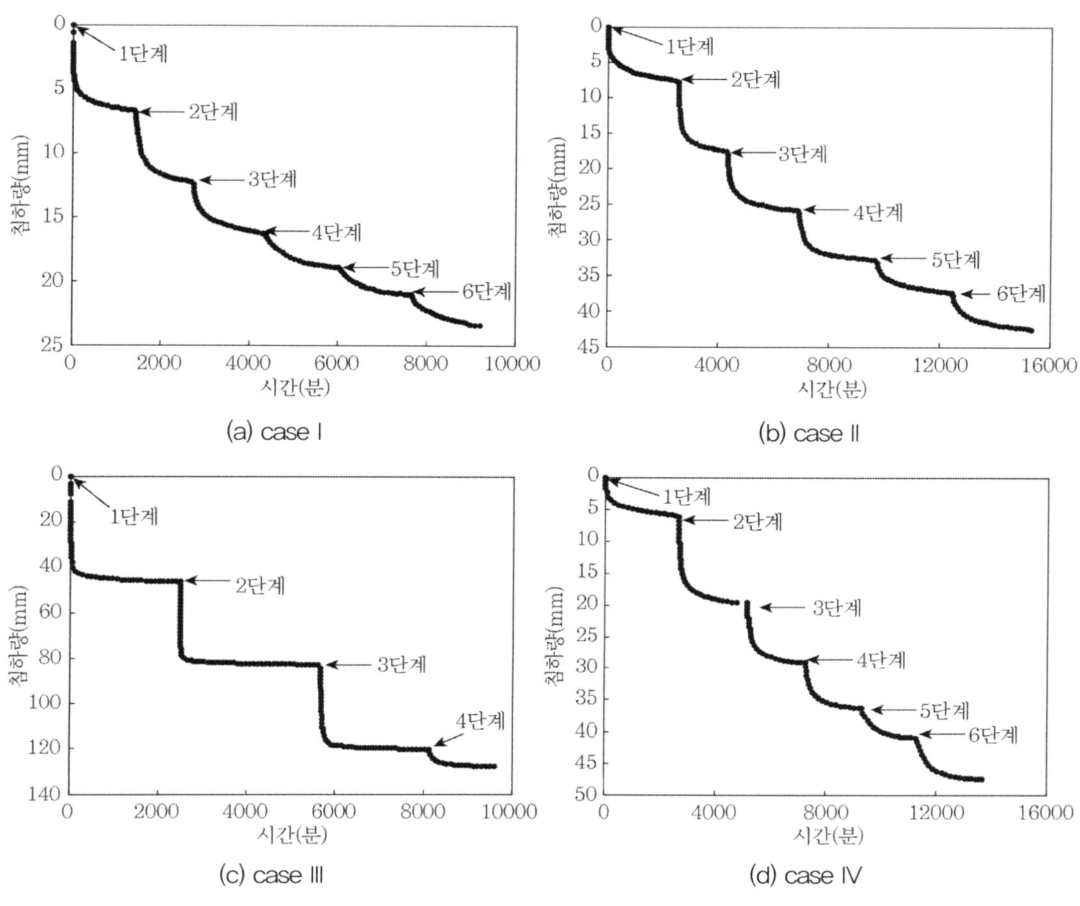

그림 2.6 모형실험 결과 – 단계하중에 따른 침하량

본 실험에서 재하 종료 시까지의 경과시간과 총 재하하중의 관계로부터 각 실험 case별 재하속도를 산정한 결과는 표 2.5와 같다.

표 2.5 모형실험 case별 단계하중재하속도

구분	case I	case II	case III	case IV	case V
총 재하하중(kPa)	12	24	24	24	18
총 침하량(mm)	23.5	42.7	127.3	47.1	109.7
재하속도(kPa/day)	1.87	2.27	3.58	2.54	3.47

(3) 단계하중재하에 따른 연약지반의 측방변위

본 실험에서는 연약지반의 지중변위를 관찰하기 위해 유성페인트를 입힌 면봉을 이용하여 표점을 설치하였으며, 전면판에 접착식 시트지를 붙여 각 단계 편재하중재하 종료 시점에서의 표점변위를 표시하는 방식으로 지중변위를 관측하였다.

그림 2.7 및 2.8은 단계하중재하 시 연약지반 깊이에 따른 지중수평변위량 측정 결과 중 case II 및 case III의 결과를 나타낸 것이다. 이 그림에서 보는 바와 같이 단계하중 증가 시 지중수평변위 또한 증가하고 있으며, 그 크기는 선단부에서 멀어질수록 더 작아짐을 알 수 있다.

선단부에서의 최대수평변위 발생 위치를 살펴보면, 초기재하단계에서는 지표로부터 대략 0.15H(H: 연약지반 심도, z: 지표면으로부터 측정 깊이) 깊이에서 최대수평변위가 발생한 이후 하중단계를 증가시킬수록 최대수평변위 발생 위치가 점차 지표로부터 깊어짐을 알 수 있다. 따라서 최대수평변위의 크기가 커질수록 그 발생 위치는 지표면에서보다 깊은 지점에 형성됨을 알 수 있다.

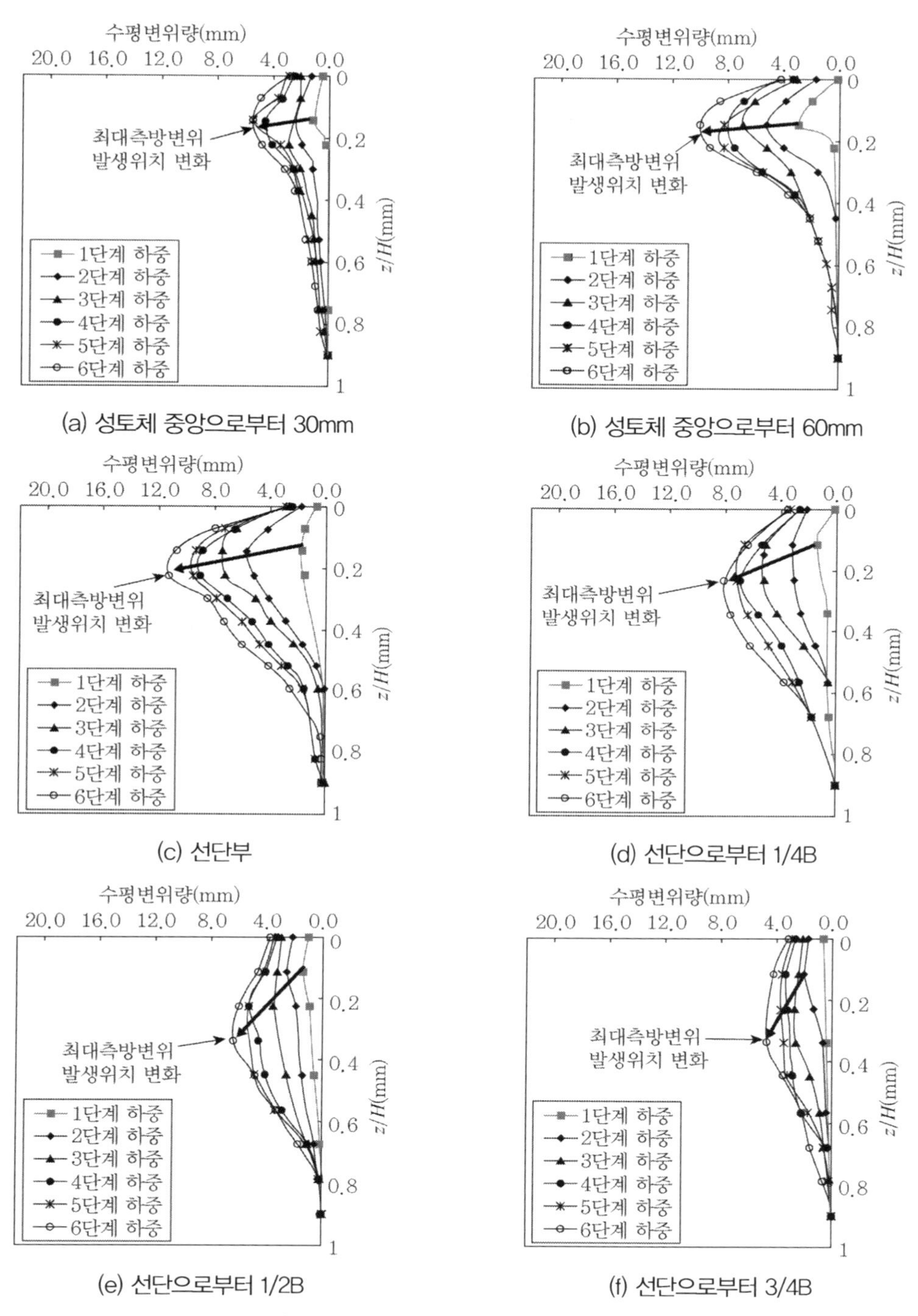

(a) 성토체 중앙으로부터 30mm

(b) 성토체 중앙으로부터 60mm

(c) 선단부

(d) 선단으로부터 1/4B

(e) 선단으로부터 1/2B

(f) 선단으로부터 3/4B

그림 2.7 case II 깊이에 따른 지중수평변위량

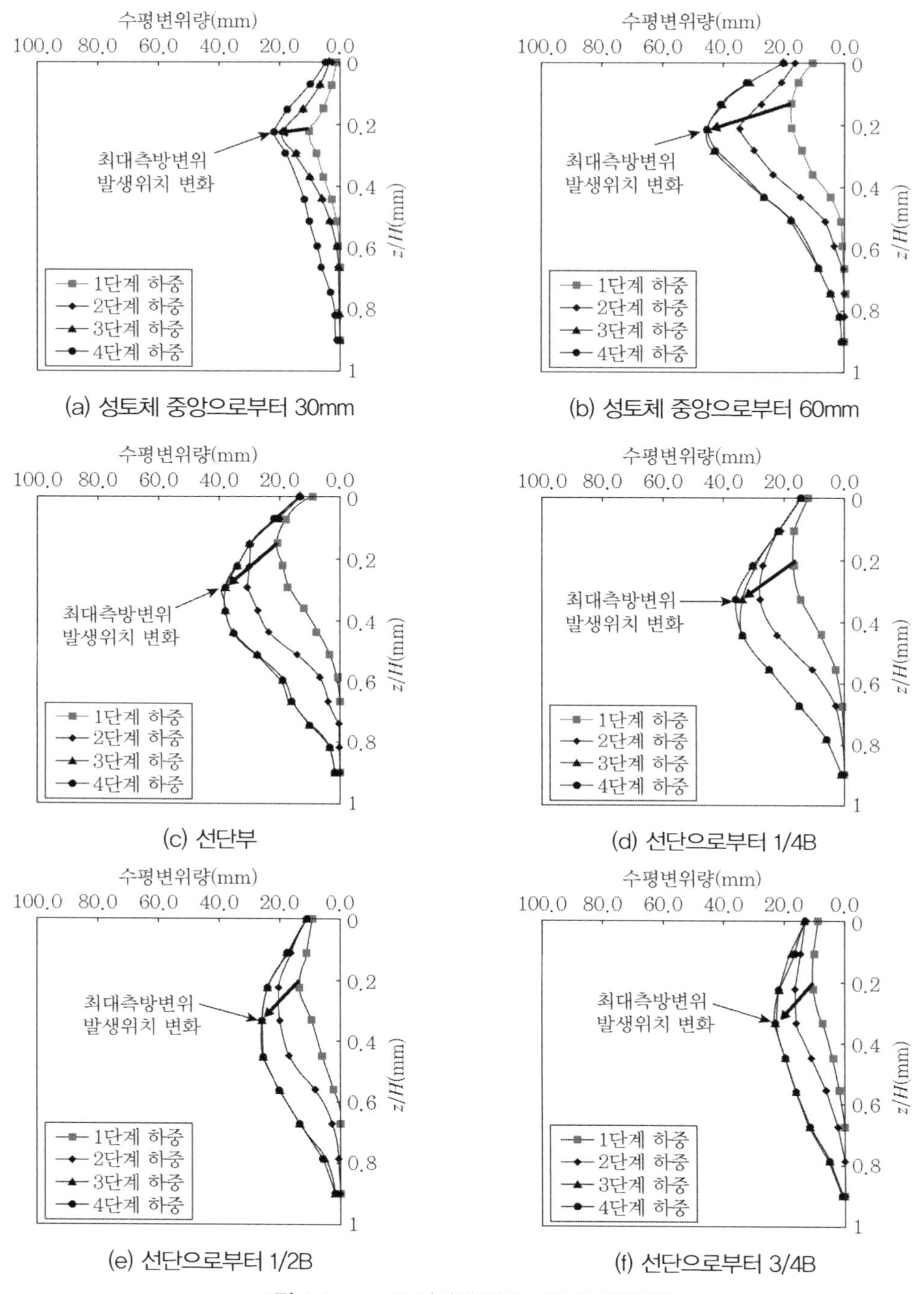

(a) 성토체 중앙으로부터 30mm

(b) 성토체 중앙으로부터 60mm

(c) 선단부

(d) 선단으로부터 1/4B

(e) 선단으로부터 1/2B

(f) 선단으로부터 3/4B

그림 2.8 case Ⅲ 깊이에 따른 지중수평변위량

(4) 성토하중재하 시 연약지반의 변형거동 평가

① 성토하중과 거리에 따른 융기량 관계

그림 2.9는 지표면 융기량 측정을 위해 LVDT의 설치위치를 도시한 그림이고, 그림 2.10은 case II와 case III에서 성토체 선단부로부터의 거리별 융기량을 보여준다. case I과 case III은 표 2.2에 나타낸 바와 같이 동일한 예압밀하중(2kPa)으로 점토층을 조성하고, 이후 재하한 단계 성토하중을 각각 4kPa과 6kPa로 달리하여 실험을 수행하였다.

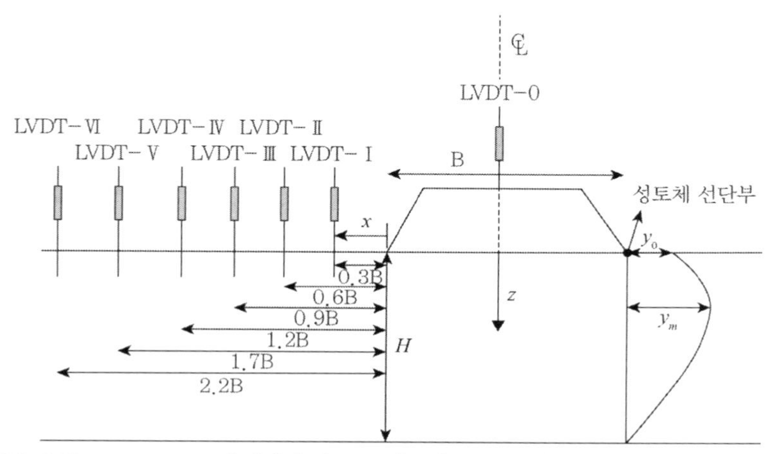

※ LVDT-0: 침하량 측정, LVDT-Ⅰ~Ⅵ: 융기량 측정, B: 성토체 폭, H: 연약지반 두께

그림 2.9 융기량 계측을 위한 LVDT 위치

두 실험 결과 단계성토하중재하 시 성토체 선단부로부터의 거리별 융기량을 나타낸 그림인 2.10을 살펴보면, 두 경우 모두 초기 성토단계에서는 선단부와 가장 인접한 위치에 설치한 LVDT-I($x/B=0.3$)의 측정치가 가장 큰 것으로 나타났으나 하중단계가 증가할수록 최대융기량 발생 위치가 점차 선단부에서 멀어지는 경향을 보이고 있다. 이와 같이 하중단계가 증가할수록 최대 융기량이 발생하는 위치가 점차 선단부로부터 멀어지게 되는 원인은, 앞에서 설명한 측방변위측정 결과에서 최대수평변위의 크기가 커질수록 그 발생 위치는 지표면에서보다 깊은 지점에 형성되는 결과에 기인한 것으로 판단된다.

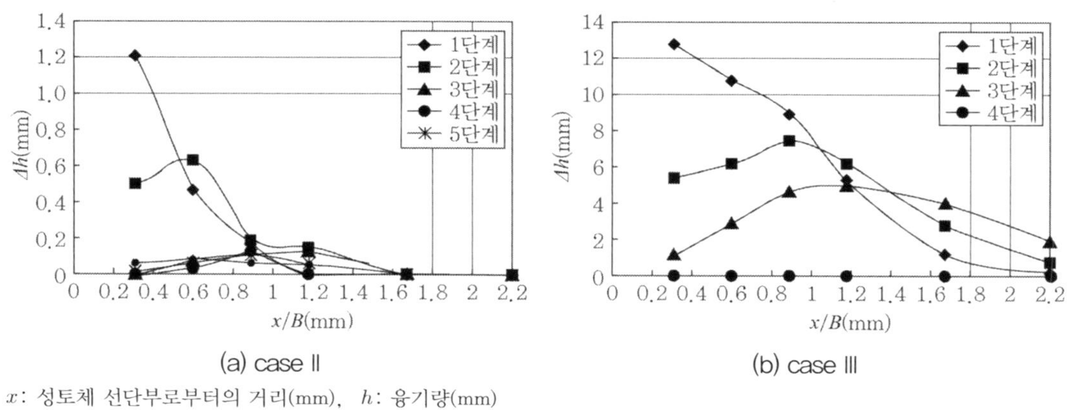

(a) case II　　(b) case III

x: 성토체 선단부로부터의 거리(mm), h: 융기량(mm)

그림 2.10 성토체 선단부로부터의 거리에 따른 융기량

그림 2.11은 인접지반의 융기량을 측정하기 위해 그림 2.9에 나타낸 것처럼 설치한 LVDT-I~LVDT-VI의 측정 결과를 단계 성토하중 증가에 따라 누적한 결과를 보여준다. 두 경우의 모형실험 모두 성토하중 증가에 따른 누적융기량은 재하 초기에 비교적 빠르게 증가하다가 일정 성토하중재하 이후에는 일정한 값에 수렴(성토하중 증가에 따른 누적융기량 증가의 증가율이 급속히 감소)해가는 경향을 보이고 있다. 성토체 선단부에서 먼 위치일수록 더 큰 하중재하 단계에서 성토하중의 증가에 따른 누적융기량 증가의 증가율이 급속히 감소하는 경향을 보인다.

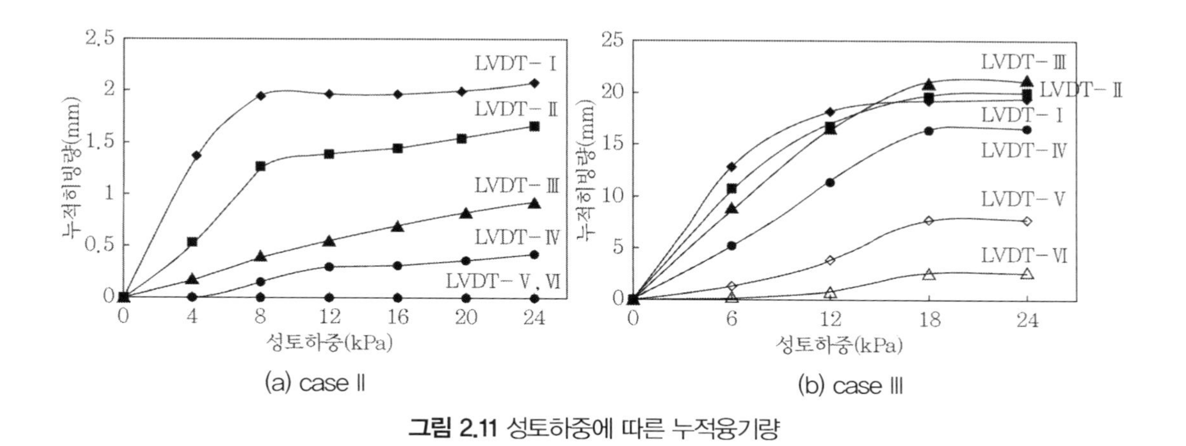

(a) case II　　(b) case III

그림 2.11 성토하중에 따른 누적융기량

그림 2.11(a)에 나타낸 case II의 측정 결과 성토하중 증가에 따른 누적융기량의 증가는 성토체 선단부에 가장 인접한 위치에 설치한 LVDT-I의 측정치가 가장 크게 나타났다. 성토체 선단

부에서 멀어질수록 누적융기량이 작게 측정되었다. 이러한 양상은 그림 2.11(b)에 나타낸 case III의 측정 결과에서도 유사하게 나타나고 있다. 즉, case III의 경우 초기 재하단계(2단계 12kPa 재하 시까지)에서는 case II의 경우와 동일하게 LVDT-I의 측정치가 가장 크고 성토체 선단부에서 멀어질수록 누적융기량이 작게 측정되었으나 3단계(18kPa) 재하 시에는 오히려 LVDT-III의 측정치가 가장 크고 LVDT-II의 측정치도 LVDT-1보다 크게 나타났다. 이러한 결과는 앞서 설명한 바와 같이 성토하중 증가에 따른 누적융기량 증가의 증가율은 성토체 선단부에서 먼 위치일수록 더 큰 하중재하 단계에서 급속히 감소하기 때문이다. 따라서 case II의 경우에도 더 많은 단계의 성토하중을 재하하게 되면 LVDT-II 혹은 LVDT-III의 측정 결과가 LVDT-I의 측정치보다 오히려 더 크게 될 수도 있을 것으로 판단된다. 이러한 결과는 성토하중이 커지면 선단부에서 더 먼 거리까지 인접지반의 융기로 인한 피해가 영향을 미치게 됨을 의미한다.

한편 재하하중이 12kPa 및 24kPa인 경우에는 case II와 case III의 누적융기량을 비교해보면, case III가 case II에 비해 대략 18~20배 큰 것으로 나타났다. 이와 같이 동일한 함수비와 예압밀하중으로 재성형한 두 경우의 실험 결과가 크게 차이를 보이는 원인은 단계하중의 크기가 각각 4kPa 및 6kPa로 상이하기 때문이다. 이러한 결과는 성토속도가 인접지반의 융기량 및 선단으로부터의 융기 범위에 미치는 영향이 대단히 큼을 의미한다. 즉, 표 2.5에 나타낸 바와 같이 case II의 경우 성토속도가 2.27kPa/day인 반면에 case III의 경우는 성토속도가 3.58kPa/day로 case II보다 약 1.6배 정도 빠른 점이 성토체 인접지반의 융기 발생에 영향을 미친 것으로 판단된다. 따라서 연약지반상 성토 시공 시 인접지반의 융기로 인한 피해를 최소화하기 위해서는 연약기초지반의 강도특성에 따라 성토시공속도를 적절히 조절할 필요가 있으며, 이를 위해 보다 다양한 실내 및 현장 실험이 수행·분석되어야 할 것으로 사료된다.

② 성토하중에 따른 지중최대수평변위

모형실험 결과 단계 성토하중이 연약기초지반의 수평변위에 영향을 미치는 거리를 평가하기 위하여 성토하중재하에 따른 재하 선단부에서부터의 거리별 지중최대수평변위 관계를 그림 2.12에 나타내었다. 그림 2.12에서 x는 성토체 선단부로부터의 거리고 x가 음(-)의 값을 나타내는 것은 선단부에서부터 성토체 중앙부 쪽으로의 거리를 의미하며, B는 성토체 폭을 의미한다. 그림 2.12를 살펴보면 지중최대수평변위는 대체로 선단부 직하에서 가장 크고, 선단부에서 멀어질수록 수평변위의 크기가 비선형적으로 감소(선단부에서 멀어질수록 x/B 증가에 따른 최대수평변위의 감소율이 감소)함을 알 수 있다. 모든 실험 결과에서 재하폭보다 대략 2배 이상 떨어진 곳에서는 지중수평변위가 1mm 이하로 매우 미소하게 측정되었다. 따라서 단계하중재하가 지중측방변위 발생에 영향을 미치는 거리는 재하선단부로부터 재하폭의 2배까지인 것으로 판단되며, 이보다 멀리 떨어진 위치에서는 편재하중재하가 연약지반의 측방유동에 영향을 미치지 않는 것으로 판단된다.

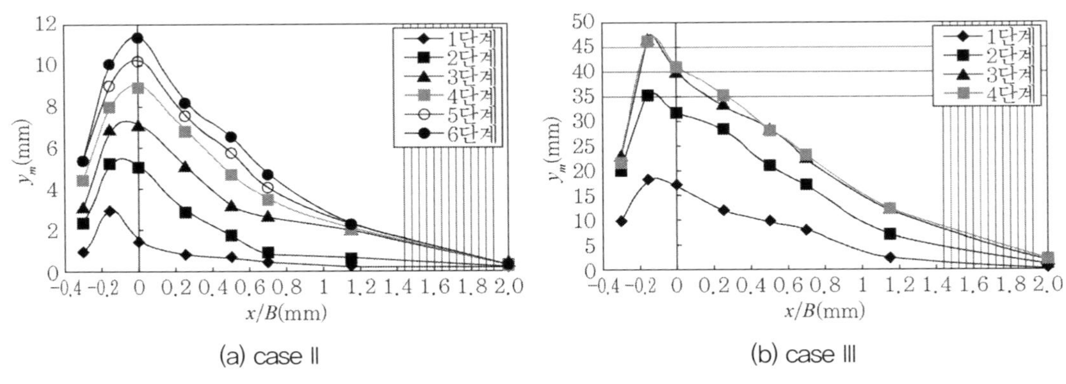

(a) case II

(b) case III

그림 2.12 성토하중에 따른 선단에서부터의 거리별 지중최대수평변위

한편 성토체 중앙부와 선단부 사이의 위치에서 지중측방변위를 측정한 case II(그림 2.12(a)) 및 case III(그림 2.12(b))의 결과를 살펴보면, 성토체 중앙부에서 선단부로 갈수록 지중최대수평변위가 커지다가 임의 지점을 지난 후에는 성토체로부터 멀어질수록 감소하는 경향을 보인다. 또한 case II의 경우에는 성토체 선단부 직하에서 지중최대측방변위가 가장 크게 나타난 반면에, case III의 경우에는 성토체 선단부와 중앙부 사이(선단부로부터 중앙부 쪽으로 $0.2x/B$ 지점의 직하부)에서 지중최대측방변위가 가장 큰 것으로 나타났다. 이러한 결과로부터 지중최대측방변위의 발생 위치는 연약기초지반 및 성토하중 조건에 따라 달라질 수 있으며, 성토체 선단부와 성토체 중앙부 사이의 임의지점 직하부에서 최대측방변위가 발생할 수 있음을 알 수 있다.

그림 2.13 및 2.14는 단계별 성토하중에 따른 지중최대수평변위 관계를 보여준다. 그림 2.16에서 알 수 있는 바와 같이 성토하중이 증가할수록 최대 지중수평변위는 증가하고, 그 증가율은 성토하중이 커질수록 감소하는 경향을 보인다.

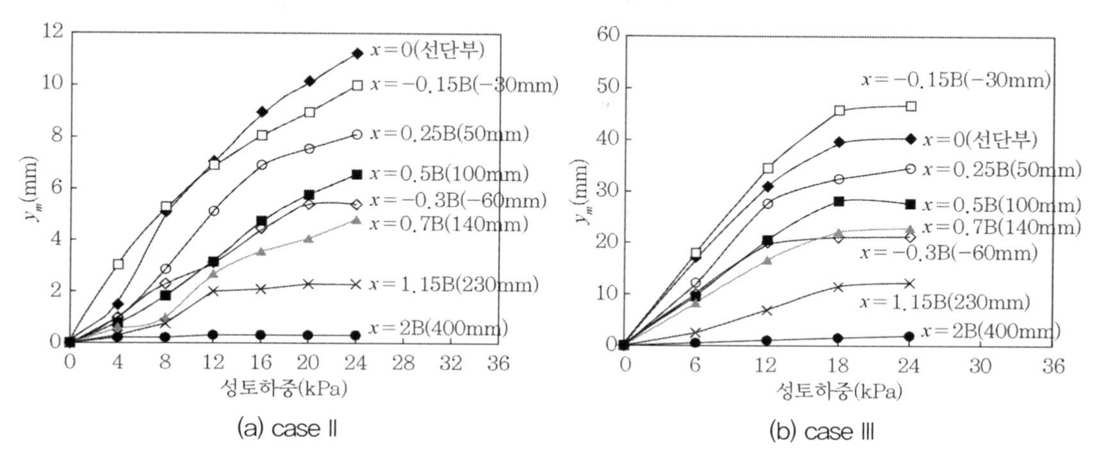

그림 2.13 성토하중에 따른 지중최대수평변위

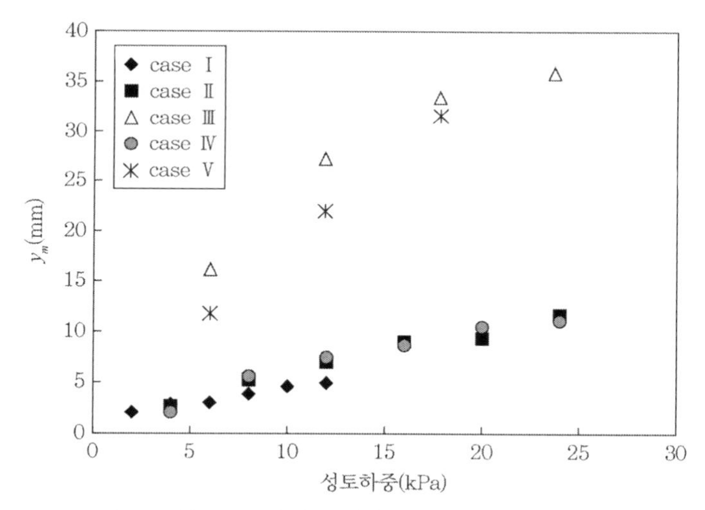

그림 2.14 성토하중에 따른 선단부 직하 지중최대수평변위

한편 각 실험 case별 성토하중 증가에 따른 최대 지중수평변위 변화를 나타낸 그림 2.14를 살펴보면, 작은 예압밀압력을 가하여 연약지반을 조성한 경우가 최대측방변위가 대체로 다소 더 큰 경향을 보이고 있다. 또한 동일한 예압밀압력을 재하하여 연약지반을 조성한 case II와 case III의 결과를 비교해보면, 12kPa 및 24kPa의 성토하중이 재하된 경우에는 case III의 경우가 caseII에 비해 최대 지중수평변위가 대략 4~5배 더 큰 것으로 나타났다. 이러한 결과를 그림 2.11에서 설명한 인접지반 최대융기량의 경우 두 실험 case에서 최대융기량이 18~20배 차이를 보이는

결과와 함께 생각해보면, 결론적으로 성토 시공속도의 변화는 지중수평변위보다 인접지반의 융기에 더 크게 영향을 미침을 알 수 있다.

③ 침하량에 따른 측방변위

본 절에서는 모형실험 결과 침하량에 따른 측방변위량을 비교·분석하고자 한다. 성토체 중앙부의 침하량과 선단부에서의 최대측방변위량을 Tavenas et al.(1979)에 의해 제안된 기존의 제안식과 함께 나타내면 그림 2.15와 같다. 그림 2.15에서 y_m은 선단부 지중에서의 최대수평변위를 나타낸다. 또한 그림상의 직선은 Tavenenas et al.(1979)에 의해 제안된 경험식을 나타낸다.

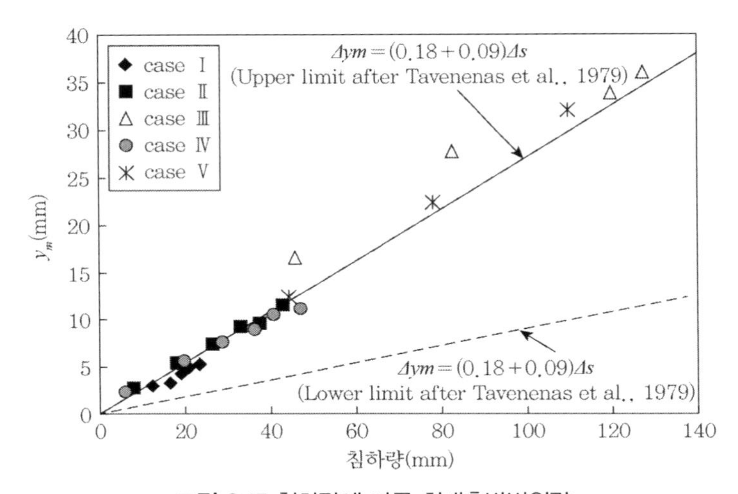

그림 2.15 침하량에 따른 최대측방변위량

지중최대수평변위는 단계하중 증가에 따른 증가가 거의 선형적인 결과를 보이고 있다. 또한 침하량에 따른 최대수평변위 발생이 Tavenas et al.(1979)이 제안한 경험식의 상한계와 유사하게 거동하고 있으나, 대체로 성토하중이 클수록 침하량에 따른 최대수평변위량의 기울기가 증가하고 있어, 성토하중재하속도가 빠를수록 기초연약지반의 변형이 크게 발생하게 됨을 알 수 있다.

성토속도가 연약지반 침하 및 측방변위에 미치는 영향을 평가하기 위하여 성토속도에 따른 일평균 지반변위를 그림 2.16과 같이 도시하였다.

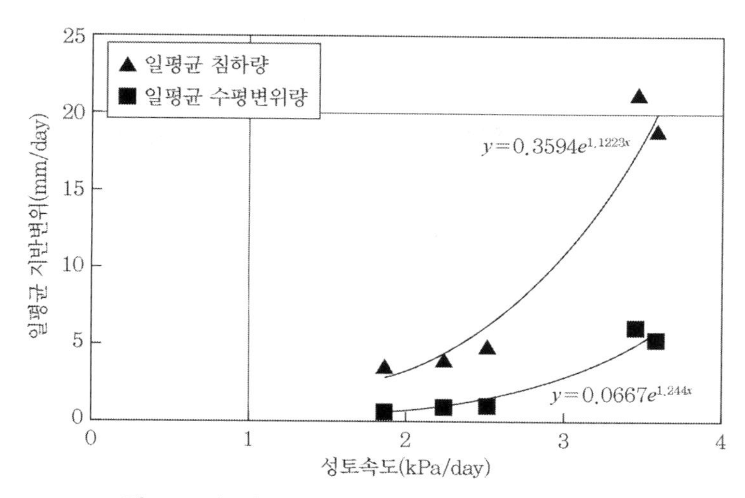

그림 2.16 성토속도에 따른 일평균 침하량 및 측방변위량

그림 2.16에서 횡축은 표 2.5에 나타낸 각 실험 case별 재하속도를 나타내고, 종축은 일평균 침하량과 일평균 측방변위량 측정치를 나타낸다. 그림에서 알 수 있는 바와 같이 성토속도가 빨라질수록, 침하량 및 측방변위량이 비선형적으로 급속히 증가된다. 이러한 비선형적인 지반변위의 증가는 모형지반의 예압밀하중에 관계없이 성토속도의 증가에 따라 일정한 지수함수의 관계를 보이고 있으며, 이는 식 (2.1) 및 (2.2)와 같이 표현할 수 있다.

$$\Delta s = 0.3594e^{1.12V} \tag{2.1}$$

$$\Delta y_m = 0.0667e^{1.24V} \tag{2.2}$$

여기서, Δs는 일평균 침하량(mm/day), Δy_m은 일평균 지중최대수평변위(mm/day), V는 성토속도(kPa/day)를 나타낸다.

따라서 식 (2.1) 및 (2.2)를 이용하면, 성토속도에 따른 연약지반 침하량 및 측방변위량을 예측할 수 있을 것으로 기대된다. 그러나 식 (2.1) 및 (2.2)는 제한된 조건하에서 수행한 모형실험 결과에 의한 경험식이므로 당장 실무에 적용하기는 어려울 것이다. 따라서 향후 연약지반 및 성토와 관련된 보다 다양한 조건에 대한 실험적 연구 및 실제 현장 측정자료와의 비교·분석을 통하여 수정·보완할 필요가 있을 것으로 판단된다.

2.3 결 론

연약지반 측방유동 관련 연구의 결과를 요약하면 다음과 같다.

(1) 연약지반상 성토하중을 증가시킬수록 최대수평변위 발생 위치가 점차 지표로부터 깊어진다. 즉, 최대수평변위의 크기가 커질수록 그 발생 위치는 지표면에서보다 깊은 지점에 형성된다.
(2) 연약지반상 성토하중재하로 인한 지중최대수평변위는 대체로 성토체 선단부 직하에서 가장 크고(경우에 따라서는 성토체 중앙부와 선단부 사이의 임의지점 직하에서 최대측방변위가 발생할 수 있음), 선단부에서 멀어질수록 수평변위의 크기가 거의 선형적으로 감소하며, 성토하중재하가 지중측방변위 발생에 영향을 미치는 영향거리는 재하 선단부로부터 재하폭의 2배까지다.
(3) 성토시공 속도 및 연약지반의 강도특성이 기초연약지반의 변형 거동에 크게 영향을 미침을 알 수 있다. 즉, 연약지반의 강도가 작고 성토하중재하속도가 빠를수록 기초연약지반의 변형이 크게 발생한다.
(4) 연약지반상 성토 시 연약지반 두께 H와 성토저면 폭 B의 관계에서, H/B가 0.05~1.15인 경우 사면안전율이 1.2~1.4 이하면 연약지반의 최대측방변위가 급격히 증가한다. 따라서 성토 규모가 작을수록 연약지반의 측방유동에 안정하기 위한 소요사면안전율이 작아지고, 측방유동을 방지하려면 성토 규모에 따른 소요사면안전율을 1.2~1.4 이상 확보해야 한다.
(5) 교대배면의 뒤채움으로 인한 상재압이 연약지반 비배수전단강도의 3배보다 작으면, 교대 유지관리에 문제가 발생하지 않으나, 상재압이 연약지반 비배수전단강도의 3배 이상 8.3배 이하면 상당한 교대 변위가 발생할 수 있다. 8.3배 이상이면 심각한 교대변위가 발생하므로 적절한 교대 측방이동 대책공법이 강구되어야 한다. 즉, 교대를 포함한 성토지반의 안정수가 3보다 작으면 교대이동의 우려가 없고, 안정수가 8.3보다 큰 경우에는 심각한 교대 측방이동이 우려된다.
(6) 국내 연약지반상 말뚝기초교대의 경우 교대의 실측 측방변위 및 사면안전율과 경험지수(측방유동지수, 측방이동판정지수)의 상관성이 높지 않은 것으로 나타났기 때문에, 기존의 경험지수만으로 교대의 측방이동을 판정하는 것은 합리적이지 않다. 따라서 교대를 포함한 사면의 안정수가 3보다 크면 교대기초말뚝의 사면안정 기여효과와 교대의 허용측방변위를 반영

한 사면안정해석을 통해 교대 측방이동 여부를 면밀히 검토해야 한다. 이때 교대 측방이동을 방지하기 위한 소요사면안전율은 교대기초말뚝의 사면안정 기여효과를 고려하지 않은 해석의 경우 1.5, 말뚝효과를 고려한 경우에는 1.8로 규정하는 것이 바람직하다.

(7) 말뚝이 시공되어 있는 안벽구조물의 측방이동 가능성을 효과적으로 판정하기 위해서는 말뚝의 사면안정 기여효과를 반영한 사면안정해석을 수행해야 하며, 측방이동을 방지하기 위해서는 말뚝의 사면안정효과 고려 시 최소 1.6 이상의 사면안전율을 확보해야 한다. 한편 말뚝이 시공되지 않은 연약지반상 안벽구조물의 안정을 위한 소요사면안전율은 1.3으로 규정하고, 향후 지속적인 현장사례 분석을 통해 소요사면안전율을 수정·보완하는 것이 바람직하다.

• 참고문헌 •

(1) 홍원표(2007), '연약지반 측방변위 판정기법 및 토목섬유/말뚝 복합보강공법개발안', 연구보고서, 중앙대학교, 건설교통부, pp.60-166.

(2) De Beer, E.E. & Wallays, M.(1972), "Forces induced in piles by unsymmetrical surcharges on the soil around the piles", Proc., 5th ICSMFE, Madrid, pp.325-332.

(3) Duncan, J.M & Chang, C.Y.(1970), "Nonlinear analysis of stress and strain in soils", Journal of Soil Mechanics and Foundation Engineering, ASCE, Vol.96, pp.1629-1653.

(4) Ellis, E.A. & Springman, S.M.(2001), "Modeling of soil-structure for a piled bridge abutment in plane strain FEM analysis", Computers and Geotechnics, Vol.28, No.2, pp.79-98.

(5) Frank, C. & Boonstra, G.C.(1948), "Horizontal pressure on pile foundations", Proc., 2nd ICSMFE, Vol.1, pp.131-135.

(6) Loganathan, N., Balasubramaniam, A.S. & Bergado, D.T.(1993), "Deformation Analysis of Embankments", Journal of Geotechnical Engineering, ASCE, Vol.119, No 8, pp.1185-1206.

(7) Peck, R.B.(1969), "Deep Excavation and Tunneling in Soft Ground", Proc. of the 7th ICSMFE, State of the Art Volume, pp.225-290.

(8) Suzuki, O.(1988), "The lateral flow of soil caused by banking on soft clay ground", Soils and Foundations, Vol.28, No.4, pp.1-18.

(9) Tavenas, F., Blanchet, R., Garneau, R., & Leroueil, S.(1978), "The stability of stage-constructed embankments on soft clay", Canadian Geotechnical Journal, Vol.15, pp.283-305.

(10) Tavenas, F., Mieussens, C. & Bourges, F.(1979), "Lateral displacements in clay foundations under embankments", Canadian Geotechnical Journal, Vol.16, pp.532-550.

(11) Tschebotarioff, G.P.(1973), "Lateral pressure of clayey soils on structures", Proc., 8th ICSMFE, Special Session 5, Moscow, Vol.4.3, pp.227-280.

(12) Worth, C.P. & Simpson, B.(1972), "An induced failure of a trial embankment: Part II finite element computations", Proc. Special Conf. on Performance of Earth and Earth-supported Structures, Lafayette, Ind., Vol.1, pp.65-79.

Chapter

03

쇄석말뚝 시스템의 하중전이

Chapter 03 쇄석말뚝 시스템의 하중전이

3.1 서론

3.1.1 연구 배경

최근 국토의 효율적이고 균형적인 발전을 위하여 내륙뿐만 아니라 해안지역까지 토지개발이 활발히 진행되고 있다. 최근의 토지개발 공사를 예로 들더라도 인천공항, 시화택지개발지구, 광양항 및 부산항 등 해안지역에서 대규모 SOC 사업을 위한 토지개발 공사들이 이루어지고 있다. 이렇게 해안지역의 개발이 증가하는 추세이다 보니 연약지반에서 발생하는 공학적 문제로 인한 피해 사례 또한 증가하고 있다.

연약지반에 발생하는 공학적 문제로는 연약지반상에 성토를 하거나 굴착을 할 경우 지중의 전단응력이 증가하여 전단강도를 초과하면 활동이 발생하고 지반 전체에 파괴가 발생한다. 또한 연약지반에 하중을 가하면 침하가 발생하며, 연약지반은 즉시침하보다 압밀침하량이 훨씬 크고 기간이 길어 장기적인 문제를 야기한다. 따라서 연약지반의 건설공사 시에는 우선 연약지반의 개량 혹은 보강이 선행되어야 한다.

다양한 연약지반 처리공법 중 쇄석말뚝공법은 상부구조물 하중을 지지하기 위한 연약한 점성토 기초지반의 보강에 효율적이고 경제적으로 적용 가능한 공법으로 알려져 있다. 쇄석말뚝공법은 기초지반의 지지력 증가, 침하량 감소, 압밀배수 촉진에 의한 지반개량 효과뿐 아니라 사질토 지반에 적용 시 지진에 의한 액상화 방지에도 효과가 큰 공법으로 알려져 있다.(6-9)

유럽 및 미국 등의 경우 쇄석말뚝공법이 다양하게 개발되어 활용되고 있다. 최근에는 국내에서도 활용 빈도가 급격히 증가하고 있다. 그러나 국내 여건에 맞는 기술적 이론이 확립되지 않아 연약지반개량이 고치환율로 설계·시공되고 있는 실정이다. 쇄석말뚝의 기능 및 효과에 대해 공학적인 연구가 성공하면 상당히 경제적인 설계시공이 가능할 것이다. 따라서 무리말뚝으로 조성된 쇄석말뚝 시스템의 하중분담기구를 규명하여 합리적인 연약지반 개량 및 보강 설계가 이루어져야 한다.

3.1.2 연구 목적 및 내용

앞 절에서 설명한 바와 같이 최근 해안지역의 개발이 활발하게 진행되면서 연약지반 개량 및 보강기술의 필요성이 증대되고 있다. 특히 국내에서 연약지반을 개량하는 데 쇄석다짐말뚝공법의 활용 빈도가 증가하고 있다.

쇄석말뚝의 경우 대부분 무리형태로 설치되어지기 때문에 인접한 말뚝의 영향으로 구속효과 및 변형 억제 등과 같은 상호작용이 하부기초 지반의 하중분담효과와 맞물려 복합적인 거동특성을 나타낸다. 그러므로 이와 같은 상호 작용을 정량적으로 평가하여 설계에 적절히 반영하기에는 어려운 점이 많다. 또한 쇄석다짐말뚝 위에 성토하중이 작용하였을 경우에 쇄석말뚝과 연약지반의 하중전이 특성에 대한 합리적인 연구가 마련되지 못한 실정이다.

따라서 본 연구에서는 쇄석말뚝 시스템의 보다 합리적인 설계기법을 마련하는 것을 목적으로 연구를 수행한다. 즉, 본 연구에서는 두 가지 모형실험을 통하여 무리쇄석말뚝에 성토하중이 작용할 때 성토하중의 하중전이 현상을 실험을 통하여 규명하고 쇄석말뚝 시스템의 하중분담 효과를 산정할 수 있는 방안을 마련하고자 한다.

본 장은 총 6절로 구성되어 있다. 먼저 제3.1절에서는 연구 배경과 연구 목적 그리고 연구내용이 서술되며, 제3.2절에서는 성토지지말뚝 및 쇄석말뚝 시스템의 기존 연구를 정리한다. 먼저 성토지지말뚝의 기존 연구에서는 지반아칭현상과 아칭현상으로 인한 하중분담이론으로 나누어 설명한다. 쇄석말뚝 시스템의 기존 연구에서는 쇄석말뚝에 대한 이론적 배경과 쇄석말뚝에서 극한지지력 산정법으로 나누어 설명한다. 제3.3절에서는 무리쇄석말뚝 위에 성토를 실시하였을 경우 성토지지말뚝의 하중분담이론을 이용하여 쇄석말뚝과 연약지반의 하중을 구하는 방법과 극한지지력을 산정하는 방법에 대하여 설명한다. 그리고 제3.4절에서는 제3.3절에서 제시된 이론식과의 비교·평가를 위하여 무리쇄석말뚝의 모형실험을 계획·수행한다. 끝으로 제3.5절에서는 모형실험을 통하여 얻은 결과를 실험방법과 치환율에 따라 비교·고찰하며 제3.6절 결론에 이른다.

3.2 기존 연구

본 절에서는 쇄석말뚝 시스템이 시공된 연약지반상에 성토하중이 작용하였을 경우는 성토체 안에 발달된 지반아칭현상으로 인하여 성토하중의 상당 부분이 쇄석말뚝으로 하중전이 현상이 발생한다. 이 현상을 해석하는 방법으로 성토지지말뚝의 지반아칭이론을 활용하기 위하여 성토지지말뚝의 기존 연구와 쇄석말뚝의 기존 연구에 대하여 서술하였다.

3.2.1 성토지지말뚝의 기존 연구

(1) 지반아칭현상

Terzaghi(1943)는 지반아칭현상을 '흙의 파괴영역에서 주변지역으로의 하중전달'이라고 정의했다. 또한 Bonaparte & Berg(1987)가 말뚝간격의 크기와 하중 감소의 관계를 경험적으로 제시하여 지반아칭효과를 설명하였으며 Hewlett & Randolph(1988)와 Low et al.(1994), 홍원표 등(1999)[2-5]은 단독캡 말뚝 혹은 말뚝캡보상의 지반아칭효과에 대한 연구를 수행하였다.

지반아칭현상은 성토지지말뚝공법 중 말뚝캡보공법과 단독캡 공법을 적용한 경우에 말뚝으로 지지된 성토지반 내에서 발생한다. 지반아칭현상은 말뚝 위의 성토고가 일정 높이 이상이 될 경우에 발달하며, 상부의 연직하중은 성토지반 내 발달된 지반아칭현상을 통해 말뚝으로 전이된다. 그림 3.1(a)와 (b)는 말뚝두부에 각각 말뚝캡보와 단독캡을 설치한 경우의 지반아칭현상을 나타낸 개략도다. 그림 3.1에서 알 수 있듯이 두 공법에서 각각 다른 형태로 지반아칭형상이 발생한다. 즉, 이들 지반아칭현상의 차이는 형태가 말뚝캡보의 경우 터널과 같이 2차원적이고

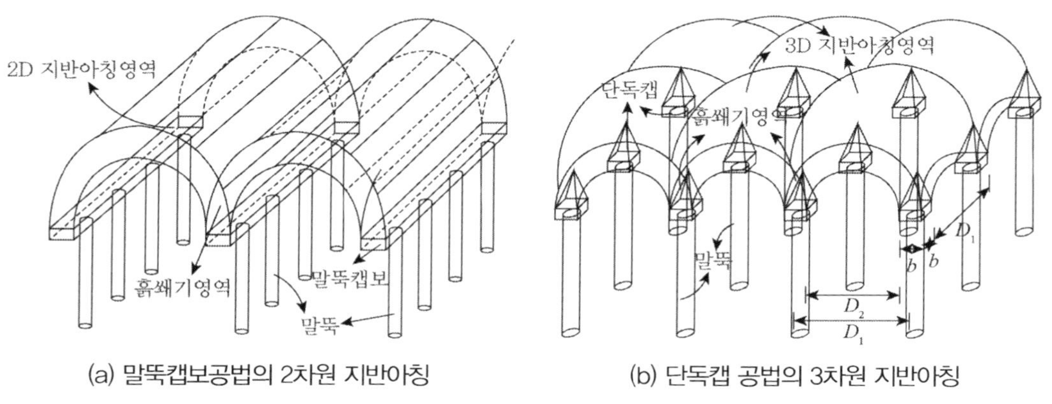

(a) 말뚝캡보공법의 2차원 지반아칭 (b) 단독캡 공법의 3차원 지반아칭

그림 3.1 성토지지말뚝 시스템의 지반아칭 형상(홍원표 등, 1999; 2002)[3-5]

단독캡의 경우 돔의 형상과 유사하게 3차원적으로 발생한다. 따라서 이 두 경우의 지반 아칭현상으로 인한 성토지지말뚝 시스템의 하중분담효과에 관한 이론도 각각 다르게 제시되었다.

성토하중의 하중전이 정도를 가늠하는 정수로서 효율과 응력감소비(SRR, Stress Reduction Ratio)를 사용하며, 각각 식으로 표현하면 식 (3.1) 및 (3.2)와 같다(Hewlett and Randolph, 1988; Low et al., 1994; Horgan and Sarsby, 2002).

$$\text{효율}(E) = \frac{P_v}{A\gamma H} \times 100\% \tag{3.1}$$

$$\text{응력감소비(SRR)} = \frac{\sigma_s}{\gamma H} \tag{3.2}$$

여기서, P_v = 말뚝캡에 작용하는 하중

A = 말뚝 사이의 하중분담 면적

σ_s = 연약지반에 작용하는 연직응력

(2) 성토지지말뚝 시스템의 하중분담이론

Hong et al.(2005)의 단독캡말뚝공법의 지반아칭해석을 위한 기하학적 모델을 나타내면 그림 3.2와 같다.[10] 이는 그림 3.3에서 나타낸 바와 같이 말뚝캡 폭이 b고, 말뚝중심간격이 D_1인

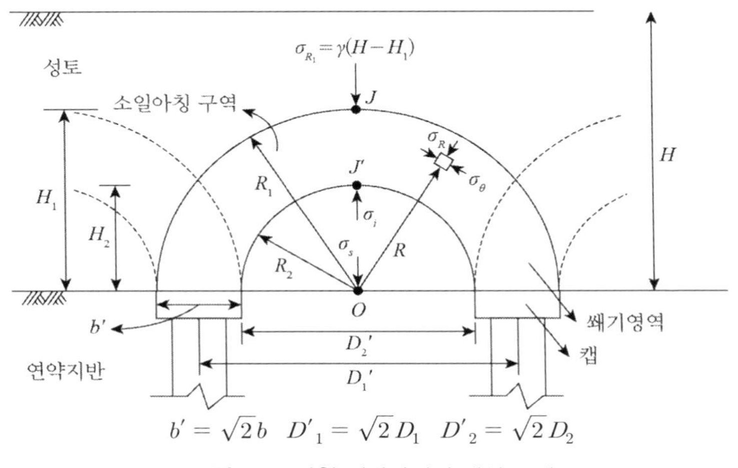

그림 3.2 3차원 지반아치의 해석 모델

말뚝에서 대각선 방향 말뚝의 단면이 된다. 여기서 단독캡말뚝은 그림 3.1(b)에 나타낸 바 있는 돔형의 지반아치가 발생하므로 3차원 극좌표를 활용한 구공동확장이론을 이용할 수 있다.

돔형 지반아칭의 정상부에서는 연직방향의 힘만을 고려하며 지반아칭영역 내에서 응력은 모두 동일하다고 하면 전단응력성분은 0으로 간주할 수 있으므로 지반아칭 정상부에서의 미소요소는 그림 3.4와 같다.

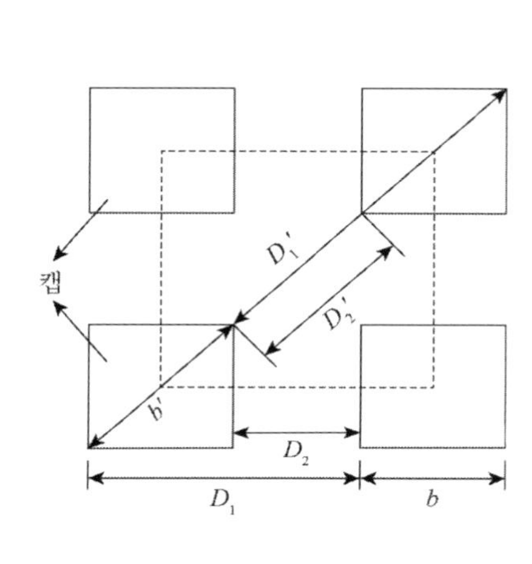

그림 3.3 단독캡말뚝 설치 평면도

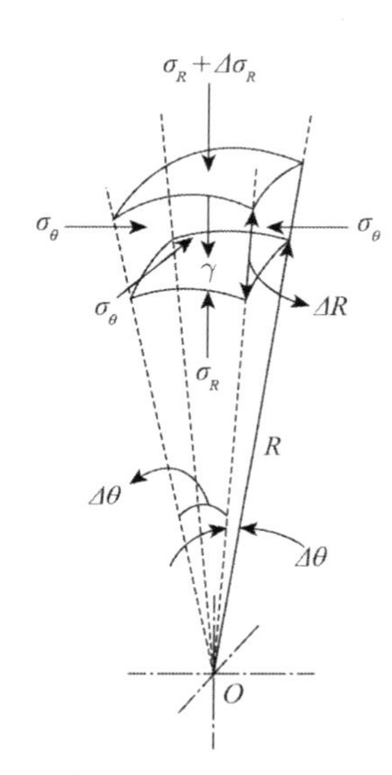

그림 3.4 3차원 극좌표에서의 미소요소 응력성분

이와 같은 미소요소의 반경방향 힘의 평형을 고려하여 정리하면 식 (3.3)으로 나타낼 수 있다.

$$\frac{d\sigma_R}{dR} + \frac{2(\sigma_R - \sigma_\theta)}{R} = -\gamma \tag{3.3}$$

여기서, σ_R과 σ_θ는 각각 미소요소의 반경방향과 법선방향의 수직응력이며, R은 반경방향 거리, γ는 성토지반의 단위중량으로 반경방향의 물체력이다. 법선방향 수직응력 σ_θ는 Mohr의 소성이론에 근거하면 $\sigma_\theta = N_\phi \sigma_R + 2cN_\phi^{1/2}$이 되므로 이를 식 (3.3)에 대입하면 식 (3.4)와 같이 나타낼 수 있다.

$$\frac{d\sigma_R}{dR} + \frac{2\sigma_R(1-N_\phi) - 4cN_\phi^{1/2}}{R} = -\gamma \tag{3.4}$$

식 (3.4)는 1계 선형미분방정식에 해당하며, 일반해는 다음과 같이 구할 수 있다.

$$\sigma_R = A\,R^{2(N_\phi - 1)} + \gamma\frac{R}{2N_\phi - 3} - \frac{2cN_\phi^{1/2}}{N_\phi - 1} \tag{3.5}$$

그림 3.2에서 아치 정상부에서 $R = R_1 = (D' + b')/2$일 때, $\sigma_{R1} = \gamma(H - R_1)$이 성립하는 경계조건을 대입하면 적분상수 A를 식 (3.6)과 같이 구할 수 있다.

$$A = \gamma\left\{\sigma_{R1} - \frac{R_1}{2N_\phi - 3}\right\}R_1^{2(1-N_\phi)} - \frac{2cN_\phi^{1/2}}{N_\phi - 1}R_1^{2(1-N_\phi)} \tag{3.6}$$

적분상수 A를 다시 식 (3.5)에 대입하면 식 (3.7)을 얻을 수 있다.

$$\sigma_R = \gamma\left\{H - R_1 - \frac{R_1}{2N_\phi - 3}\right\}\left(\frac{R}{R_1}\right)^{2(N_\phi - 1)} + \gamma\frac{R}{2N_\phi - 3} - \frac{2cN_\phi^{1/2}}{N_\phi - 1}\left\{1 - \left(\frac{R}{R_1}\right)^{2(N_\phi - 1)}\right\} \tag{3.7}$$

아칭영역 내부 경계의 응력 σ_i는 $R = R_2 = D'_2/2$일 때의 응력이므로 이를 식 (3.7)에 대입하면 식 (3.8)과 같이 나타낼 수 있다.

$$\sigma_{R2} = \gamma\left\{H - R_1 - \frac{R_1}{2N_\phi - 3}\right\}\left(\frac{R_2}{R_1}\right)^{2(N_\phi - 1)} + \gamma\frac{R_2}{2N_\phi - 3} - \frac{2cN_\phi^{1/2}}{N_\phi - 1}\left\{1 - \left(\frac{R_2}{R_1}\right)^{2(N_\phi - 1)}\right\} \tag{3.8}$$

연약지반상에 작용하는 수직응력이 말뚝캡 사이의 연약지반면에 균일하게 작용한다고 가정하면, O점에서의 응력 σ_s는 다음과 같다.

$$\sigma_s = \sigma_i + R_2\gamma \tag{3.9}$$

따라서 단독캡에 작용하는 연직하중 P_v는 다음과 같이 나타낼 수 있다.

$$\begin{aligned} P_v &= \text{전체 성토하중} - \text{연약지반에 작용하는 하중} \\ &= \gamma H D_1^2 - \sigma_s\left(D_1^2 - b^2\right) \end{aligned} \tag{3.10}$$

성토지지말뚝 시스템에서 하중지지효과를 나타내는 지표로서 성토 전체 하중에 대한 말뚝에 작용하는 하중의 백분율로 표시되는 효율을 사용할 수 있다. 본 절에서 유도한 단독캡을 사용한 성토지지말뚝의 효율 E_f은 식 (3.11)과 같다.

$$\begin{aligned} E_f &= \frac{P_v}{\gamma H D_1^2} \times 100 = \left[\frac{\gamma H D_1^2 - \sigma_s\left(D_1^2 - b^2\right)}{\gamma H D_1^2}\right] \times 100 \\ &= \left[1 - \frac{\sigma_s\left(D_1^2 - b^2\right)}{\gamma H D_1^2}\right] \times 100 \end{aligned} \tag{3.11}$$

3.2.2 쇄석말뚝 시스템의 기존 연구

쇄석다짐말뚝공법은 다짐과 보강 및 압밀배수라는 복수의 원리가 적용된 공법으로 비교적 강성이 크고 압축성이 작은 자갈이나 쇄석을 사용하여 자갈지반, 점토지반, 유기질지반, 화산회지반, 퇴적지반 등 거의 모든 지반에 적용이 가능하다. 지중에 원통형 기둥의 복합지반을 형성하여 지반을 보강하는 공법이다. 쇄석다짐말뚝의 기대효과로는 점성토 지반에서 지지력 증대, 침하 저감, 측방유동 방지 등의 효과를 기대할 수 있다.

쇄석다짐말뚝이 연약한 점성토층 속에 조성되어 이루어진 복합지반 위에 성토하중이 재하될 경우에는 점성토와 압축·조성된 쇄석말뚝과는 그 물리적·역학적 성질이 서로 다르기 때문에 상대적 변형이 발생하며 각각 분담하는 응력도 달라진다.

(1) 단위 셀과 등가직경

단일말뚝 또는 무리말뚝에서 하나의 말뚝을 기준으로 분담하는 연약지반을 산정하여 전체에 적용하는 방법을 단위 셀(unit cell) 개념이라고 한다.

쇄석말뚝의 침하와 안정해석을 목적으로 그림 3.5(a)에 묘사된 것 같이 각각 쇄석말뚝 주위 지반 속에 영향면적(tributary area)을 결합시키는 것이 편리하다.

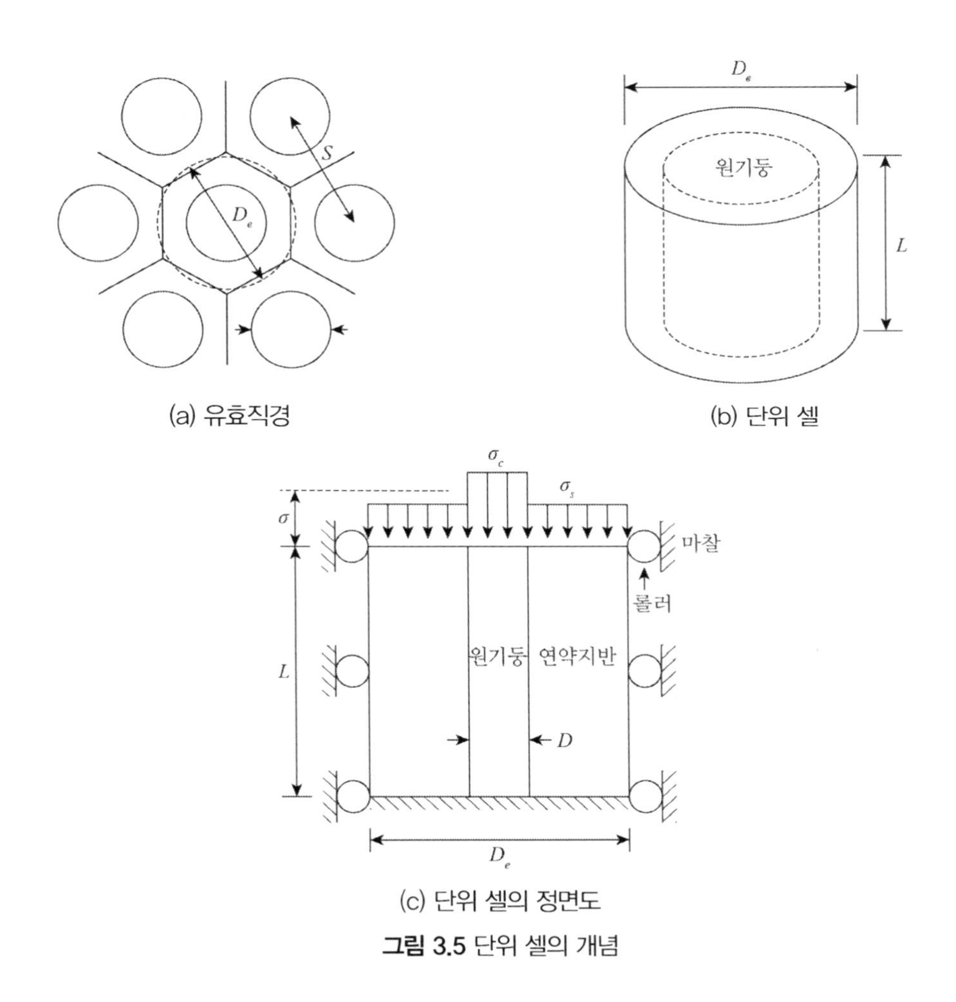

(c) 단위 셀의 정면도

그림 3.5 단위 셀의 개념

쇄석말뚝에 대한 영향면적이 규칙적인 육각형 형태지만, 모래배수공법처럼 같은 총 면적을 갖는 등가 원으로 표현할 수 있다. 쇄석말뚝 등가원의 유효직경은 다음과 같다.

$$D_e = 1.05s \qquad \text{(삼각형 배열)}$$
$$D_e = 1.13s \qquad \text{(사각형 배열)} \qquad (3.12)$$

여기서, s는 쇄석말뚝의 중심 간격이다(D_1과 동일한 개념). 하나의 쇄석말뚝과 영향면적을 둘러싼 등가직경(equivalent diameter) D_e를 갖는 재료의 등가 원통을 포함하여 단위 셀이라고 한다.

상부에 균등한 하중이 작용하는 무한한 무리쇄석말뚝을 단위말뚝으로 고려하면 그림 3.5(b)에 표현한 것과 같이 단위 셀로 생각할 수 있다. 단위 셀 측면의 주면마찰력 및 전단력은 0이고, 마찰력과 수평변위가 없는 강성 외부벽을 갖은 원통 모양으로 그림 3.5(c)와 같이 모델링할 수 있다. 따라서 수직변위만을 고려하여 단위 셀 개념으로 해석한 뒤 무리쇄석말뚝의 전체적인 거동을 분석한다.

(2) 면적치환율

쇄석말뚝으로 개량된 정도는 복합지반의 거동에 중요한 영향을 갖는다. 단위 셀 면적(A)에 대한 치환된 면적(A_0)의 비가 면적치환율(a_s)이라고 한다.

$$a_s = A_0/A \qquad (3.13)$$

그리고 단위 셀 면적에 대한 연약지반의 면적(A_0)의 비는 다음과 같다.

$$a_c = A_c/A = 1 - a_s \qquad (3.14)$$

쇄석말뚝이 적용된 지반개량 작업에서 면적치환율(a_s)은 매우 중요하다.

(3) 쇄석말뚝 극한지지력

쇄석말뚝을 이용한 지반개량이 비교적 경제적이고 효율적인 점이 밝혀지면서 많은 학자들이 쇄석말뚝의 지지력을 연구하기 위해 노력해오고 있다. 국외의 쇄석말뚝 극한지지력의 산정 방법을 제안한 학자들의 기본 원리 및 제안식을 살펴보면 다음과 같다.

① Vesic(1972)[12]

Vesic은 1972년 마찰력과 점착력을 포함하는 흙의 초기 거동을 일반적인 원통의 공동확장이론을 이용하여 전개했다. 다시 말하면, 원통은 탄성 또는 소성이고 무한히 길다고 가정하였으며, 극한지지력을 감소시킬 수 있는 소성영영 내에서의 영향에 대한 부분은 고려되지 않았다. 주변흙에 의해 유발되는 최대측방저항 a_3는 식 (3.15)로 표현하고 극한지지력은 식 (3.16)으로 나타낼 수 있다.

$$a_2 = a_3 = c_u F_c' + q_{avg} F_q' \tag{3.15}$$

여기서, σ_3 = 지반의 수동저항

c_u = 주변지반의 비배수전단강도

q_{avg} = 등가파괴심도에서의 평균(등방)응력$(= \dfrac{\sigma_1 + \sigma_2 + \sigma_3}{3})$

F_c', F_q' = 공동확장계수(cavity expansion factors)

$$q_u = (c_u F_c' + q_{avg} F_q') \frac{1 + \sin\phi_s}{1 - \sin\phi_s} \tag{3.16}$$

여기서, q_u = 쇄석말뚝의 극한지지력

ϕ_s = 쇄석말뚝의 내부마찰각

② Hansbo(1994)

Hansbo는 소성이론에 근거하여 실린더형 팽창(cylinderical expansion)의 경우 파괴 시 방사응력(radial stress, orf)을 식 (3.17)과 같이 제안하였다.

$$\sigma_{rf} = \sigma_{ro} + c_u \left[1 + \ln \frac{E_c}{2c_u(1+\nu_c)} \right] \tag{3.17}$$

여기서, σ_{ro} = 수평응력

c_u = 점성토지반의 비배수전단강도

E_c = 점성토지반의 탄성계수

ν_c = 점성토지반의 포아송 비

Hansbo는 점성토의 탄성계수가 보통 $150c_u \sim 300c_u$의 범위라 하였고, 비배수상태에서의 포아송 비를 0.5라고 하면, σ_{rf}는 $(\sigma_{ro}+5c_u)$에서 $(\sigma_{ro}+6c_u)$의 범위가 된다고 하였다. 대부분의 경우에 파괴 시 방사응력은 $(\sigma_{ro}+5c_u)$로 구현할 수 있으므로 이를 Mohr Coulomb 파괴기준에 적용하면 쇄석말뚝의 극한지지력은 식 (3.18)과 같이 표현할 수 있다고 하였다.

$$q_{ult} = (\sigma_{ro}+5c_u)\frac{1+\sin\phi_s}{1-\sin\phi_s} \tag{3.18}$$

여기서, q_{ult} = 쇄석말뚝의 극한지지력

ϕ_s = 쇄석말뚝의 내부마찰각

③ Hughes와 Withers(1975)

Hughes와 Withers는 1974년 쇄석다짐말뚝의 팽창파괴를 프레셔미터 시험기의 팽창거동과 유사한 것으로 가정하고 극한지지력을 식 (3.19)와 같이 제안하였다.[11]

$$q_{ult} = \left[\sigma_{ro} + c_u\left(1+\ln\frac{E_c}{2c_u(1+\nu)}\right)\right]\left(\frac{1+\sin\phi_s}{1-\sin\phi_s}\right) \tag{3.19}$$

여기서, q_{ult} = 단일쇄석말뚝의 극한지지력

σ_{ro} = 초기 유효방사응력

E_c = 점성토의 탄성계수

ϕ_s = 쇄석단일말뚝의 내부마찰각

ν = 점성토의 포아송 비

3.3 쇄석말뚝 시스템

본 절에서는 앞 절에서 기술한 성토지지말뚝 이론을 쇄석말뚝 시스템에 적용하여 쇄석말뚝의 하중전이 및 극한지지력을 산정해본다.

3.3.1 쇄석말뚝 시스템의 하중분담

원주형 조립재 말뚝의 지반아칭해석을 위한 기하학적 모델을 나타내면 그림 3.6과 같다. 이는 말뚝의 직경이 b고, 말뚝중심간격이 D_1인 말뚝에서 대각선방향 말뚝의 단면이 된다(그림 3.7 참조). 여기서 원주형 조립재 말뚝 위에는 돔형의 지반아치가 발생하므로 3차원 극좌표를 활용한 구공동확장이론을 이용할 수 있다. 돔형 지반아칭의 정상부에서는 연직방향의 힘만을 고려하며, 지반아칭영역 내에서 응력은 모두 동일하다고 하면 전단응력성분은 0으로 간주할 수 있으므로 지반아칭 정상부에서의 미소요소는 그림 3.8과 같이 된다.

이와 같은 미소요소의 반경방향 힘의 평형을 고려하여 정리하면 식 (3.20)과 같다.

$$\frac{d\sigma_R}{dR}+\frac{2(\sigma_R-\sigma_\theta)}{R}=-\gamma \qquad (3.20)$$

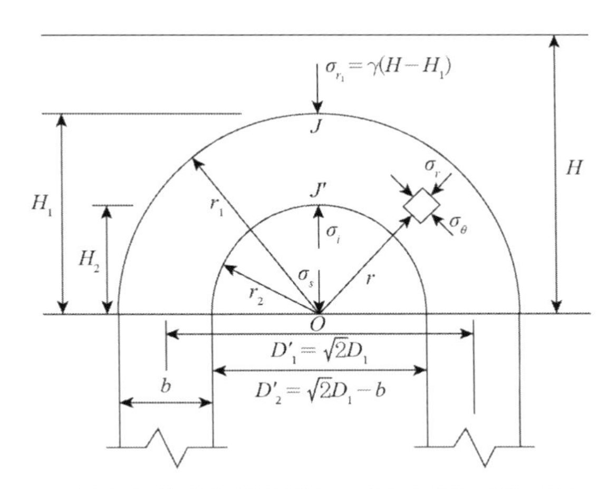

그림 3.6 원주형 쇄석말뚝의 지반아칭의 해석 모델

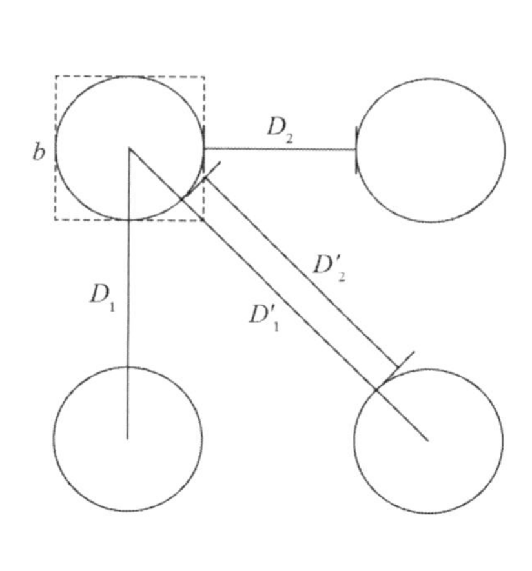

그림 3.7 원주형 쇄석말뚝의 설치 평면도

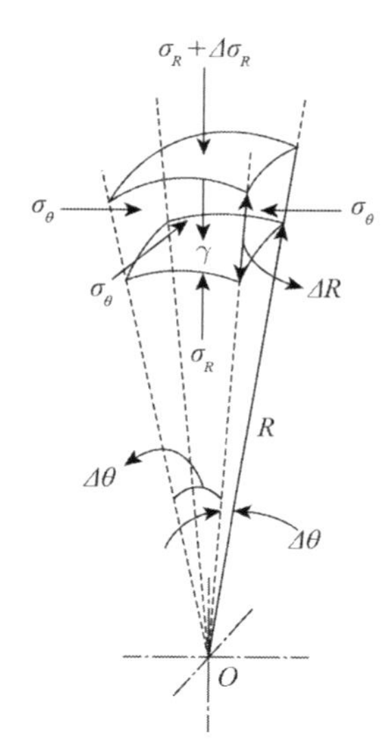

그림 3.8 3차원 극좌표에서의 미소요소 응력성분

여기서, σ_R과 σ_θ는 각각 미소요소의 반경방향과 법선방향의 수직응력이며, R은 반경방향 거리, γ는 성토지반의 단위중량으로 반경방향의 물체력이다. 법선방향 수직응력 σ_θ는 Mohr의 소성이론에 근거하면 $\sigma_\theta = N_\phi \sigma_R + 2cN_\phi^{1/2}$이 되므로 이를 식 (3.20)에 대입하면 식 (3.21)과 같이 나타낼 수 있다.

$$\frac{d\sigma_R}{dR} + \frac{2\sigma_R(1-N_\phi) - 4cN_\phi^{1/2}}{R} = -\gamma \tag{3.21}$$

식 (3.21)은 1계 선형미분방정식에 해당하며, 일반해는 다음과 같이 구한다.

$$\sigma_R = AR^{2(N_\phi - 1)} + \gamma \frac{R}{2N_\phi - 3} - \frac{2cN_\phi^{1/2}}{N_\phi - 1} \tag{3.22}$$

아치 정상부에서 $R = R_1 = (D_1' + b)/2$일 때, $\sigma_{R1} = \gamma(H - R_1)$이 성립하는 경계조건을 대입하면 적분상수 A를 식 (3.23)과 같이 구할 수 있다.

$$A = \gamma\left\{\sigma_{R1} - \frac{R_1}{2N_\phi - 3}\right\}R_1^{2(1-N_\phi)} - \frac{2cN_\phi^{1/2}}{N_\phi - 1}R_1^{2(1-N_\phi)} \tag{3.23}$$

적분상수 A를 다시 식 (3.22)에 대입하면 식 (3.24)를 얻을 수 있다.

$$\sigma_R = \gamma\left\{H - R_1 - \frac{R_1}{2N_\phi - 3}\right\}\left(\frac{R}{R_1}\right)^{2(N_\phi - 1)} + \gamma\frac{R}{2N_\phi - 3} - \frac{2cN_\phi^{1/2}}{N_\phi - 1}\left\{1 - \left(\frac{R}{R_1}\right)^{2(N_\phi - 1)}\right\} \tag{3.24}$$

아칭영역 내부 경계의 응력 σ_i는 $R = R_2 = D_2'/2$일 때의 응력이므로 이를 식 (3.24)에 대입하면 식 (3.25)와 같이 나타낼 수 있다.

$$\sigma_{R2} = \gamma\left\{H - R_1 - \frac{R_1}{2N_\phi - 3}\right\}\left(\frac{R_2}{R_1}\right)^{2(N_\phi - 1)} + \gamma\frac{R_2}{2N_\phi - 3} - \frac{2cN_\phi^{1/2}}{N_\phi - 1}\left\{1 - \left(\frac{R_2}{R_1}\right)^{2(N_\phi - 1)}\right\} \tag{3.25}$$

연약지반상에 작용하는 수직응력이 말뚝캡 사이의 연약지반면에 균일하게 작용한다고 가정하면, O점에서의 응력 σ_s는 다음과 같다.

$$\sigma_s = \sigma_i + R_2\gamma \tag{3.26}$$

따라서 단독캡에 작용하는 연직하중 P_v는 다음과 같이 나타낼 수 있다.

$$P_v = \text{전체 성토하중} - \text{연약지반에 작용하는 하중}$$

$$= \gamma H D_1^2 - \sigma_s\left(D_1^2 - \frac{\pi b^2}{4}\right) \tag{3.27}$$

3.3.2 쇄석말뚝의 극한지지력

쇄석말뚝이 외부 축하중을 받아 허용지지력 이상의 하중을 받게 되면 파괴가 일어난다. 파괴가 일어나기 직전에 쇄석말뚝이 받는 하중은 최대하중이고 이를 극한지지력이라고 한다. 이동규(2008)는 쇄석말뚝의 파괴를 역학적인 방법으로 고찰하였다.[1]

조립재는 점착력이 없기 때문에 구속압력이 주어지지 않으면 지지력을 갖기 힘들다. 쇄석말뚝이 연약지반에 타설되면 연약지반에 의해 측방으로 지지되기 때문에 쇄석말뚝은 지지력을 갖게 된다.

그림 3.9(a)의 쇄석말뚝(점선)은 주변에 아무것도 지지되어 있지 않기 때문에 두부에 수직하중을 가하기도 전에 부서지지만 그림 3.9(b)처럼 쇄석말뚝 주변에 구속조건이 형성되면 구속압력에 의해 지지력을 갖게 된다. 즉, 쇄석말뚝의 지지력은 외부에 구속조건이 형성되어야 발생하기 때문에 쇄석말뚝만으로 고려할 수 없다. 따라서 쇄석말뚝의 극한지지력을 평가하기 위해서 연약지반의 구속압력을 고려하여 산정한다.

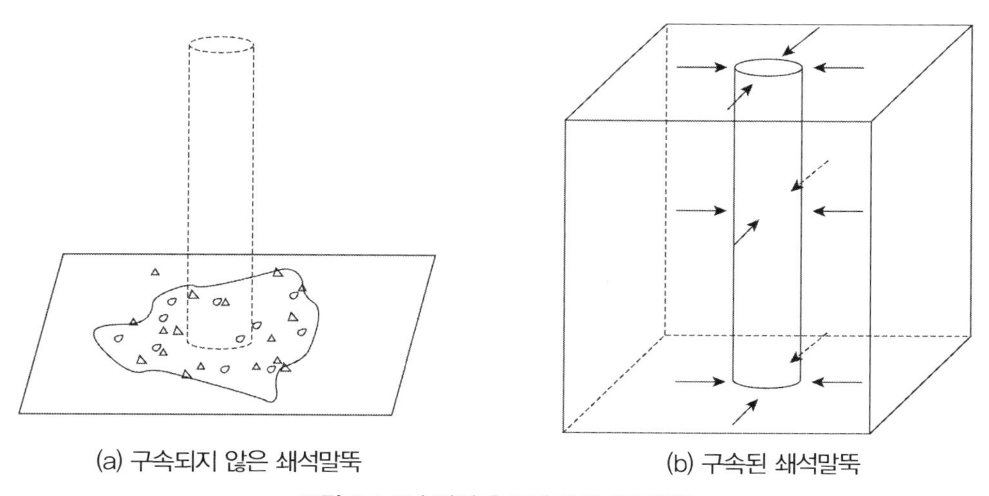

(a) 구속되지 않은 쇄석말뚝　　(b) 구속된 쇄석말뚝

그림 3.9 구속력의 유무에 따른 쇄석말뚝

지중압력은 그림 3.10에 나타난 것처럼 지반의 단위중량(γ)과 심도(H_n)에 관한 식으로 나타낼 수 있다. 일반적인 지반이라면 단위중량과 토압계수(K)가 일정하기 때문에 깊이에 따라서 지중압력이 변한다.

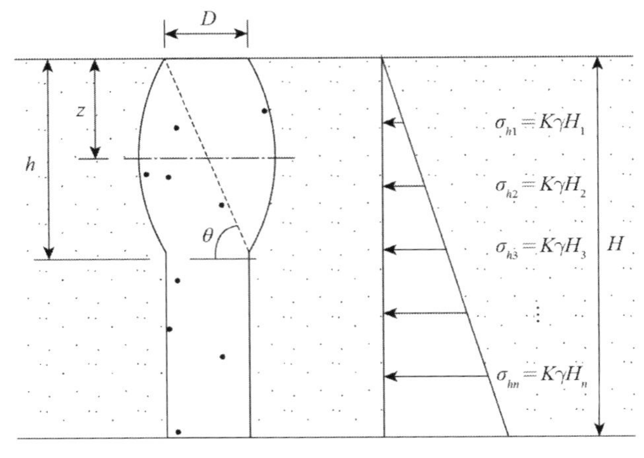

그림 3.10 연약지반의 지중응력

상부지층은 하부지층보다 구속압력이 작기 때문에 상부지층에서 먼저 파괴가 일어난다. 초기에 벌징이 일어난 후에 전단파괴가 일어난다. 전단파괴가 구속압력이 0인 지반의 표면부터 파괴각(θ)에 이르는 지점까지 일어난다고 가정하면 전단파괴의 깊이(h)는 식 (3.28)로 표현할 수 있다.

$$h = D\tan\theta = D\tan\left(45° + \frac{\phi_s}{2}\right) \tag{3.28}$$

여기서, h = 전단파괴의 깊이(m)

D = 쇄석말뚝두부의 직경(mm)

θ = 쇄석말뚝의 파괴각 $45° + \dfrac{\phi}{2}$

ϕ_s = 쇄석말뚝의 내부마찰각(°)

그림 3.11에 도시된 것처럼 지반의 파괴영역의 심도에서 미소면적의 거동을 보면 쇄석말뚝은 연약지반을 밀려는 특성을 가지고 있으며 연약지반은 쇄석말뚝에 의해 밀리는 특성이 있다. 그러므로 쇄석말뚝과 연약지반에 작용하는 수직응력의 합을 수평응력으로 환산할 때 각각 주동토압계수와 수동토압계수를 적용한다.

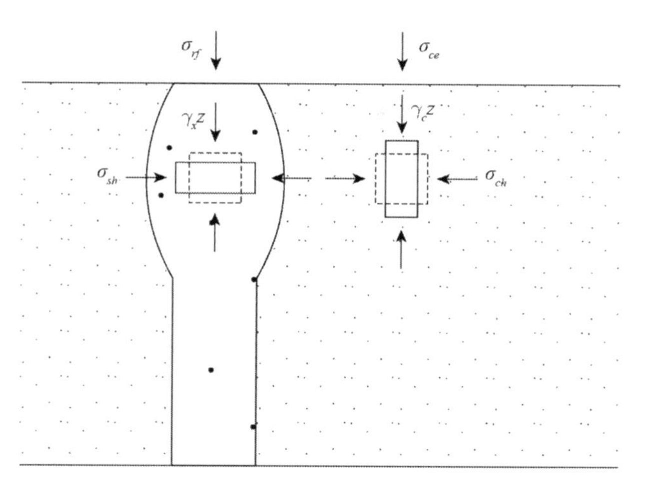

그림 3.11 보강지반에서 미소면적의 응력도

쇄석말뚝은 점착력이 없는 조립재로 이루어졌기 때문에 z 심도에서 작용하는 파괴 시의 수평지중응력은 Rankine의 토압론을 이용하여 식 (3.29)처럼 나타낼 수 있다.

$$\sigma_c = (\sigma_{rf} + \gamma_c z) K_{ca} \tag{3.29}$$

여기서, σ_c = 쇄석말뚝에서 2심도의 지중응력(t/m²)

K_{ca} = 쇄석말뚝의 주동토압계수

σ_{rf} = 쇄석말뚝의 극한지지력(파괴 시 단위하중)(t/m²)

γ_c = 쇄석말뚝의 건조단위중량(t/m²)

z = 벌징파괴 심도(h)의 평균심도(m)

연약지반은 점착력이 존재하는 물성으로 이루어졌기 때문에 z 심도에서 작용하는 파괴 시의 수평지중응력은 Coulomb의 토압론을 이용하여 식 (3.30)처럼 나타낼 수 있다.

$$\sigma_s = (\sigma_{sc} + \gamma_s z) K_{sp} + 2c\sqrt{K_{sp}} \tag{3.30}$$

여기서, σ_s = 연약지반에서 z 심도의 지중응력(t/m²)

σ_{sc} = 연약지반표면에 작용하는 수직응력(t/m^2)

K_{sp} = 연약지반의 수동토압계수

γ_s = 연약지반의 건조단위중량(t/m^2)

c = 연약지반의 비배수전단강도(t/m^2)

z = 연약지반 심도(h)의 평균심도(m)

앞에서 말한 바와 같이 쇄석말뚝의 평균수평응력과 연약지반의 평균수평응력이 같다고 가정하면 식 (3.31)로 유도할 수 있다.

$$\sigma_c = \sigma_s$$

$$K_{ca}(\sigma_{rf} + \gamma_c z) = (\sigma_{sc} + \gamma_s z)K_{sp} + 2c\sqrt{K_{sp}}$$

$$(\sigma_{rf} + \gamma_c z) = (\sigma_{sc} + \gamma_s z)K_{sp} + 2c\sqrt{K_{sp}}/K_{ca}$$

여기서, $\dfrac{1}{K_{ca}} = K_{cp}$이므로 다음 식과 같다.

$$(\sigma_{rf} + \gamma_c z) = \left\{(\sigma_{sc} + \gamma_s z)K_{sp} + 2c\sqrt{K_{sp}}\right\}K_{cp}$$

$$\sigma_{rf} = \left\{(\sigma_{sc} + \gamma_s z)K_{sp} + 2c\sqrt{K_{sp}}\right\}K_{cp} - \gamma_c z \qquad (3.31)$$

식 (3.31)을 Mohr의 응력원으로 표현하면 그림 3.12처럼 나타낼 수 있다. 그림 3.12에서 점선은 연약지반에 대한 파괴포락선이며 실선은 쇄석말뚝에 대한 파괴포락선을 나타낸다. 연약지반과 쇄석말뚝은 동시에 파괴되며 연약지반과 쇄석말뚝의 수평응력은 서로 같다는 조건하에 그림처럼 나타낼 수 있다

따라서 연약지반의 z 깊이의 지중응력(σ_c)에 연약지반의 수동토압계수(K_{sp})를 적용하고, 여기에 쇄석말뚝의 수동토압계수(K_{cp})를 적용하면 쇄석말뚝의 극한지지력(σ_{rf})이 된다.

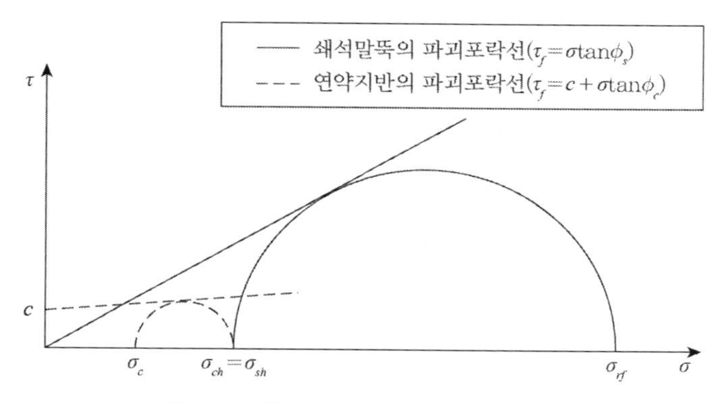

그림 3.12 쇄석말뚝 보강지반에서 Mohr 원

쇄석말뚝의 극한지지력(σ_{rf})은 식 (3.31)에 (3.28)의 평균값 $z = h/2$를 대입하면 식 (3.32)와 같이 나타낼 수 있다.

$$\sigma_{rf} = \left\{ \left(\sigma_{sc} + \gamma_s \frac{D}{2} \tan\theta \right) K_{sp} + 2c\sqrt{K_{sp}} \right\} K_{cp} - \gamma_c z$$

여기서, $\theta = 45° + \frac{\phi}{2}$를 대입하면 다음과 같다.

$$\sigma_{rf} = \left\{ \left(\sigma_{sc} + \gamma_s \frac{D}{2} \tan(45° + \frac{\phi}{2}) \right) K_{sp} + 2c\sqrt{K_{sp}} \right\} K_{cp} - \gamma_c z \quad (3.32)$$

여기서, σ_{rf} = 쇄석말뚝의 극한지지력(t/m²)

σ_{sc} = 연약지반에 작용하는 외부하중(t/m²)

γ_c = z 깊이에서 연약지반의 건조단위중량(t/m³)

γ_s = z 깊이에서 쇄석말뚝의 건조단위중량(t/m³)

D = 쇄석말뚝의 두부직경(m)

K_{pc} = 쇄석말뚝의 수동토압계수($K_{pc} = \tan^2\left(45° + \frac{\phi_s}{2}\right)$)

K_{ps} = 연약지반의 수동토압계수($K_{pc} = \tan^2\left(45° + \frac{\phi_c}{2}\right)$)

ϕ_c = 연약지반의 내부마찰각(°)

ϕ_s = 쇄석말뚝의 내부마찰각(°)

θ = 말뚝의 파괴각(°)

c = 연약지반의 비배수전단강도(t/m^2)

3.4 쇄석말뚝 시스템의 모형실험

3.4.1 개요

본 절에서는 쇄석말뚝 시스템의 두 가지 실내 모형실험을 통하여 쇄석말뚝 시스템에 성토하중에 재하되었을 때의 하중분담에 대하여 알아보고자 한다.

첫 번째 실험은 무리쇄석말뚝에 성토고가 70cm가 될 때까지 10cm씩 성토를 실시하여 쇄석말뚝과 연약지반에 재하되는 하중을 측정하는 실험이다.

두 번째 실험은 무리쇄석말뚝을 조성한 후 40cm 성토를 실시하고 그 위에 UTM 기를 이용하여 재하하중을 추가로 가하여 쇄석말뚝과 연약지반에 재하되는 하중을 측정한 실험이다.

두 실험 모두 5가지(6.4, 12.6, 16.7, 23.4, 34.9%)의 치환율로 실험을 실시하였으며, 사용시료는 쇄석말뚝의 직경(ϕ30mm)과 토조의 크기(300×300mm)를 고려하여 주문진표준사를 사용하였다.

3.4.2 사용시료 및 모형실험장치

(1) 사용시료

모형실험에 사용된 시료인 주문진표준사의 토질실험 결과는 표 3.1과 같다. 사용시료의 비중은 2.64며, 균등계수와 곡률계수는 각각 1.91과 1.06으로 입도가 균등한 모래다. 사용시료의 최대건조밀도와 최소건조밀도는 각각 1.62t/m^{3}과 1.36t/m^{3}다. 전단실험을 실시하여 주문진표준사의 내부마찰각을 측정한 결과 그림 3.13에 Mohr 원의 그래프에서 보는 바와 같이 주문진표준사의 내부마찰각은 38.5°로 나타났다. 사진 3.1은 사용시료인 주문진표준사의 사진이다.

표 3.1 주문진표준사의 토질특성

채분석	D_{10}(mm)	0.33
	D_{30}(mm)	0.47
	D_{60}(mm)	0.63
	C_u	1.91
	C_g	1.06
비중(G_s)		2.64
최대건조단위중량(t/m^3)		1.62
최소건조단위중량(t/m^3)		1.36
내부 마찰각(∘)		38.5

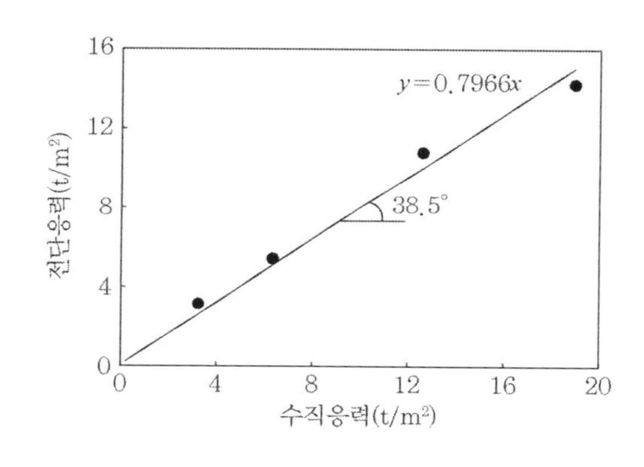

그림 3.13 주문진표준사의 직접전단시험 결과

사진 3.1 주문진표준사

연약지반에 사용한 점토의 토질특성은 표 3.2와 같다. 표 3.2에서 보는 바와 같이 애터버그 한계 실험을 실시한 결과 액성한계(LL)와 소성한계(PL)는 각각 64.45%와 29.31%로 나타났다. 그리고 소성지수(PI), 액성지수(LI), 연경지수(CI), 유동지수(FI), 터프니스지수(TI)는 각각 35.41, 0.88, 0.12, 34.62, 39.94%다. 애터버그 한계실험의 결과는 그림 3.14에 나타나 있으며, 그림 3.15의 Casagrande의 소성도표를 참고하여 점토의 분류를 실시하였다. 분류된 흙의 특성은 CH였다.

CH로 분류된 흙의 특성은 고압축성 점토(high compressibility clay)로서 다른 점토에 비해 상대적으로 압축성과 건조강도가 크며 투수계수가 작다. 따라서 함수비가 큰 상태(60.23%)에서 실험할 경우 큰 침하가 일어나고 배수가 잘되지 않을 것으로 예상된다.

표 3.2 점토의 토질특성

애터버그 한계	액성한계(LL, %)	64.45
	소성한계(PL, %)	29.31
	소성지수(PI, %)	35.41
	액성지수(LI)	0.88
	연경지수(CI)	0.12
	유동지수(FI)	34.62
	터프니스지수(TI, %)	39.94
	흙의 분류	CH
함수비(%)		60.23
비중(G_s)		2.62
습윤단위중량		1.75
건조단위중량		1.1
내부마찰각		0
비배수전단강도		0.6

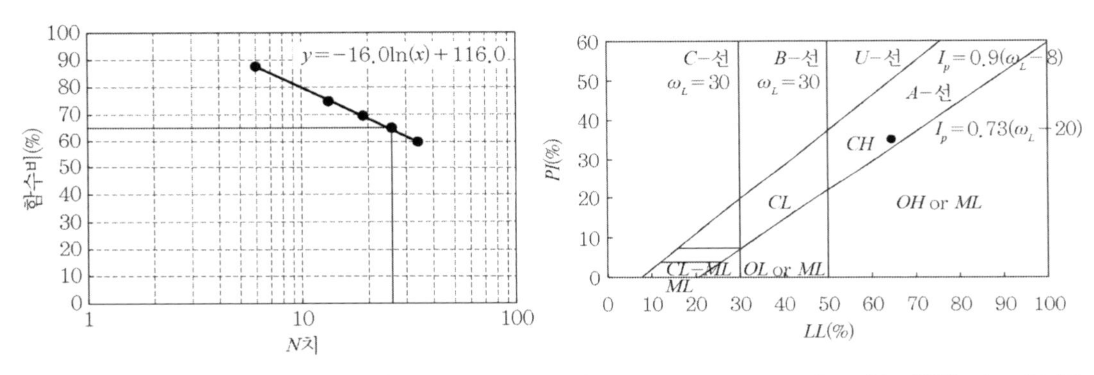

그림 3.14 점토의 액성한계시험 결과

그림 3.15 Casagrande 소성도표를 이용한 점토의 분류

물성실험에서 사용한 점토시료의 함수비는 60.23%고 쇄석말뚝의 지지력실험을 실시할 경우 함수비는 약 60%로 조성하였다. 또 점토의 비중은 2.62며 습윤단위중량과 건조단위중량은 각각 1.75t/m^{3}와 1.1t/m^{3}다. 점토의 비배수전단강도는 일축압축시험을 실시한 결과 0.6t/m^{2}로 나타났다.

점토의 비배수전단강도(c)는 일축압축실험을 통하여 구했다. 일축압축실험 결과 내부마찰각(ϕ)이 0°에 가까운 점토를 사용하는 실험으로 수평응력(σ_3)이 0이다. 수평응력이 0인 상태의 공시체가 파괴될 때의 축방향 압축응력(q_u)을 측정하면 일축압축강도를 구할 수 있다. 점토의 응력-변형률 곡선은 그림 3.16과 같다. 내부마찰각(ϕ)을 0°이라고 가정할 경우 그림 3.17처럼 비배수전단강도(c_u)를 $q_u/2$로 표현할 수 있다.

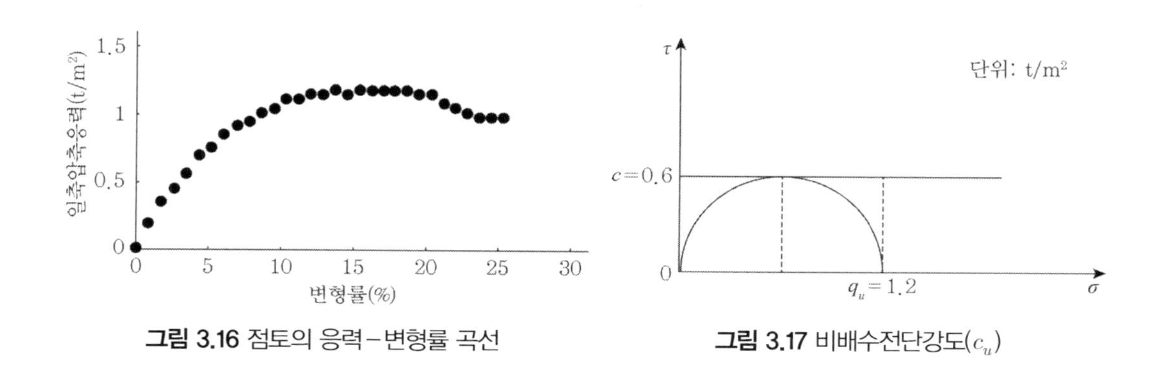

그림 3.16 점토의 응력–변형률 곡선

그림 3.17 비배수전단강도(c_u)

(2) 모형실험장치

① 모형토조 및 재하판

모형토조는 2단으로 구성되어 있으며 1단 모형토조는 300×300×450(mm)의 치수이고 2단 모형토조는 300×300×550(mm)의 치수다. 모형쇄석말뚝 재하 시 변형을 방지하기 위해서 철제로 제작되었으며, UTM 실험기로 쇄석말뚝을 재하할 경우 밀리지 않도록 상당히 무겁게 제작되었다. 그리고 재하판은 250×250(mm)의 크기로 무게는 7.2kg로 변형이 생기지 않도록 역시 철제로 제작되었다(그림 3.18 참조).

모형토조 및 재하판의 겉표면이 부식되지 않도록 녹방지용 스프레이를 사용하였다.

(a) 모형토조 (b) 재하판

그림 3.18 모형토조 및 재하판

② 말뚝조성장치

쇄석말뚝의 크기는 30×300(mm)의 크기로 쇄석말뚝을 조성하기 위해서 케이싱(30EA), 오거(3EA), 다짐봉(3EA)의 말뚝조성장치를 제작하였다. 케이싱의 규격은 30×350(mm)고 무리쇄석말뚝을 조성하기 위해서 30개를 제작하였으며, 오거의 규격은 28×400(mm)고 3개를 제작하였다. 다짐봉의 규격은 28×400(mm)고 3개를 제작하였다(사진 3.2 참조).

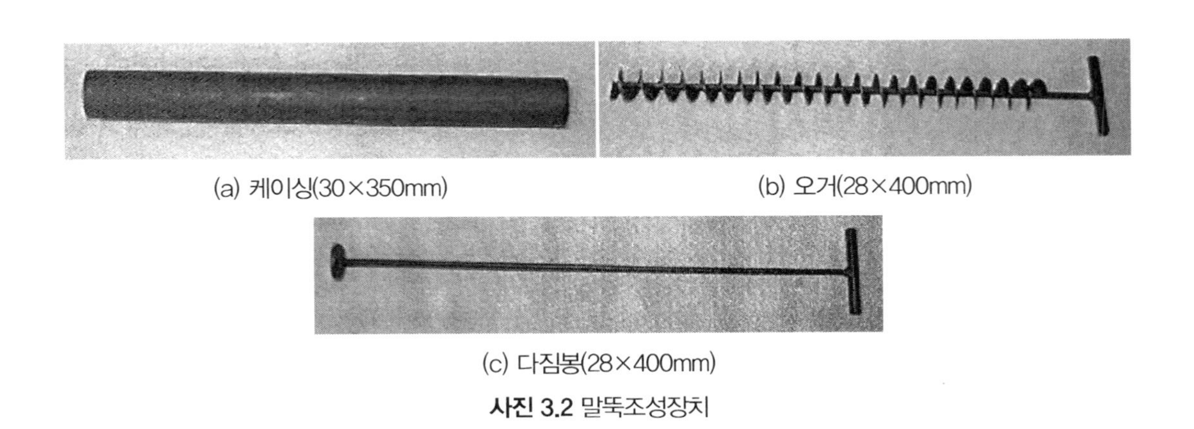

(a) 케이싱(30×350mm) (b) 오거(28×400mm)

(c) 다짐봉(28×400mm)

사진 3.2 말뚝조성장치

(3) 데이터 측정장치

데이터 측정장치로는 하중계(로드셀, load cell), 토압계(pressure cell), 변위측정계(LVDT) 센서를 측정하는 데이터로거(data logger)와 데이터로거를 제어하는 컴퓨터 시스템으로 구성된다.

하중계는 쇄석말뚝 작용하중을 측정하기 위하여 재하판 상부에 설치하며, 전체 하중을 예상하여 5tonf 용량의 하중계를 사용한다. 하중계의 규격은 그림 3.19(a)와 같으며, 그림 3.19(b)는 하중계의 사진을 나타내고 있다.

한편 토압계는 쇄석말뚝과 연약지반에 작용응력을 측정하기 위하여 쇄석말뚝두부와 쇄석말뚝 사이의 연약지반 중심부에 설치한다. 쇄석말뚝과 연약지반에는 각각 ϕ30과 ϕ12 크기의 토압계를 설치하며, 전체 작용할 응력을 예상하여 5kgf/cm^2 용량의 토압계를 사용한다.

토압계의 규격(ϕ12, ϕ30)은 각각 그림 3.20(ϕ12의 경우)과 그림 3.21(ϕ30의 경우)과 같으며, 그림 3.20과 그림 3.21(a)와 (b)는 각각 ϕ30와 ϕ12 크기용 토압계의 규격과 사진이다.

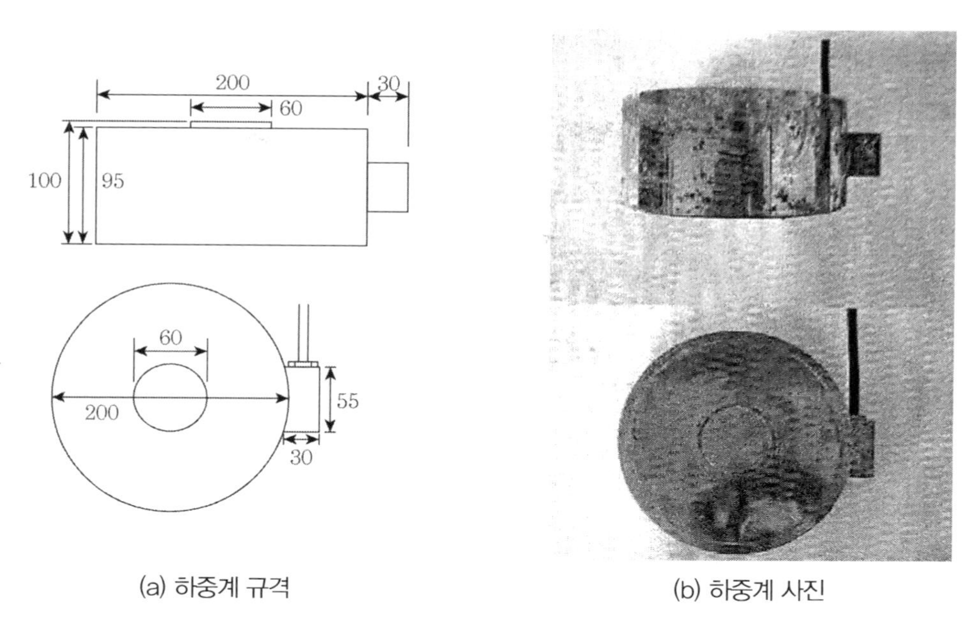

(a) 하중계 규격　　(b) 하중계 사진

그림 3.19 하중계

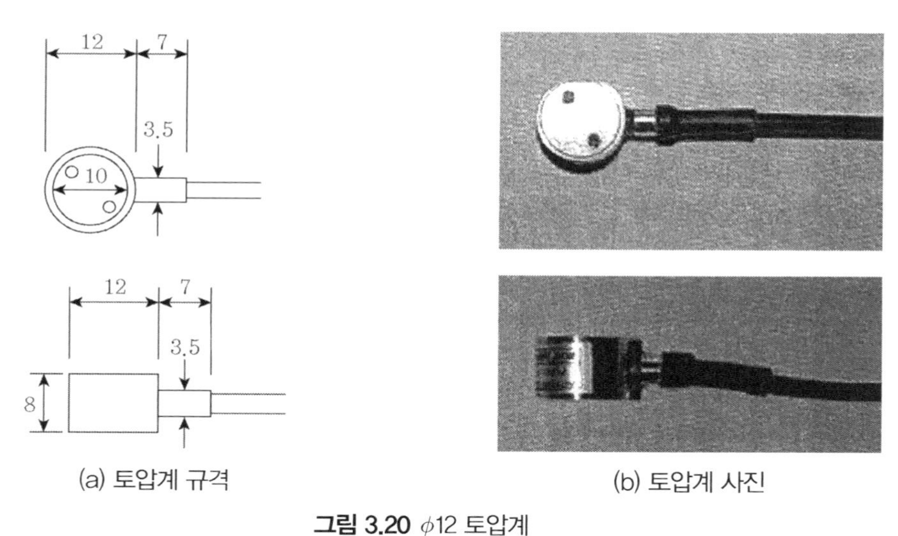

(a) 토압계 규격　　(b) 토압계 사진

그림 3.20 ϕ12 토압계

변위측정계는 재하하중이 작용할 때 지반의 침하를 측정하기 위하여 설치한다. 침하를 충분히 측정하여 응력-변형률 곡선을 작도하기 위하여 10cm 용량의 변위측정계를 사용한다. 그림 3.22는 변위측정계의 사진을 나타내고 있다.

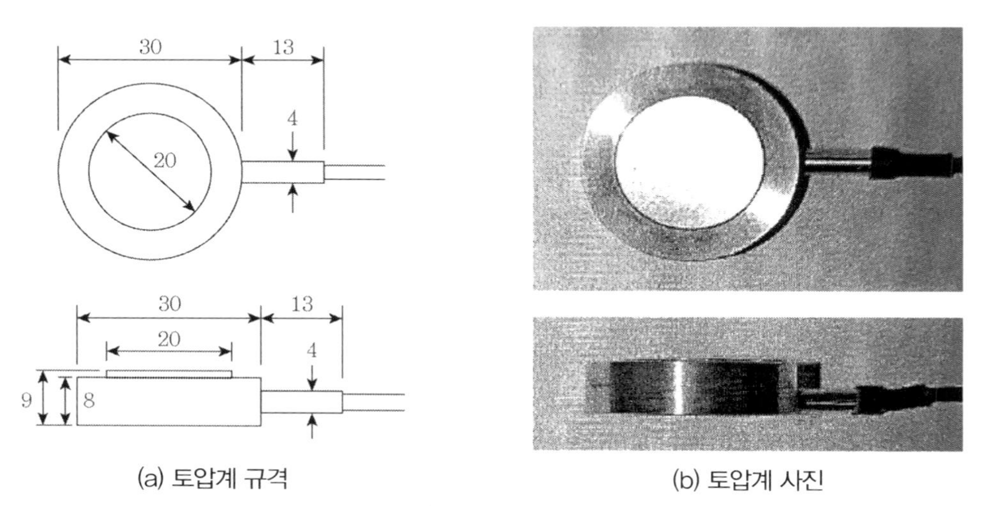

(a) 토압계 규격　　(b) 토압계 사진

그림 3.21 ϕ30 토압계

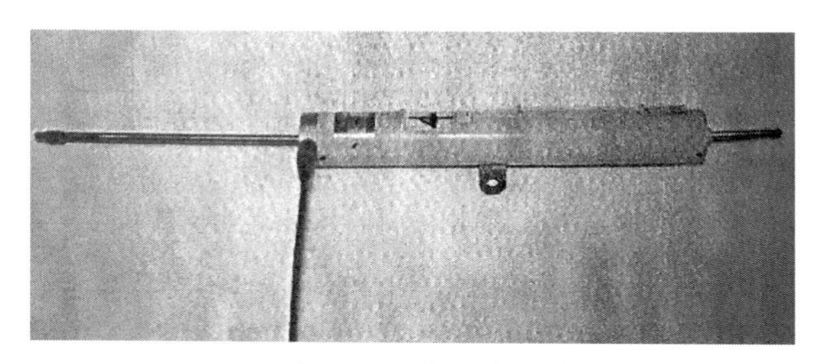

그림 3.22 변위측정계(LVDT)

모형실험 시 이들 센서의 계측은 데이터로거를 이용하여 실시간으로 측정한다. 데이터로거는 1열에 10개의 센서를 설치할 수 있으며 3단에 걸쳐 총 30개의 센서에 대해 동시에 측정이 가능하다. 그림 3.23은 컴퓨터 및 데이터로거의 사진을 나타내고 있다.

실험에 사용한 장비는 그림 3.24의 사진에서 보는 바와 같으며 각각은 다음과 같다.

① 모형토조
② 재하판
③ 하중계(5tonf)
④ 데이터로거
⑤ 케이싱(30EA)
⑥ 오거(3EA)
⑦ 다짐봉(3EA)
⑧ 변위측정계(LVDT)

⑨ 노트북컴퓨터 ⑩ ϕ30 토압계(4EA)

⑪ ϕ12 토압계(3EA)

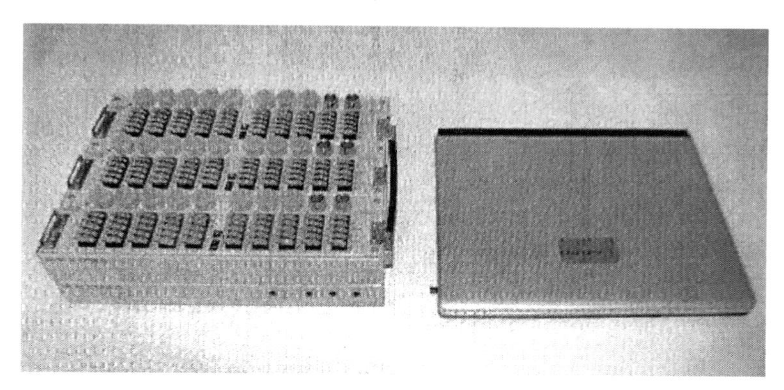

그림 3.23 데이터 측정장치

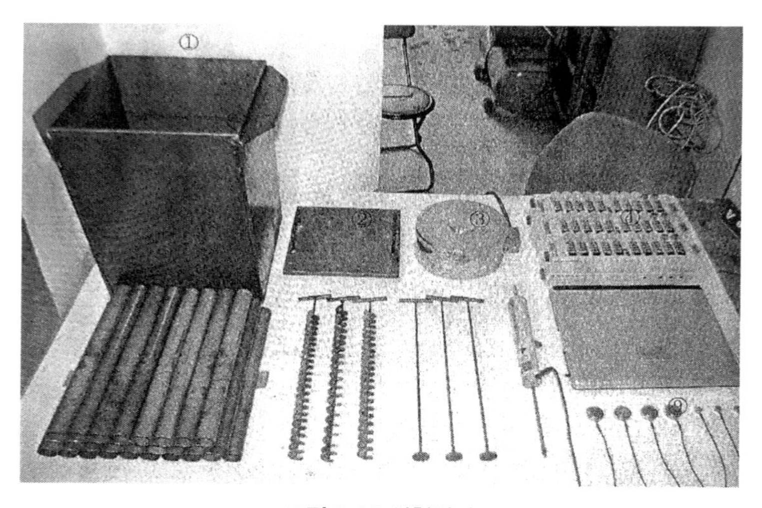

그림 3.24 실험장비

3.4.3 실험계획 및 과정

본 모형실험의 목적은 쇄석다짐말뚝으로 보강된 연약지반에 성토를 실시하였을 때 성토지반 내에 지반아칭현상으로 인해 성토하중이 쇄석말뚝을 통하여 하중전이가 발생하는 거동을 분석하기 위함이다. 말뚝의 두부와 연약지반의 표면에 토압계를 설치하고 각각의 응력을 측정하고 계산된 이론값과 비교한다.

(1) 단계별 성토에 따른 하중전이 실험

먼저 무리쇄석말뚝 시스템에서 성토고의 증가에 따른 성토하중의 하중전이 모형실험을 실시한다. 이 실험에서 무리 쇄석말뚝의 치환율을 다양하게 변화시킨 경우에 대하여 단계별 성토고를 10cm씩 증가시키면서 성토고가 70cm가 될 때까지 성토를 실시하여 쇄석말뚝과 연약지반에 재하되는 응력을 측정한다. 이 응력을 하중으로 변환시켜 지반아칭현상으로 인한 하중분담량을 조사하고 이론값과 비교한다.

본 실험에 적용된 치환율은 표 3.3과 같다. 즉, 치환율을 6.4%에서 34.9%까지 변화시켜 조사하는데, 이는 쇄석말뚝의 중심간격이 10.5cm에서 4.5cm까지 변화시킨 것으로 말뚝 간격비 0.71 ~ 0.33에 해당한다.

표 3.3 단계별 성토에 따른 하중전이 실험 case

case	치환율(%)	간격비(D_2/D_1)	말뚝중심간격 D_1(cm)	말뚝순가격 D_2(cm)
1	6.4	0.71	10.5	7.5
2	12.6	0.60	7.5	4.5
3	16.7	0.54	6.5	3.5
4	23.4	0.45	5.5	2.5
5	34.9	0.33	4.5	1.5

실험 과정은 연약지반조성, 쇄석말뚝 설치, 데이터 측정장비(토압계) 설치, 성토, 계측의 순서로 나누어 실시한다. 이러한 실험순서는 다음과 같다.

① 약 65%의 함수비로 깊이 30cm의 연약지반을 조성한다.
② 정해진 연약지반 치환율에 맞춰 쇄석다짐 말뚝을 설치한다.
③ 쇄석다짐말뚝두부와 연약지반 표면에 토압계를 설치한다.
④ 10cm씩 성토고를 증가시키며 토압을 계측한다.

그림 3.25는 연약지반에 무리쇄석말뚝을 각 치환율에 따라 나타낸 평면도고 그림 3.26은 토조에 연약지반과 무리쇄석말뚝을 조성한 개략도다.

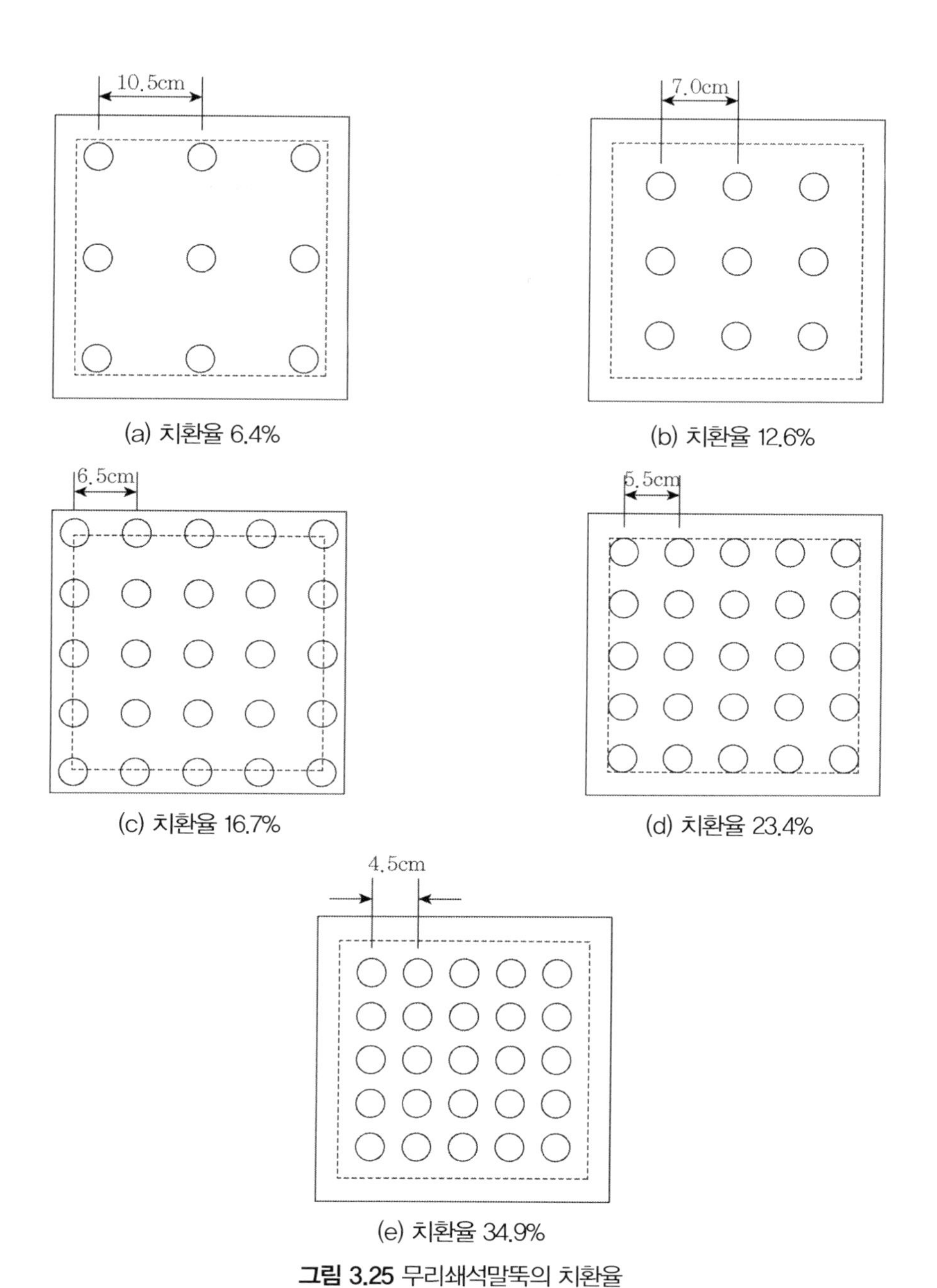

(a) 치환율 6.4%

(b) 치환율 12.6%

(c) 치환율 16.7%

(d) 치환율 23.4%

(e) 치환율 34.9%

그림 3.25 무리쇄석말뚝의 치환율

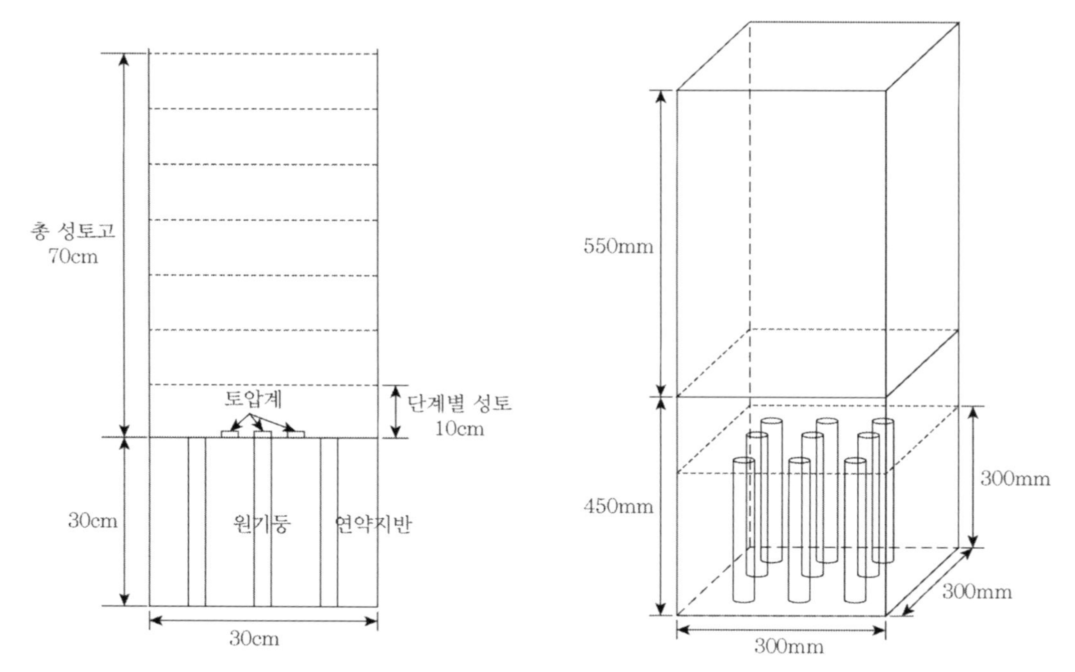

그림 3.26 단계별 성토에 따른 하중전이 실험 정면도와 개략도

(2) 성토 후 하중재하실험

또 다른 하나의 실험은 성토하중이 증가하여 쇄석말뚝에 작용하는 하중이 항복하도록 하는 실험이다. 그러나 모형실험에서 성토를 높게까지 실험할 수 없는 실험장치상의 제한이 있어 40cm까지는 10cm씩 단계별 성토를 하고 추가 하중재하는 UTM기로 하중을 가하는 실험을 실시한다.

성토 후 하중재하실험의 과정은 연약지반을 조성하고 연약지반 치환율을 다양하게 변화시킨 경우에 대하여 쇄석말뚝을 조성 후 먼저 단계별 성토고를 10cm씩 증가시켜 성토고가 40cm가 될 때까지 성토를 실시한다. 그 위에 재하판과 하중계를 설치하고 UTM기로 하중을 재하, 쇄석말뚝과 연약지반에 재하되는 응력을 각각 측정, 하중으로 변환시켜 지반아칭현상으로 인한 하중분담현상을 조사한다.

실험 case는 첫 번째 실험인 단계별 성토에 따른 하중전이 실험과 같은 치환율에 대하여 실시한다. 이 실험의 실험순서는 다음과 같다.

① 약 65%의 함수비로 깊이 30cm의 연약지반을 조성한다.

② 정해진 연약지반 치환율에 맞춰 쇄석다짐말뚝을 설치한다.

③ 쇄석다짐말뚝두부와 연약지반 표면에 토압계를 설치한다.

④ 10cm씩 성토고를 증가시켜 성토고가 40cm가 될 때까지 성토를 실시한다.

⑤ 재하판, 하중계, LVDT를 설치한다.

⑥ UTM기로 하중을 항복할 때까지 재하하며 계측값을 측정한다.

표 3.4는 성토 후 하중재하실험의 치환율을 나타낸 표로 치환율은 첫 번째 실험인 단계별 성토에 따른 하중전이실험과 같다. 그리고 그림 3.27은 성토 후 하중재하실험의 개략도와 단면도다.

표 3.4 성토 후 하중재하실험 case

case	치환율(%)	간격비(D_2/D_1)	말뚝중심간격 D_1(cm)	말뚝순가격 D_2(cm)
1	6.4	0.71	10.5	7.5
2	12.6	0.60	7.5	4.5
3	16.7	0.54	6.5	3.5
4	23.4	0.45	5.5	2.5
5	34.9	0.33	4.5	1.5

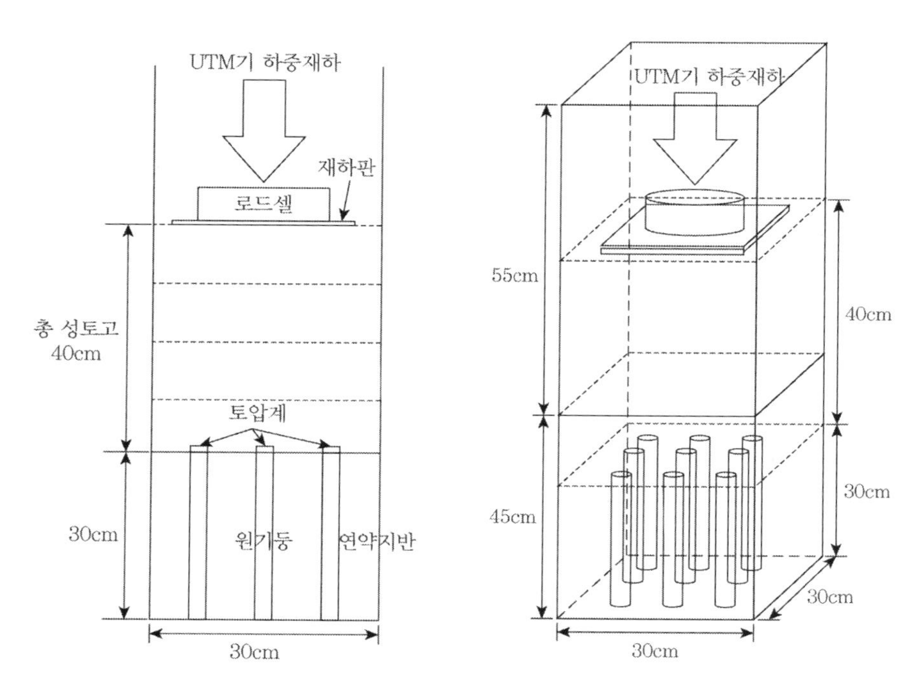

그림 3.27 성토 후 하중재하실험 단면도 및 개략도

3.5 모형실험 결과 및 고찰

3.5.1 단계별 성토에 따른 하중측정실험

(1) 모형실험 결과

본 실험에서는 우선 연약지반을 30cm 높이로 조성을 하고 연약지반 치환율이 각 6.4, 12.6, 16.7, 23.4, 34.9%인 다섯 케이스에 대하여 쇄석말뚝을 타설하였다. 그후 말뚝두부와 연약지반 상부에 토압계를 설치하고 높이 10cm씩 순차적으로 성토를 실시하였다. 모형실험장치의 토조 높이의 제한으로 성토는 70cm까지 실시하며, 그때까지의 토압계의 응력을 측정하였다.

그림 3.28은 연약지반 치환율의 변화에 따라서 쇄석말뚝에 걸리는 응력을 비교한 그래프다. 이 그림에서는 연약지반 치환율이 증가할수록 한 개의 쇄석말뚝에 작용하는 응력은 감소하는 것으로 나타났다.

이는 치환율이 작을수록 하나의 쇄석말뚝이 받는 성토하중의 분량이 감소하기 때문이다. 즉, 동일한 면적 내에 쇄석말뚝의 수가 많을수록 치환율은 높아지지만 성토하중을 지지할 말뚝의 수가 많아짐을 의미하며 쇄석말뚝 하나당 하중은 낮아짐을 의미한다.

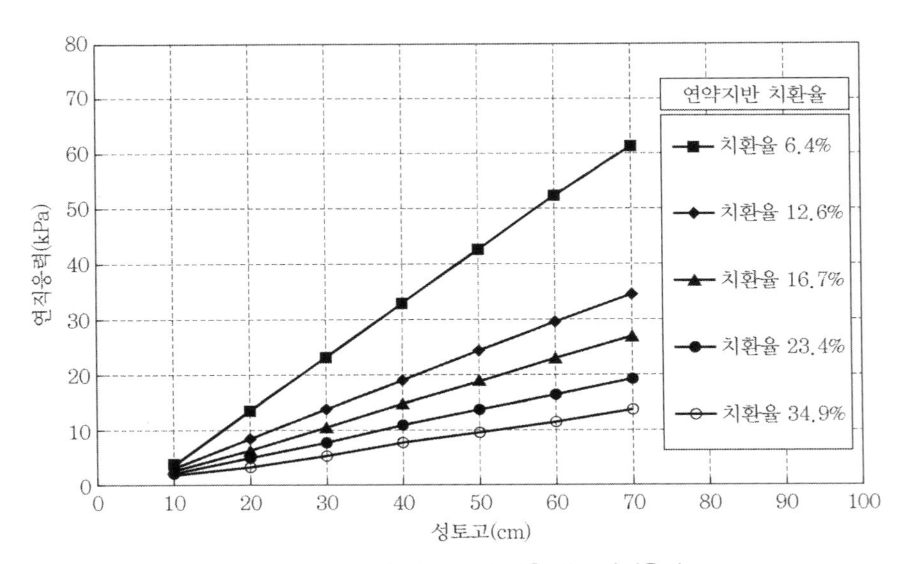

그림 3.28 치환율별 말뚝에 작용하는 연직응력

(2) 모형실험 결과 고찰

① 치환율에 따른 α 계수

본 실험에서는 쇄석말뚝의 작용하중 이론치와 실험에서 구한 쇄석말뚝에 작용하는 하중치의 비를 α라 하면 α는 식 (3.33)으로 표현될 수 있다.

$$\alpha = \frac{P\ 실험치}{P\ 이론치} \tag{3.33}$$

그림 3.29에는 각 치환율에서 구한 α 계수값 변화를 나타내었다. 각 치환율의 변화에도 α 계수값이 0.41로 일정하게 나타남을 알 수 있다.

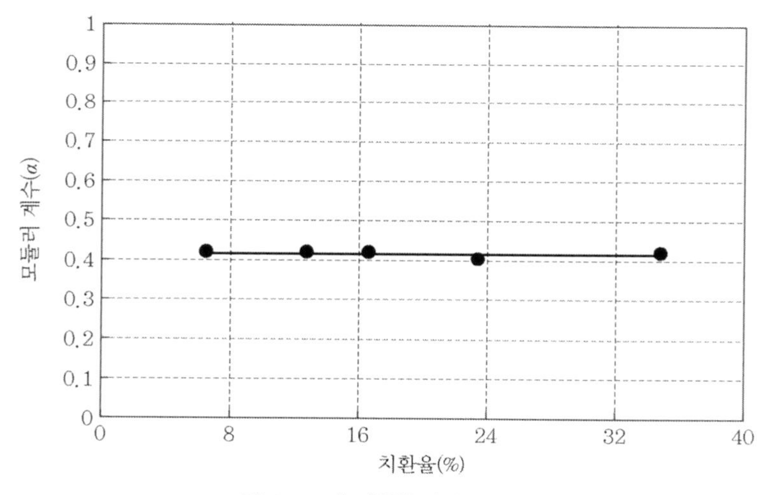

그림 3.29 각 치환율에서의 α 계수

② 치환율에 따른 한계성토고

만약 성토고를 계속하여 선형적으로 증가시키면 쇄석말뚝이 지지할 수 있는 극한지지력에 도달하는 성토고가 존재한다. 이 성토고를 한계성토고로 정의하면 본 실험 조건에서 식 (3.32)에 의거하여 치환율에 따른 한계성토고를 그림 3.30과 같이 나타낼 수 있다. 그림 3.30에서 보는 바와 같이 한계성토고는 연약지반 치환율 16.7%까지는 완만하게 상승하다. 치환율 16.7%을 지나서부터는 급격하게 상승하였다.

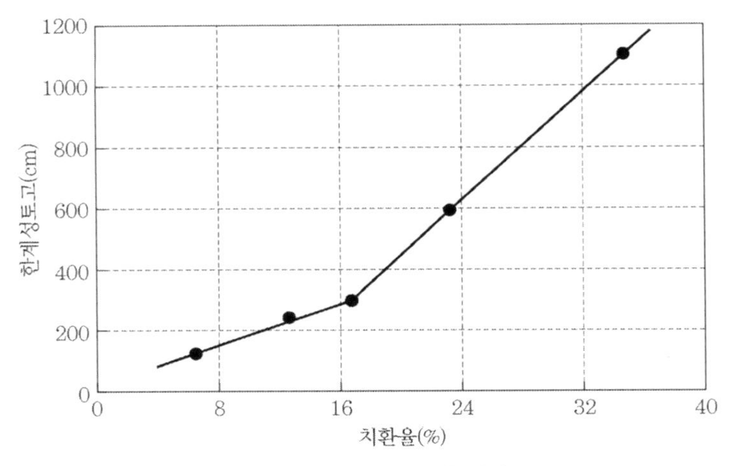

그림 3.30 치환율에 따른 한계성토고

3.5.2 성토 후 하중제하실험 결과

표 3.5는 성토 후 하중재하실험 결과를 표로 나타낸 것이다. 연약지반의 치환율은 6.4, 12.6, 16.7, 23.4, 34.9%로 다섯 가지다. 치환율은 쇄석말뚝 타설 시 편의성을 고려하여 10.5, 7.5, 6.5, 5.5, 4.5cm의 쇄석말뚝중심간격을 기준으로 계획되었다.

표 3.5 성토 후 하중재하실험 결과

case	치환율(%)	쇄석말뚝 극한지지력(kPa)	연약지반응력(kPa)	전체 응력(kPa)	침하량(mm)
1	6.4	120.83	14.31	17.90	30.38
2	12.6	133.57	17.54	30.03	32.14
3	16.7	139.06	16.27	25.21	35.65
4	23.4	167.92	19.99	50.25	39.87
5	34.9	183.36	29.01	55.82	47.45

그림 3.31은 성토 후 하중재하실험 결과로 각각의 치환율에 따른 응력 – 침하 곡선을 나타내고 있다. 그림 3.31(a)는 6.4% 치환율의 응력 – 침하 곡선을 나타내고 있으며, 쇄석말뚝의 극한지지력은 120.83kPa로 측정되었다. 그림 3.31(b)는 12.6% 치환율의 응력 – 침하 곡선을 나타내고 있으며 쇄석말뚝의 극한지지력은 133.57kPa로 측정되었다. 그림 3.31(c)는 16.7% 치환율의 응력 – 침하 곡선을 나타내고 있으며 쇄석말뚝의 극한지지력은 139.06kPa로 측정되었다.

한편 그림 3.31(d)는 23.4% 치환율의 응력 – 침하 곡선을 나타내고 있으며, 쇄석말뚝의 극한

지지력은 167.92kPa로 측정되었다. 그림 3.31(e)는 34.9% 치환율의 응력-침하 곡선을 나타내고 있으며 쇄석말뚝의 극한지지력은 183.36kPa로 측정되었다.

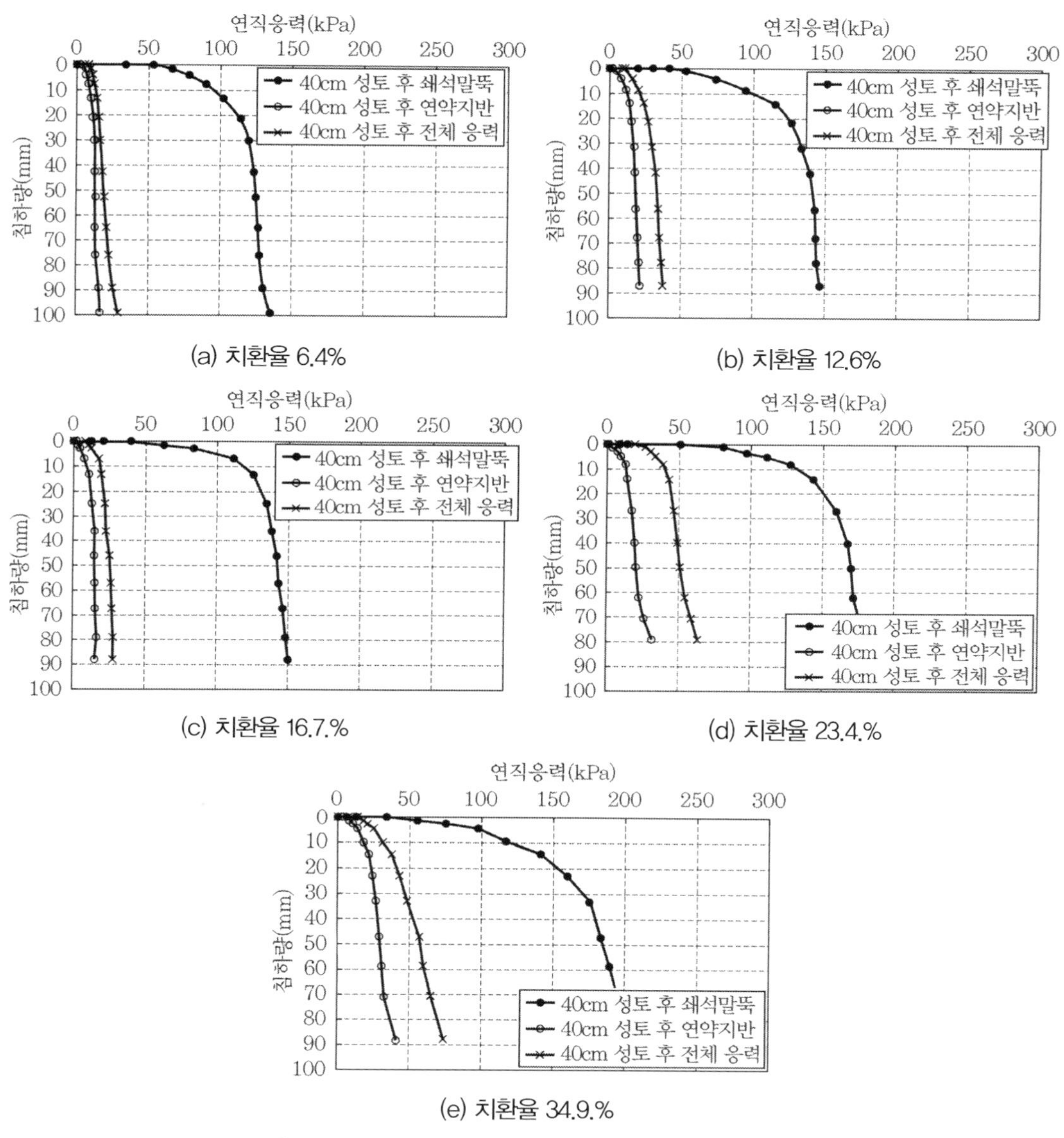

(a) 치환율 6.4%

(b) 치환율 12.6%

(c) 치환율 16.7.%

(d) 치환율 23.4.%

(e) 치환율 34.9.%

그림 3.31 치환율별 성토 후 하중재하실험 응력-침하 곡선

끝으로 그림 3.32는 치환율에 따른 극한지지력을 나타낸 그래프다. 치환율이 증가할수록 쇄석말뚝의 극한지지력이 선형적으로 증가함을 보여준다.

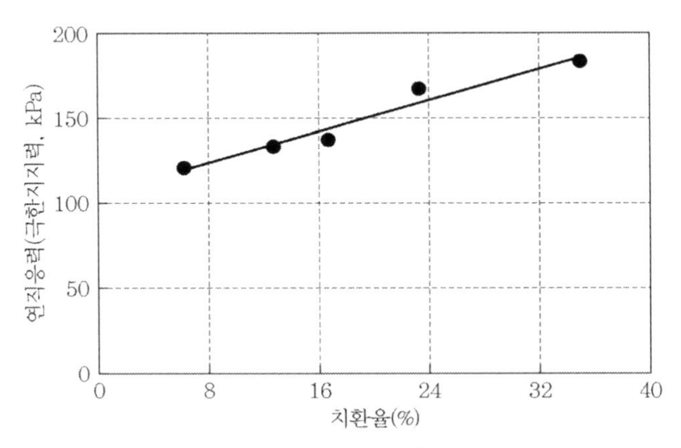

그림 3.32 치환율에 따른 극한지지력 변화

3.6 결론 및 추후 연구 제언

본 연구에서는 쇄석말뚝 시스템의 하중전이현상을 규명하기 위하여 두 가지 모형실험을 실시하였다. 첫 번째 모형실험은 단계별 성토에 따른 하중전이실험이다. 단계별로 성토고를 증가시켜 쇄석말뚝과 연약지반에 작용하는 응력을 측정한다. 두 번째 모형실험으로는 일정 높이 성토 후 UTM기로 추가하중을 재하하며, 쇄석말뚝과 연약지반의 응력과 침하를 측정하는 실험이다. 이 두 실험을 통하여 이론식으로 제한된 쇄석말뚝에 작용하는 하중 그리고 쇄석말뚝의 지지력을 모형실험 결과값과 서로 비교하여 쇄석말뚝의 하중전이 현상을 규명하였다.

본 연구를 수행하여 얻은 결론은 다음과 같다.

(1) 단계별 성토에 따른 하중전이 모형실험 결과로 치환율이 증가할수록 쇄석말뚝에 작용하는 하중은 감소한다는 것을 증명하였다. 이는 치환율이 증가할수록 하나의 쇄석말뚝이 받는 성토하중의 분량이 감소하기 때문이다. 그러므로 치환율이 증가할수록 하나의 쇄석말뚝이 받는 성토하중의 분량은 적어지나 쇄석말뚝이 지지할 수 있는 극한지지력은 증가하므로 치환율이 증가하면 더 큰 성토하중을 견딜 수 있다.

(2) 단계별 성토에 따른 하중전이 모형실험 결과로 실험 결과값과 이론식과의 비교를 통하여 이론치와 실험치의 비인 α계수를 제안하였다. α계수는 쇄석말뚝에 작용하는 하는 실험하중과 이론하중의 비다. 모형실험의 치환율에서 α계수는 0.41로 일정하다.

(3) 성토 후 하중재하실험과 plate 재하실험의 결과를 비교하여 쇄석말뚝이 지지할 수 있는 극한 지지력은 두 실험에서 거의 비슷한 값을 가진다는 것을 알 수 있다. 그러나 성토 후 하중재하실험이 성토체 내에서의 지반아칭으로 하중전이가 발생하여 더 큰 하중이 쇄석말뚝에 작용하는 것으로 평가된다.

(4) 성토 후 하중재하 모형실험에서 응력분담비는 연약지반의 치환율이 커질수록 작아지고 하중분담비는 치환율이 커질수록 증가하는 경향을 나타내었다. plate 재하실험과 비교해보면 성토 후 하중재하실험이 성토체 내에서 지반아칭으로 인한 하중전이로 고치환율에서 더 큰 응력분담비와 하중분담비가 나타나는 것으로 평가된다.

본 연구로부터 얻은 결과를 더욱 발전시키기 위한 추후 연구 과제를 살펴보면 다음과 같다.

(1) 국내에서 아직까지 쇄석말뚝 시스템의 하중전이에 관한 현장적용성에 관한 연구는 미흡한 상황이므로 현장시험시공을 실시하여 현장적용성을 평가할 수 있다면 모형실험연구와 이론해석과의 시너지 효과로 더욱 향상된 공법으로 발전할 수 있을 것이다.

(2) 본 연구의 단계별 성토에 따른 하중측정실험과 40cm 성토 후 하중측정실험에서 쇄석말뚝의 사용시료를 토조의 크기와 쇄석말뚝의 직경을 고려하여 주문진표준사를 사용하였다. 그러나 조금 더 강성이 큰 재생골재 및 쇄석골재를 사용하여 모형실험을 실시한다면, 다양한 말뚝재료에 따른 신뢰성 있는 실험 결과를 얻을 수 있을 것이다.

(3) 모형실험 결과를 살펴보면 쇄석말뚝의 극한지지력, 응력분담비 및 하중분담비 그래프가 연약지반 치환율 16.7%에서 급격한 변곡이 발생하는 것을 볼 수 있다. 이는 치환율 16.7%에서 지반아칭이 가장 잘 발현되는 것으로 평가된다. 그러나 이 결과를 명확하게 설명하기 위해서는 추가적인 연구가 필요할 것으로 판단된다.

• 참고문헌 •

(1) 이동규(2008), '쇄석말뚝 시스템의 지지력 특성에 관한 연구', 중앙대학교대학원, 석사학위논문.

(2) 이재호(2006), '토목섬유보강 성토지지말뚝 시스템에서의 지반아칭', 중앙대학교대학원, 박사학위논문.

(3) 홍원표 · 윤중만 · 서문성(1999), '말뚝으로 지지된 성토지반의 파괴형태', 한국지반공학회논문집, 제15권, 제4호, pp.207-220.

(4) 홍원표 · 이재호 · 전성권(2000), '성토지지말뚝에 작용하는 연직하중의 이론해석', 한국지반공학회논문집, 제16권, 제1호, pp.131-143.

(5) 홍원표 · 이광우(2002), '성토지지말뚝에 작용하는 연직하중 분담효과에 관한 연구', 한국지반공학회논문집, 제18권, 제4호, pp.285-294.

(6) Azizi Fethi(2000), "Analysis of the expansion of cylindrical cavities in an infinite soil mass", Applied analyses in Geotrchnics(Chapter12), E.

(7) Barkdal, R.D. & Bachus, R.C.(1983), "Design and Construction of Stone Granular Piles and Sand Drains in the Soft Bangkok Clay", In-situ Soil and Rock Conference, Paris, pp.11-118.

(8) Bujang, B.K.H. and Faisel, H.A.(1994), "Pile embankment of soft clay; comparisonmodel Field performance", Proc., 3rd International Conference on Histories in Geotechnical Engineering, Missouri, Vol.I, pp.433-436.

(9) Gibson. R.E. and Anderson. W.F.(1961), "In-Situ Measurement of Soil Properties with the Pressuemeter", Civil Engineering and Public Works Review, Vol.56, No.658, pp.615-618.

(10) Hong W.P.(2005), "Lateral soil movement induced by unsymmetrical surcharges on soft grounds in Korea", Special lecture, Proc. IW-SHIGA 2005, Japan, pp.135-154.

(11) Hughes. J.M.O., Withers. N.J. and Greenwood. D.A.(1975), "A field trial of the Reinforcing effect of a Stone Column in Soil", Geotechnique, Vol.25, No.1, pp.31-44.

(12) Vesic. A.S.(1972), "Expansion of Cavities in Infinite Soil Mass", Journal of the Soil Mechanics and Founadtion Engineering Division, ASCE, Vol.98, No.SM3, pp.265-290.

Chapter

04

연약지반상 벽강관식 안벽 설계법

Chapter 04 연약지반상 벽강관식 안벽 설계법

4.1 서론

4.1.1 연구 배경

산업의 발달 및 국제교역의 증대와 더불어 부두시설의 규모 또한 중요성이 새롭게 부각됨은 물론이고 부두시설도 날로 커지고 있다. 즉, 초기에 부두시설은 소규모로 설치장소도 비교적 양호한 지반에만 설치되었으나 현재에 이르러서는 대형 선박이 정박할 수 있는 부두시설을 열악한 지반조건에 설치해야 하는 경우가 종종 발생한다. 수심이 충분히 얻어질 수 있는 곳에 이러한 부두시설을 축조하기 위해서는 자연적으로 안벽과 같은 호안구조물을 설치하게 된다.

안벽은 중력식, 널말뚝식, 선반식, 셀식 등의 여러 가지 방법으로 축조되고 있다. 그 밖에도 일련의 강관말뚝을 벽체가 되도록 좁은 간격으로 설치하는 벽강관식 안벽이 국내에서 채택된 바 있다.(1,2) 이러한 안벽을 구성하고 있는 강관말뚝들의 상부는 통상 부분적으로 접속부를 부착시켜 수평으로 서로 연결되어 있으나 하부는 연결되어 있지 않다. 이러한 안벽이 설치되어 있는 지반에 측방유동이 발생할 경우 지반은 말뚝 사이를 빠져나갈 수 있게 되어 있다. 이 안벽은 널말뚝식 안벽의 일종으로 구분되는 경우도 있으나 강관말뚝을 사용하는 관계로 통상적인 널말뚝식 안벽과는 토압의 작용기구 및 벽체의 거동이 다르다. 이러한 벽강관식 안벽 전면에는 횡잔교를 설치함으로써 대형 선박의 정박을 가능하게 할 수가 있어 이 형태의 부두시설이 채택되고 있다.(1,2)

이러한 잔교가 설치된 후 안벽배면에는 통상적으로 뒤채움매립을 실시하게 된다. 그러나 이 뒤채움매립은 안벽에 막대한 측방토압을 유발시킨다. 더욱이 바다 쪽 지반이 가파른 사면의 연약지반인 경우 뒤채움매립은 안벽 배면지반에 편재하중으로서 작용하여 측방으로 변형시키며 사면과 안벽 모두의 안정에 영향을 미친다. 이 경우 사면의 안전율은 극도로 낮아지게 되므로 안벽에 작용하는 측방토압에 저항해줄 수 있는 사면지반의 저항력도 부족하게 되어 안벽은 수평방향으로 이동하게 된다. 결국 이러한 현상은 상부구조물의 안정에 막대한 영향을 미치게 되며 부두시설의 기능 마비까지도 유발하는 아주 심각한 문제를 야기할 수도 있다. 실제 이와 같은 문제로 인하여 상부구조물에 피해가 발생하여 대책이 마련된 몇몇 예가 국내외에서 보고되고 있는 실정이다.[3,4,14,15]

4.1.2 연구 목적

벽강관식 안벽은 널말뚝안벽으로 구분할 수 있으나 강관말뚝을 연속적으로 설치하여 형성된 벽체이므로 단면강성이 매우 큰 것이 장점으로 여길 수 있다. 이러한 벽강관식 안벽의 거동을 해석할 경우에는 널말뚝에 사용되고 있는 각종 해석법을 그대로 사용할 수 있는가를 검토해볼 필요가 있다.

원래 요성벽(fexible wall)의 흙막이구조물에 작용하는 토압은 옹벽과 같은 강성벽(rigid tali)에 적용되는 고전적 토압과는 차이가 있다. 왜냐하면 후자의 경우는 벽체의 변형이 선형적이며 비교적 간단하여 이에 대응하는 토압도 간단하게 계산될 수 있는 반면에 전자의 경우는 벽체의 변형이 위치에 따라 매우 다양하기 때문에 이에 대응하는 토압도 자연적으로 매우 복잡하게 나타날 것이다. 그럼에도 불구하고 현재의 널말뚝 설계법에서는 강성벽에 적용되는 토압을 가정된 지지 위치에 대하여 적절히 변화시키면서 사용하고 있다.

벽강관식 안벽의 경우는 작용토압이 말뚝들 사이의 지반과 말뚝의 상호작용에 의하여 결정하게 되므로 말뚝 사이의 지반의 미소한 소성변형의 발생기구를 고려하지 않으면 정확한 토압의 산정이 불가능한 실정이다. 또한 이와 같은 설계법이 채택될 경우 벽강관 벽체의 변위는 전혀 검토할 수 없는 실정이다. 대형 선박이 정박되는 부두의 경우에는 하역작업을 위한 장비는 부두의 변위에 대단히 민감하게 영향을 받게 된다. 따라서 벽강관식 안벽의 설계를 정확하게 하기 위해서는 이 안벽의 거동을 정확히 분석할 수 있어야 한다. 이와 같은 문제를 해결하기 위해서는 뒤채움매립에 의하여 벽강관식 안벽 배면에 작용하게 될 측방토압과 안벽 전면의 저항토압의 복잡한 발생기구가 정확하게 밝혀져야만 한다.

이들 사항이 규명된 위에 벽강관식 안벽의 합리적인 설계법을 마련함을 본 연구의 궁극적인 목표로 삼고자 한다.[10] 본 연구를 완성시키므로 인하여 벽강관식 안벽이 가지고 있는 장점을 최대한으로 살릴 수 있는 방안의 마련에도 크게 도움이 되어 금후의 대형 선박 정박용 호안구조물 설계에 크게 활용될 수 있을 것이 기대되는 바다.

4.1.3 연구 범위

본 연구의 내용은 다음과 같이 구분할 수 있다. 우선 본 연구의 대상과 관련된 제반 기존 연구를 정리·검토해봄을 첫 번째로 한다.[10]

두 번째는 벽강관식 암벽의 해석법을 확립하고자 한다.[10] 우선 백강관 벽체가 설치되어 있는 사면에 편재하중지반에서와 같이 측방변형이 발생하는지의 여부를 판단할 수 있는 방법을 마련·제시하고자 한다.

다음으로 측방변형이 발생할 경우 말뚝에 작용하는 측방토압은 어떻게 산정될 것인가를 제안하고자 한다. 이와 같이 측방소성변형지반 속에 벽강관이 포함된 사면의 안정해석법을 검토하고자 한다. 따라서 이러한 해석법이 마련되면 벽강관이 사면안정에 얼마만큼 기여할 수 있는가 판단할 수 있을 것이다. 이 경우 안벽은 어떤 거동을 보일 것인가를 규명하기 위하여 말뚝의 안정해석법도 마련해본다. 이 말뚝안정해석 시는 말뚝선단과 머리 부분의 구속조건을 정밀히 고려하도록 한다.

세 번째는 위에서 확립 제안된 현장에 대한 해석을 실시한다. 현장 예로는 광양항 제2기 제품부두를 활용한다. 따라서 이 제품부두의 실제 시공 및 계측에 관련된 제반자료를 근거로 이론해석 및 결과를 비교해본다. 특히 벽경관식 안벽의 거동에 관하여 해석치와 계측치를 비교함으로써 현재까지 발생한 수평변위에 대하여 검토하고자 한다. 그 밖에도 단계별로 사면과 안벽의 안정을 검토해본다.

네 번째는 이상의 해석법 및 해석 예의 결과에 근거하여 사면과 벽강관식 안벽의 안정을 동시에 고려할 수 있는 설계법을 확립하고자 한다.

4.2 벽강관식 안벽의 해석법

4.2.1 기본 개념

사면안정문제에서 벽강관 안벽이 사면파괴면을 관통하여 설치되어 있는 경우에는 사면의 활동을 방지하는 벽강관의 효과가 기대된다. 그러나 한편으로는 벽강관은 사면파괴면 상부의 토괴로부터 측방토압을 받게 된다. 이 문제에 대처하기 위해서는 이 측방토압을 정확하게 산정하는 것이 매우 중요하다. 왜냐하면 이 외력은 사면의 안정 및 말뚝의 안정에 동시에 관련되어 있기 때문이다. 즉, 이 측방토압을 실제보다 크게 산정하여 설계한 경우에는 말뚝의 안정에 관해서는 안정 측이나 사면의 안정에 관해서는 위험 측이 된다.

반대로 측방토압을 실제보다 적게 산정하여 설계한 경우에는 그 반대로 된다. 그러나 말뚝에 작용하는 측방토압의 발생기구는 복잡하기 때문에 정확하게 산정하기가 매우 어려워 강성벽에 사용하는 고전적 토압론에 의거한 토압을 사용하고 있는 실정이다.

일반적으로 벽강관 안벽이 설치된 사면의 안정문제에서는 사면의 안정과 말뚝의 안정에 대한 두 가지의 해석이 그림 4.1과 같이 실시되어야 한다. 이 벽강관이 설치된 사면의 전체 안정은 사면과 말뚝 모두의 안정이 확보되었을 경우에만 비로소 가능하다.

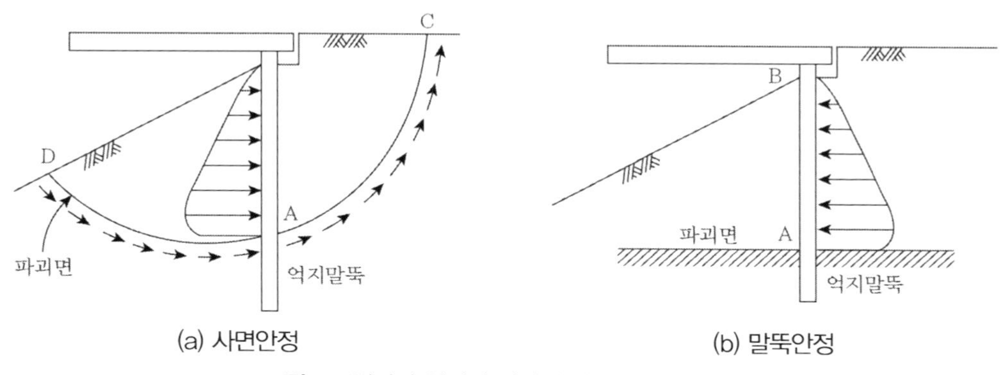

그림 4.1 벽강관 안벽이 설치된 사면의 안정해석법

만약 벽강관말뚝에 작용하는 측방토압(혹은 붕괴 토괴에 저항하는 말뚝의 저항력)이 알려져 있다면, 먼저 말뚝의 안정이 수평하중을 받는 말뚝(주동말뚝)의 해석법을 응용하여 그림 4.1(b)와 같이 검토되어야 한다. 그러나 주동말뚝의 경우는 수평하중이 말뚝머리 부분에 집중하중으로

작용하나 수동말뚝은 사면파괴면 상부의 측방변형지반을 통하여 말뚝에 분포하중으로 작용한다.

이상의 말뚝 안정 계산에서 말뚝의 안정이 확보되면 사면의 안정 계산이 그림 4.1(a)에서와 같이 파괴면의 전단저항 및 말뚝의 저항력을 고려하여 실시되어야 한다.

4.2.2 사면변형의 가능성 판단법

연약지반사면에 성토 혹은 뒤채움 등으로 편재하중을 가할 경우 지반의 측방유동이 발생할 것인가 여부를 먼저 판단할 필요가 있다. 사면의 변형 가능 여부를 판단할 수 있는 간편한 방법으로는 다음의 세 가지의 경험적 방법을 사용할 수 있다.

(1) Marche법[11]

$$R = \frac{u_{s,i,z=0} E_{s,u}}{qB}$$

여기서, $u_{s,i,z=0}$ = 성토사면선단에서의 수평변위

$E_{s,u}$ = 비배수점토의 지반계수

$q = \gamma_k h$

B = 성토 저면폭

h = 성토고

측방유동량을 표시하기 위하여 그림 4.2에서는 성토로 인한 유효상재압 q에 대응한 성토 사면 선단에서의 최대측방변형량 $u_{s,i,z=0}$의 관계를 변수 R로 표시하여 성토사면의 안전율 혹은 안전율의 역수 $1/F$과의 관계를 표시하였다.

성토 규모와 연약지반의 사면안전율로부터 사면선단부의 측방변형 규모를 그림 4.2의 그래프를 통해 개략적으로 구할 수 있다. 이 그래프에 의하면 연약지반의 두께와 성토 규모에 따라 차이는 있으나 대략적으로 사면의 안전율이 1.31~35 이하가 되면 측방변형량 $u_{s,i,z}=0$은 급격히 증가함을 알 수 있다. 따라서 사면의 측방유동을 방지하려면 이 정도의 안전율이 확보되어야 한다.

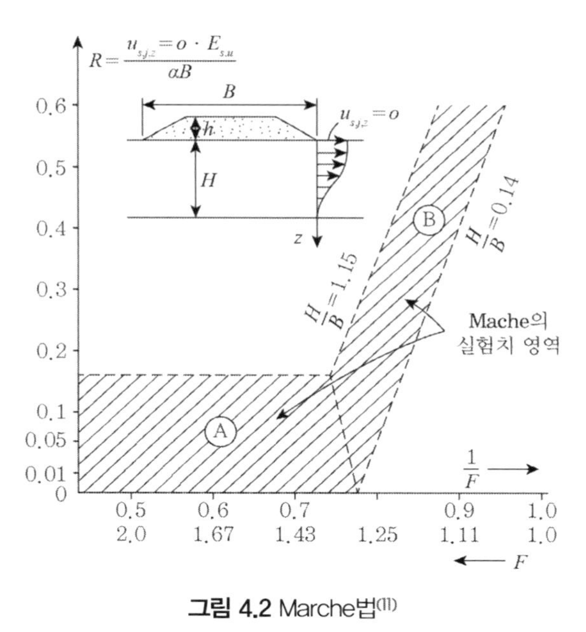

그림 4.2 Marche법[11]

Oteo[13]는 변수 R과 성토 규모를 나타내는 H/B와의 관계를 20여 개의 현장실측치에 대하여 그림 4.3과 같이 정리하였다.

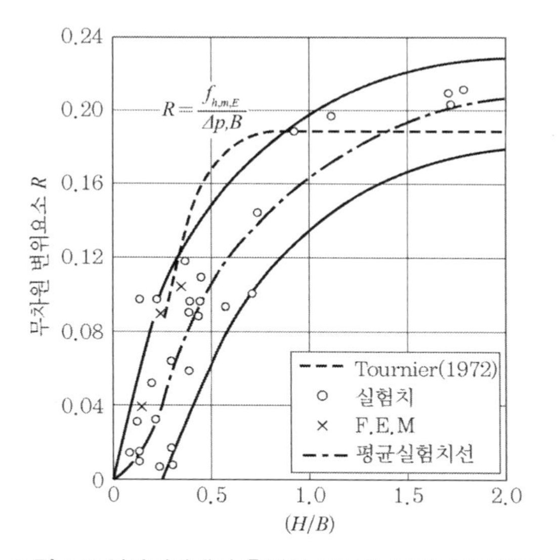

그림 4.3 연약지반에서 측정된 무차원 최대측방변위[11]

그림 중에는 Tournier(1972)의 이른 곡선과 F.E.M 값도 함께 표시되어 있다. 이 결과로부터 R과 H/B는 그림 중 대략 굵은 실선으로 표시된 영역 범위에서 발생하고 있다고 할 수 있다. 따라서 성토 규모가 결정되면 이 그래프를 이용하여 예상되는 최대측방유동량을 예측할 수 있다.

(2) German recommendation법[12]

측방유동이 발생하지 않기 위한 사면의 소요안전율은 연약지반의 컨시스텐시와 관련이 있으므로 연약지반의 소성지수 $I_c(=(W_L - W_n)/Ip)$로부터 사면의 소요안전율 F를 결정하도록 하고 있다. 따라서 연약지반의 애터버그 한계와 자연함수비로부터 사면의 소요안전율을 그림 4.4를 이용하여 마련할 수 있다.

연약지반의 전단강도 τ_f와 지반 중에 발생한 전단응력 τ와의 비에 의한 안전율 F가 그림 4.4에서 구한 소요안전율보다 적으면 측방유동이 발생할 가능성이 있다고 판단된다.

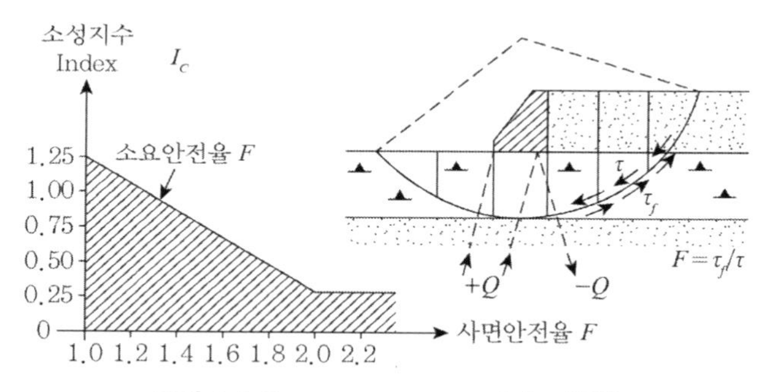

그림 4.4 German recommendation법[12]

(3) Tschebotarioff법[11]

연약지반의 비배수강도에 대응하여 연약지반상에 성토시킬 수 있는 최대높이를 결정하기 위하여 그림 4.5를 이용할 수 있다. 즉, 성토고의 증가에 따라 증가되는 상재압($P=\gamma h$)이 연약지반의 비배수전단강도의 3배가 되면($P_y=3c$) 전단변형이 발생하기 시작함을 표시하고 있으며, 5.14~7.95배가 되면($P_m=5.14c$; 띠기초, $P_n=7.95c$; 사각형 기초) 전단파괴가 발생함을 예측할 수 있다.

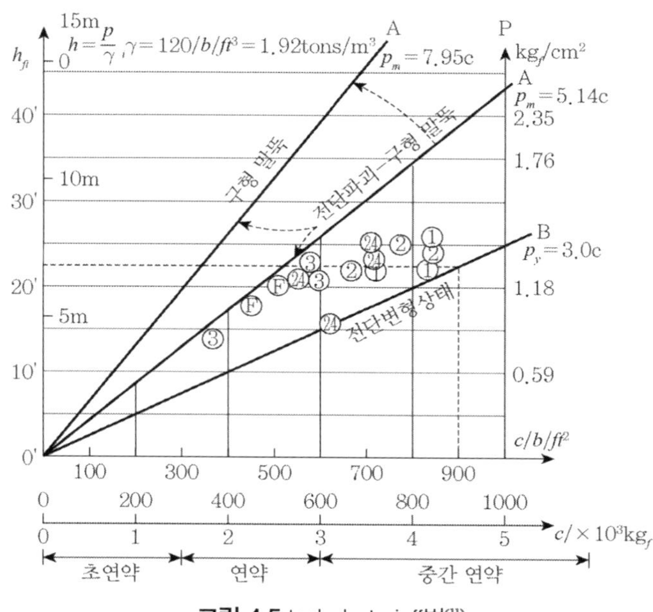

그림 4.5 tschebotarioff법[11]

4.2.3 변형 지반 속 말뚝의 측방토압

(1) 측방토압 산정식

일반적으로 현재 설계에 적용되는 측방토압은 단일말뚝에 작용되는 포압이 사용되었지만 그 이론식의 근거는 매우 미약하고 이를 토대로 설계되므로 사고가 발생하는 경우가 종종 있었다. 즉, 단일말뚝에 작용하는 측방토압을 말뚝에 적용할 경우 문제가 있고 말뚝들의 설치간격에 따라 말뚝 주변지반의 변형 양상이 다르므로 측방토압을 산정하는 데 어려움이 있다. 또한 소성변형이나 측방유동이 있는 지반에 줄말뚝이 설치되어 있을 때 토괴의 측방유동이 수동말뚝의 안정에 중요한 영향을 미친다. 왜냐하면 측방유동에 의하여 유발되는 측방토압은 말뚝과 주변지반의 상호작용에 의하여 결정되기 때문이다.

말뚝이 1열로 설치되어 있는 경우 원래는 줄말뚝의 전면과 배면에 서로 평형 상태인 토압이 작용하고 있었으나, 뒤채움이나 성토 등의 편재하중으로 인하여 발생한 활동토괴의 변형에 의하여 이 평형상태가 무너지게 된다. 여기서 취급하게 될 측방토압이란 이 줄말뚝의 전면과 배면에 각각 작용하는 토압의 차에 상당하는 부분에 해당한다. 줄말뚝에 작용하는 측방토압의 산정식을 유도하는 경우에 고려하여야 할 점은 말뚝 간격 및 말뚝 주변 흙의 소성상태의 설정이다.

전자에 대해서는 말뚝이 일렬로 설치되어 있을 경우는 단일말뚝의 경우와 달리 서로 영향을 미치게 되므로 이 말뚝간격의 영향을 반드시 고려하여야 한다. 이 말뚝 간격의 영향을 고려하기 위해서는 측방토압 신정식을 유도할 때 두 말뚝 사이의 지반을 함께 고려함으로써 가능하게 된다. 또한 후자의 필요성에 대해서는 다음과 같다.

일반적으로 말뚝에 부가가 되는 측방토압은 활동토괴가 이동하지 않는 경우의 0 상태에서부터 활동토괴가 크게 이동하여 말뚝 주변의 지반에 수동파괴를 발생시킨 경우의 극한치까지 큰 폭으로 변화한다. 따라서 사면안정에서 수동말뚝의 설계를 실시하기 위해서는 어떤 상태의 측방토압을 사용하여야 좋은가를 결정해야만 한다.

말뚝 주변지반의 소성상태의 설정에 대하여서는 만약 말뚝 주변지반에 수동파괴가 발생한다고 하면 그때는 활동이 상당히 진행되어 파괴면의 전단저항력도 상당히 저하되므로 말뚝에 작용하는 측방초압이 상당히 크게 되어 말뚝 자체의 안정이 확보되지 못할 염려가 있는 등 불안한 요소가 많다. 따라서 설계에 채용되어야 할 측방토압은 활동의 진행에 의한 파괴면의 전단저항력의 저하가 거의 없는 상태의 값을 채용하는 것이 가장 합리적이다.

이 조건을 만족하는 측방토압의 최대치를 산정하려면 말뚝 사이의 지반이 Mohr-Coulomb의 항복조건을 만족하는 소성상태에 있다고 가정해야 한다. 이 가정은 사면 전체의 평형상태를 거의 변화시키지 않으면서 말뚝에 부가되는 측방토압을 산정하는 것을 의도하는 점이 의미를 가진다.

일렬의 말뚝이 그림 4.6 속과 같이 H 두께의 소성변형지반 속에 설치되어 있는 경우에는 측방토압 산정 시 고려해야 할 부분은 그림 4.6에 빗금 친 말뚝 사이 지반일 것이다.

이 두 개의 말뚝 사이의 지반의 소성상태를 확대하여 표기하면 그림 4.7과 같다. 즉, 말뚝 주변의 아칭현상에 의하여 그림 4.7의 빗금 친 부분만이 소성상태에 도달할 경우의 측방토압을 신정해야 한다.

이와 같은 가정 아래 소성 토층 단위깊이당 1개의 말뚝에 작용하는 측방토압의 최대치(설계에 사용될 수 있는 값 중 최대치의 의미) $P(z)$는 다음과 같이 된다.(5-7)

$$\begin{aligned} p(z) = &\left[D_1 \left(\frac{D_1}{D_2} \right)^{G_1(\phi)} \left\{ \frac{G_4(\phi)}{G_8(\phi)} \left(\exp\left(2\xi \frac{D_1 - D_2}{D_2} G_3(\phi) \right) - 1 \right) + \frac{G_2(\phi)}{G_1(\phi)} \right\} - D_1 \frac{G_2(\phi)}{G_1(\phi)} \right] \\ &+ \left[D_1 \left(\frac{D_1}{D_2} \right)^{G_1(\phi)} \left(\exp\left(2\xi \frac{D_1 - D_2}{D_2} G_3(\phi) \right) - D_2 \right) \right] \sigma_H^{(z)} \end{aligned} \quad (4.1)$$

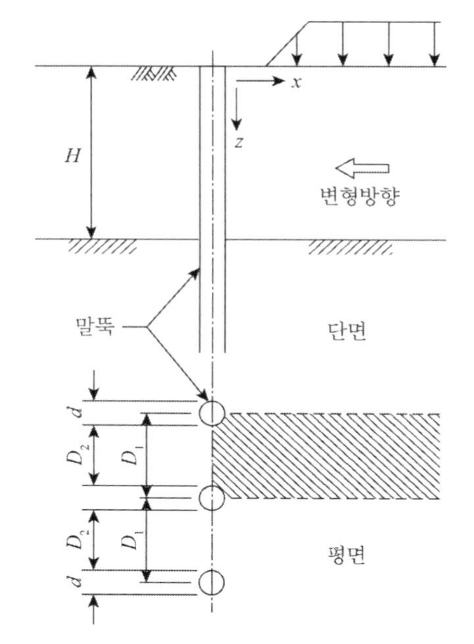

그림 4.6 측방변형지반 속의 원형 말뚝 설치도

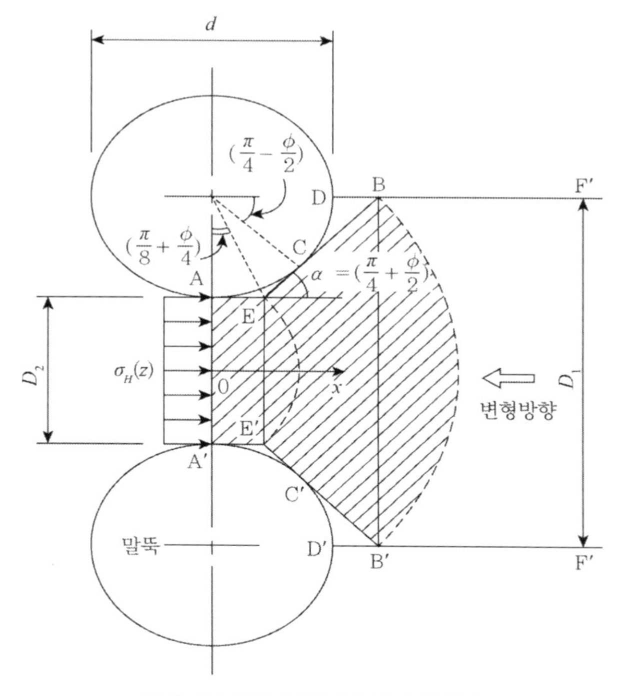

그림 4.7 말뚝 주변지반의 소성상태

여기서, $G_1(\phi) = N\phi^{1/2}\tan\phi + N\phi - 1$

$G_2(\phi) = 2\tan\phi + 2N\phi^{1/2} + N\phi^{-1/2}$

$G_3(\phi) = N\phi\tan\phi_o$

$G_4(\phi) = 2N\phi^{1/2}\tan\phi_o + C_o/C$

$N\phi = \tan^2(\pi/4 + \phi/2)$

D_1 = 말뚝중심간격

D_2 = 말뚝 순간격

C, ϕ = 활동토괴의 전단정수

γ = 활동토괴의 단위중량

z = 지표면에서의 깊이

ξ = 말뚝의 형상계수

또한 이 식 중 $\sigma_H(z)$는 주동토압으로 $\gamma z N_\phi^{-1} - 2cN_\phi^{-1/2}$이며, c_0는 구형 말뚝의 경우의 말뚝과 지반 사이의 부착력과 점착력이다. 사질토의 경우는 식 (4.1)에 $c=0$을 대입하여 산정할 수 있으나 점토($p=0$)의 경우는 다음 식을 이용한다.

$$p(z) = D_1\left(3\ln\frac{D_1}{D_2} + 2\xi\frac{D_1 - D_2}{D_2}\frac{C_o}{C}\right)c + (D_1 - D_2)\sigma_H(z) \tag{4.2}$$

상기 식을 사용하기 편리한 형태로 정리하면 다음과 같다.(8-9)

$$P(z)/d = K_{p1}c + K_{p2} \times \sigma H(z) \tag{4.3}$$

여기서, d는 말뚝직경, c는 활동토괴의 점착력, $\sigma_H(z)$는 그림 4.7에서 보는 바와 같이 말뚝 전면에 지반의 측방유동에 저항하여 작용하는 토압으로 활동토괴 속에서는 주동토압을 사용한다. K_{p1}과 K_{p2}는 측방토압계수로 표 4.1 및 그림 4.8을 사용하여 구할 수 있다. ξ는 표 4.2와 같이 결정한다.

표 4.1 측방 토압계수 K_{p1}, K_{p2}

	K_{p1}		K_{p2}
	$\phi \neq 0$	$\phi = 0$	
줄말뚝	$\frac{1}{1-D_2/D_1}\left[\left(\frac{D_1}{D_2}\right)^{G_1(\phi)} \frac{G_4(\phi)}{G_3(\phi)} \left(\exp\left(2\xi \frac{D_1-D_2}{D_3} \times G_3(\phi)\right)-^{1}\right) + \frac{G_2(\phi)}{G_1(\phi)}\right] + \frac{G_2(\phi)}{G_1(\phi)}$	$\frac{1}{1-D_2/D_1}\left[3\ln\frac{D_1}{D_2} + \frac{G_2(\phi)}{G_1(\phi)}\right] + \frac{G_2(\phi)}{G_1(\phi)}$	$\frac{1}{1-D_2/D_1}\left[\left(\frac{D_1}{D_2}\right)^{c_1(\phi)} \exp\left(2\xi \frac{D_1-D_2}{D_2} G_3(\phi)\right) - \frac{D_2}{D_1}\right]$
단일말뚝	$G_2(\phi)+2\xi a G_4(\phi)$		$G_2(\phi)+2\xi G_4(\phi)$
비고	$G_1(\phi)=N_\phi^{1/2}\tan\phi+N_\phi-1$, $G_2(\phi)=2\tan\phi+2N_\phi^{1/2}+N_\phi^{-1/2}$ $G_3(\phi)=N_\phi\tan\phi$, $G_4(\phi)=2N_\phi^{1/2}\tan\phi_0+c_0$ $N_\phi=\tan^2\left(\frac{\pi}{4}+\frac{\phi}{2}\right)$, H형 말뚝과 원형 말뚝의 경우 $\phi_0=\phi$, $c_0=c$		

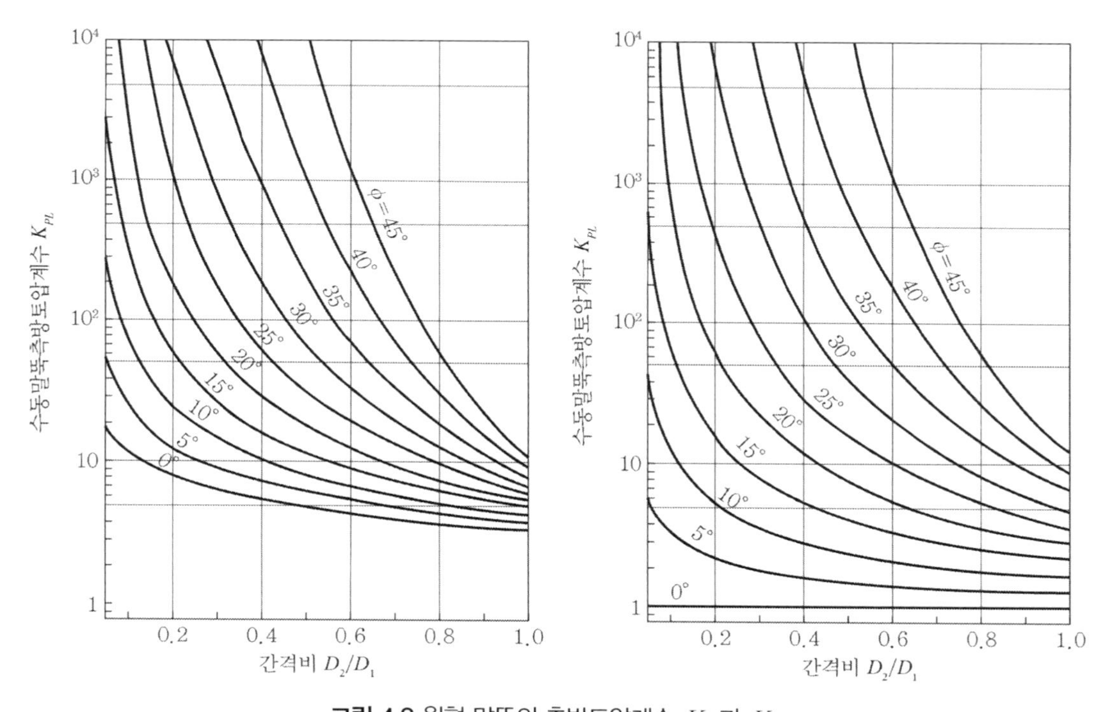

그림 4.8 원형 말뚝의 측방토압계수 K_{p1}과 K_{p2}

표 4.2 말뚝형상계수 ξ

말뚝 단면	박판형	정방형	구형 및 H형	원형
형상계수 ξ	0	1	B_2/B_1	$\frac{1}{2}\tan(\pi/8+\phi/4)$

이미 앞에서 설명한 바와 같이, 설계에 사용 가능한 측방토압력은 0에서 식 (4.1)~(4.3)으로 주어지는 최대치까지의 값이다. 즉, 활동토괴의 변형과 함께 줄말뚝에 측방토압이 차츰 증가되어 말뚝 주변지반만이 소성상태가 발생할 때의 위 식으로 나타내는 최대치까지에 달하게 된다. 여기에 이상의 측방토압 부가 정도를 나타내기 위하여 측압부가계수 $\alpha_m(0<\alpha_m<1)$을 도입하면 식 (4.4)와 같이 된다.

$$P_m(z)=\alpha_m P(z) \tag{4.4}$$

이 측압부가계수 α_m은 변수로 사용할 수 있다.

우선 임의의 가상활동파괴면에 대하여 말뚝의 안전율이 1보다 크게 되도록 α_m을 결정한 후 사면안정의 안전율을 계산한다.

(2) 이론식의 특성

앞에서 유도한 이론식에는 여러 가지 요소가 포함되어 있음을 알 수 있다. 즉, 지반의 강도특성을 나타내는 내부마찰각 ϕ 및 점착력 c와 말뚝의 설치 상태를 나타내는 말뚝의 중심간격 D_1과 말뚝직경 $d(=D_1-D_2)$, 그 밖에 지반변형에 저항하는 수평토압 σ_H가 포함되어 있다. 이들 각각의 요소에 의한 영향을 조사하여 본 이론식의 특성을 검토해보고자 한다.

우선 이들 요소 중 수평토압 σ_H의 영향에 대해서는 이론식 (4.3)으로부터 알 수 있는 바와 같이 측방토압 P는 σ_H의 일차식의 형태로 되어 있으므로 측방토압 P는 수평토압 σ_H의 증가에 대하여 선형적으로 증가한다.

한편 말뚝중심간격 D_1 및 말뚝직경 d에 의한 영향은 그림 4.9에서 관찰할 수 있다. 즉, 횡축에는 D_1 및 $D_2(=D_1-d)$에 의한 영향을 검토하기 위한 변수 D_2/D_1를 표시하고 종축에는 단위길이당 측방토압 p를 표시함으로써 말뚝직경 d와 말뚝간격비 D_2/D_1의 변화에 따른 측방토압의 변화상태를 파악할 수 있다.

그림 4.9에서 보는 바와 같이 말뚝직경이 일정하면 측방토압은 D_2/D_1의 감소와 함께 증가하며 D_2/D_1이 더욱 적어지면 측방토압은 비약적으로 증대한다. 여기서, D_2/D_1이 감소하는 것은 말뚝간격이 상대적으로 좁아짐을 의미하므로 본 이론식은 말뚝간격의 증감에 따른 측방토압의 변화상태를 잘 고려하고 있다고 할 수 있다. 또한 D_2/D_1이 일정한 경우 말뚝직경이 증가하면 측방토압도 증가하는 경향이 있음을 그림 4.9로부터 알 수 있다.

그림 4.10은 측방토압 p를 말뚝중심간격 D_1으로 나누어서 그림 4.9의 결과를 p/D_1과 D_2/D_1의 관계로 재정리한 그림이다. 이 그림으로부터 상대적 말뚝간격비 D_2/D_1이 일정하면 단위폭당 측방토압 p/D_1은 말뚝직경에는 관계없이 항상 일정함을 알 수 있다.

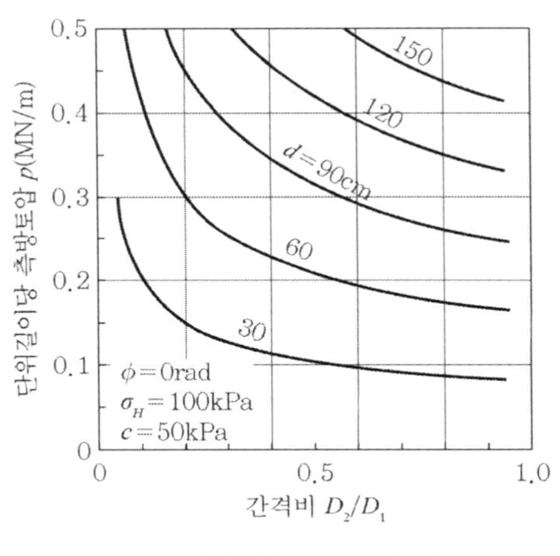

그림 4.9 말뚝직경의 영향

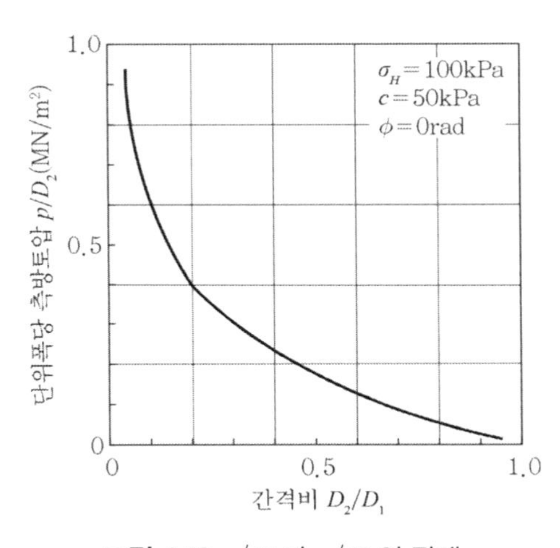

그림 4.10 p/D_1과 p/D_2의 관계

그림 4.11과 4.12는 그림 4.10과 동일한 좌표축을 사용하여 사질토의 내부마찰각 ϕ의 영향과 점성토의 점착력 c의 영향을 검토한 그림이다. 이들 그림으로부터 측방토압 p/D_1은 내부마찰각 ϕ와 점착력 c의 증대와 함께 증대함을 알 수 있다. 즉, 말뚝의 직경과 간격이 일정하면 측방토압 p/D_1은 사질토의 경우는 내부마찰각의 증대에 비선형적으로 증대하나 점성토의 경우는 점착력의 증대에 선형적으로 증대한다.

이들 경향은 내부마찰각과 점착력이 크면 클수록 말뚝 주변지반이 말뚝 사이를 빠져나가기 위해서는 점점 더 큰 측방토압이 말뚝에 작용함을 의미한다. 내부마찰각 및 점착력이 증대하면,

다시 말하여 지반의 강도가 증대하면 말뚝 주변지반에 Mohr-Coulomb의 항복기준을 만족시키는 소성상태가 발생하기 위하여 필요한 응력은 점점 증대되어야 함을 생각하면 이 경향은 매우 합리적이라고 생각할 수 있다.

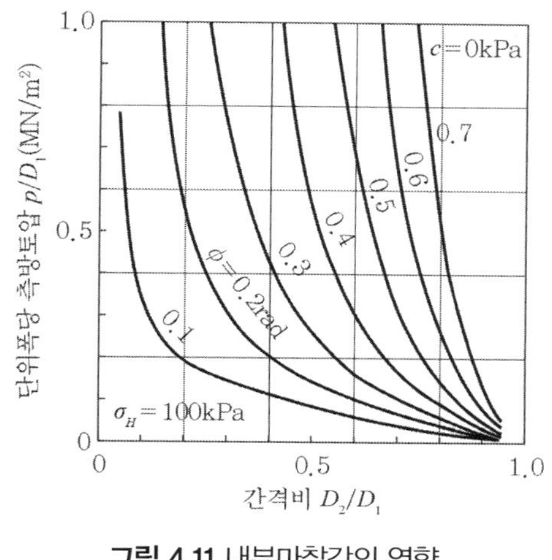

그림 4.11 내부마찰각의 영향

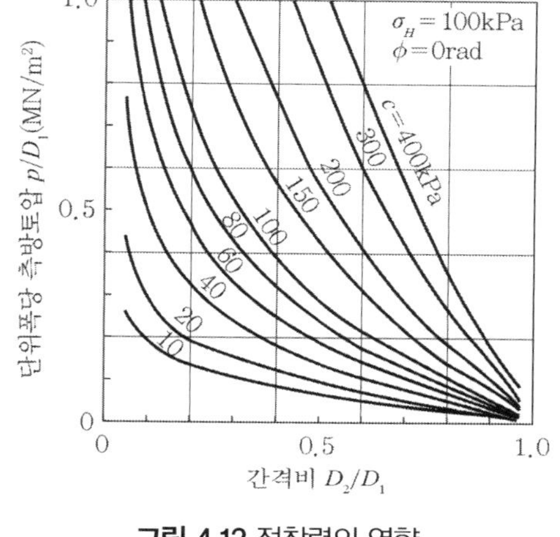

그림 4.12 점착력의 영향

이상과 같은 검토 결과 말뚝에 작용하는 측방토압의 발생기구는 여러 가지 요소에 의하여 복잡하게 영향을 받고 있음을 확인할 수 있다. 종래의 측방토압산정식에서 다룰 수 없었던 말뚝의 간격과 말뚝 주변지반의 소성상태를 본 이론식에서는 합리적으로 고려할 수 있다고 사료된다.

4.2.4 말뚝의 안정해석법

말뚝의 안정에 관해서는 그림 4.1(b)에 표시된 바와 같이 활동면상의 토괴에 의하여 말뚝이 $P_i(z)$의 측방토압을 받는다고 생각하면 주동말뚝에 대하여 이용하는 수평력을 받는 말뚝의 해석법이 적용될 수 있다. 단, 수동말뚝의 경우는 활동면상의 말뚝에 작용하는 측방토압은 분포하중이 된다.

측방토압을 분포하중으로 취급한 경우 말뚝에 관한 기초방정식은 윤활면 아래 말뚝에 작용하는 지반반력이 말뚝의 변위에 비례하는 것으로 가정하면 다음 식으로 표현된다.

$$E_pI_p\frac{d^4y_{i1}}{dz^4}=P_{m1}(z)-E_{si1}y_{1i} \qquad (0 \le z \le H)$$

$$E_pI_p\frac{d^4y_{2i}}{dz^4}=-E_{s2i}y_{2i} \qquad (H < z < CL_p) \tag{4.5}$$

여기서 i는 다층 지반의 각 지층 번호를 의미하며 z는 지표면에서의 깊이, H는 파괴면에서 말뚝머리까지의 거리, L_p는 말뚝길이, Y_{1i}및 Y_{2i}는 각각 파괴면 상하의 각 지층의 말뚝변위, E_pI_p는 말뚝의 휨강성, E_{si1} 및 E_{s2i}는 각각 사면파괴면 상하부의 각 지층의 지반계수다. 파괴면 상부 지층의 측방토압 $P_{mi}(z)$는 각 지층에 대하여 식 (4.1)~(4.4)로 구해진 말뚝 1개당의 측방토압으로 깊이 z에 대하여 $f_{ii}+f_{2i}\ z$의 직선분포로 작용한다.

식 (4.5)를 풀면 말뚝의 변위에 대한 일반해는 다음 식에 의하여 구해진다.

$$\begin{aligned} y_{1i} &= e^{-\beta_{1i}z}(a_{1i}\cos\beta_{1i}z + a_{2i}\sin\beta_{1i}z) \\ &\quad + e^{\beta_{1i}z}(a_{3i}\cos\beta_{1i}z + a_{4i}\sin\beta_{1i}z) \\ &\quad + (f_{1i}+f_{2i}z)/E_{s1i} \\ y_{2i} &= e^{-\beta_{2i}z}(b_{1i}\cos\beta_{2i}z + b_{2i}\sin\beta_{2i}z) \\ &\quad + e^{\beta_{2i}z}(b_{3i}\cos\beta_{2i}z + b_{4i}\sin\beta_{2i}z) \end{aligned} \tag{4.6}$$

여기서 a_{1i}, a_{2i}, a_{3i}, a_{4i}, b_{1i}, b_{2i}, b_{3i} 및 b_{4i}는 적분상수로, 말뚝의 머리와 선단에서의 구속조건 및 파괴면과 각 지층 경계위치에서의 말뚝의 연속조건에 의하여 결정된다. 말뚝머리의 구속조건으로는 자유(변위 및 회전 가능), 회전구속(변위만 가능), 힌지(회전만 가능) 및 고정(변위)과 회전 모두 불가능)의 4종류를 생각할 수 있다. β_{1i}는 $\sqrt[4]{E_{s1i}/E_PI_P}$이고 β_{2i}는 $\sqrt[4]{E_{s2i}/E_PI_P}$이다.

암반파괴와 같은 말뚝의 강성에 비하여 지반의 강성이 큰 경우를 제외하면 일반적으로 말뚝의 파괴는 휨응력에 의하여 발생한다. 따라서 통상 말뚝의 안정에 대한 안전율 $(F_s)_{pile}$은 허용휨응력 σ_{allow}와 최대휨응력 $\sigma_{\max}$의 비로 다음과 같이 구한다.

$$(F_s)_{pile}=\sigma_{allow}/\sigma_{\max} \tag{4.7}$$

단, 상기와 같이 휨파괴를 발생하지 않는 경우에는 말뚝의 전단응력에 의하여 다음과 같이 검토할 필요가 있다.

$$(F_s)_{pile} = \tau_{allow}/\tau_{\max} \tag{4.8}$$

여기서, τ_{allow}는 허용전단응력, $\tau_{\max}$는 최대전단응력이다. 식 (4.7) 및 (4.8)의 안전율이 1보다 클 때 말뚝의 안정이 확보될 수 있다.

4.2.5 사면의 안정해석법

사면의 안정에 관해서는 그림 4.1(a)에 표시한 바와 같이 원호활동토괴 CADBC에 작용하는 활동모멘트 M_d와 저항모멘트 M_r의 비교에 의하여 그 안정이 검토된다. 따라서 사면의 안정에 대한 안전율 $(F_s)_{slope}$은 다음 식과 같이 표현된다.

$$(F_s)_{slope} = \frac{M_r}{M_d} = \frac{M_{rs} + M_{rp}}{M_d} \tag{4.9}$$

여기서, M_{rs}는 활동변 DAC에서의 전단저항력에 의한 저항모멘트, M_{rp}는 AB면에서의 줄말뚝의 저항에 의한 저항모멘트다. 식 (4.9)에서의 M_{rs} 및 M_d는 통상의 사면안정해석에서의 분할법에 의하여 얻어지며 M_{rp}는 식 (4.4)를 이용하여 얻어진 말뚝 1개당의 측방토압 식 (4.5) 중의 $P_i(z)$항에 해당하는 저항력과 말뚝 배면의 지반반력(식 (4.5) 중의 $E_{s1i}y_{1i}$ 항에 해당하는 저항력)을 말뚝 중심 간격으로 나눈 값을 이용하여 산정된다.

식 (4.9)의 안전율이 소요안전율보다 큰 경우 사면의 안정을 얻을 수 있다.

4.3 광양항 2기 제품부두 해석(2)

제4.2절에서 설명한 해석방법을 적용시켜볼 해석 예로 광양항 2기 제품부두를 선택하기로 한다. 이 부두는 포항종합제철(주) 제2제철소를 위한 제품부두로서 그림 4.13에서 보는 바와 같이 총연장 720m의 1기 제품부두에 이어 횡잔교식 부두로서 건설되었다.

총연장 366.6m 길이의 이 부두는 122.2m 길이의 3개 블록으로 구분·건설되었으며 1, 2블록은 20,000 DWT급 선박이, 3블록은 5,000 DWT급 선박이 접안할 수 있도록 계획수심을 각각 EL(-)11.0m와 EL(-)7.5m로 정하였다. 이 중 지반사면의 경사가 급한 20,000 DWT 선박접안용 1, 2블록 부두 위치에 대하여 검토해보기로 한다.

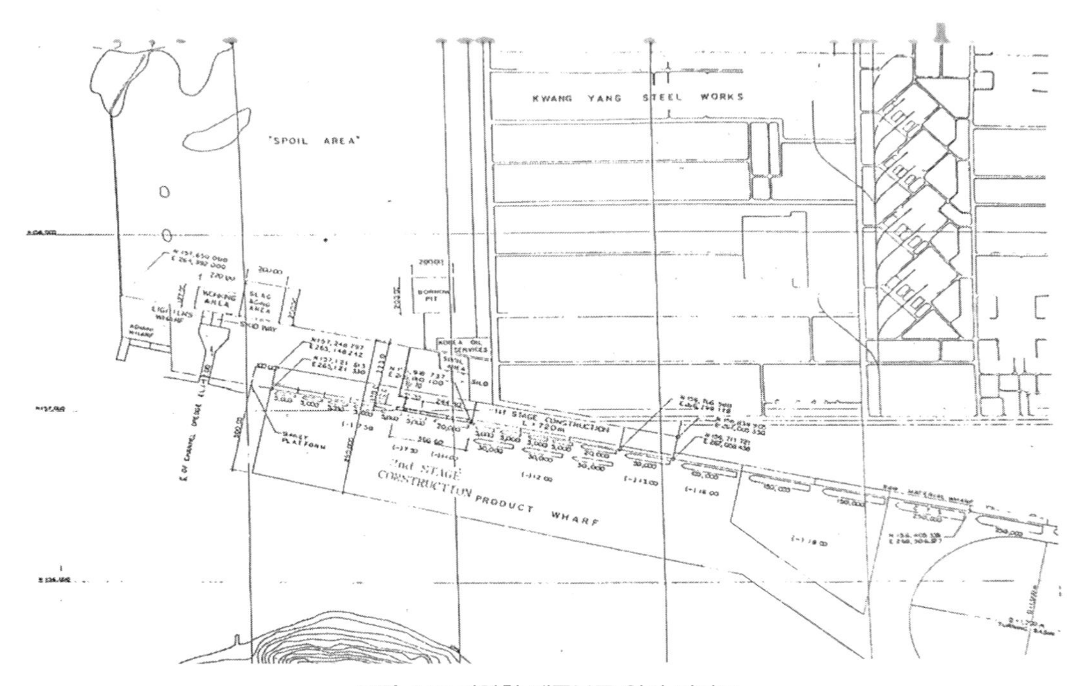

그림 4.13 광양항 제품부두 위치 평면도

4.3.1 횡잔교 구조

그림 4.14는 20,000 DWT급 선박 접안용 횡잔교의 단면도와 평면도다. 이 횡잔교는 5열의 말뚝으로 지지되어 있다. 말뚝은 EI(-)35.00m에 위치하는 기반암 속까지 관입되어 있다. 이 중 한 열은 사항으로 한 열은 벽강관식으로 구성되어 있다. No.1열과 사항열인 No.4열에 직경 1,000mm, 두께 16mm인 강관말뚝이 4m 간격으로 설치되어 있고 No.2열과 No.3열에는 직경 800mm, 두께 14mm인 강관말뚝이 4m 간격으로 설치되어 있다. 마지막으로 No.5열에는 직경 1,000mm, 두께 16mm인 강관말뚝을 2m 간격을 설치하고 그 사이에 직경 800mm, 두께 14mm의 강관말

뚝을 설치하였다. 이들 두 종류의 말뚝의 상부는 연결고리를 부분적으로 부착시켜 벽체 모양을 하도록 연결시켰다.

그러나 말뚝 사이가 말뚝의 전 길이에 걸쳐 밀폐되어 있는 것이 아니므로 말뚝 주변지반은 측방유동 발생 시 말뚝 사이에 지반아칭현상이 발생하고 있다. 또 제1열과 제2열 사이는 6.5m 간격으로, 제2열과 제3열 사이는 7m 간격으로 제3열과 벽강관 사이는 6.5m 간격으로 설치되어 있어 판상의 폭은 25.5m에 이른다. 이 위에 폭 20m의 크레인이 하역작업을 위하여 설치된다. 상부의 철근콘크리트 상판은 말뚝두부와 강결로 구성되어 있다.

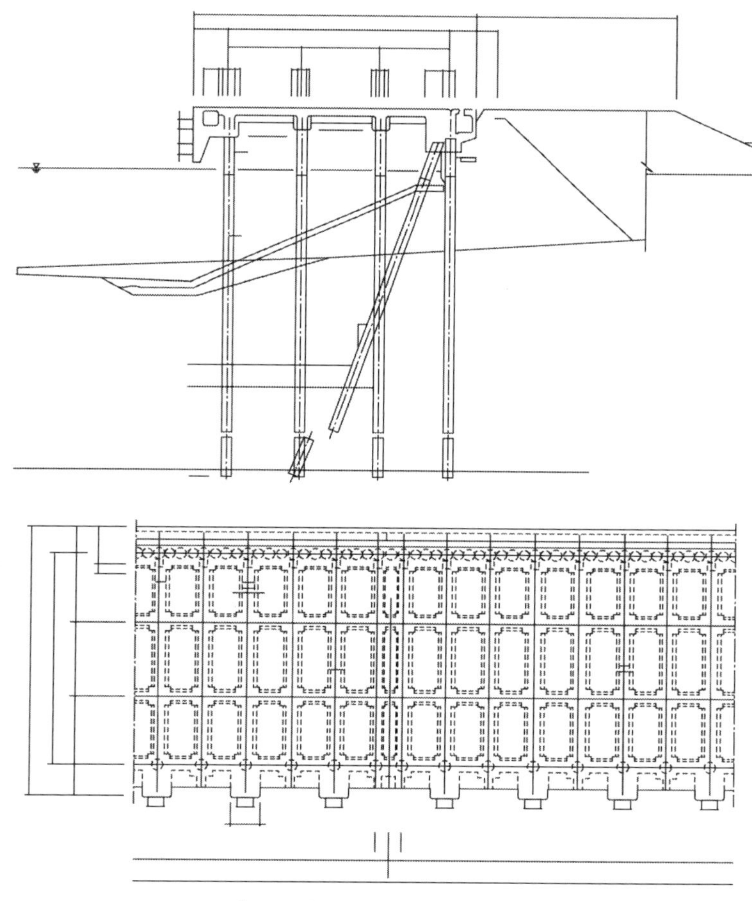

그림 4.14 횡잔교의 단면도와 평면도

4.3.2 지반조건

지반의 단면과 지층 구성은 그림 4.15와 같다. 즉, 이 횡잔교는 1/2 경사구배를 가지는 사면 지반에 설치되어 있다. 사면선단부는 소요수심을 얻기 위하여 원지반을 준설하였다. 준설 후 준설면에 지오텍스타일을 포설하고 벽강관 전면에는 모래로 성토되었고, 벽강관 배면은 슬래그로 뒤채움이 되었으며, 뒤채움 면에 지오텍스타일을 포설한 후 모래로 임항부지 매립이 실시되었다.

매립층 하부의 원지반은 상부층에 EL(-)21.6m까지 15m 두께의 실트질 모래의 퇴적층으로 형성되어 있고, 그 아래의 중간층에는 실트질 점토층이 11.2m 두께로 분포되어 있으며, 하부층은 세사, 사력, 호박돌 및 풍화암반들로 구성되어 있다.

상부 모래층은 N값이 대략 6 전후며 중긴 점토층은 일축압축강도 q_u값이 0.9~1.0t/m^{2}였다.

본 해석에 적용된 토층은 PEC에서 실시된 지반조사 결과 중 제1블록과 제2블록의 경계 위치에 해당되는 시추공 B-1392 위치의 값을 채택하였다.

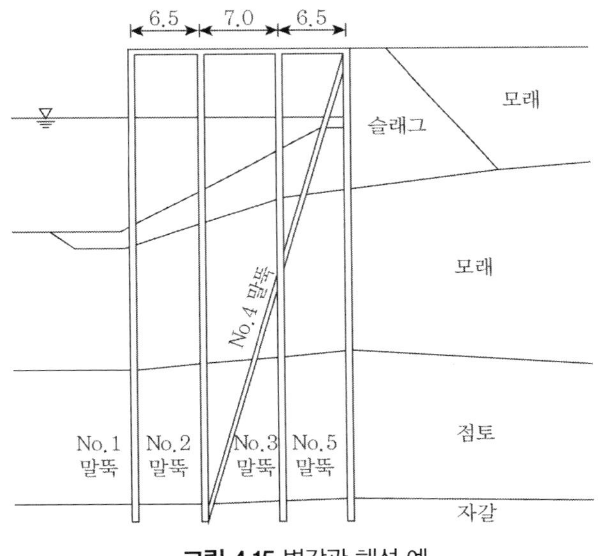

그림 4.15 벽강관 해석 예

4.3.3 시공 순서

그림 4.16은 본 횡잔교 시공 순서를 도시하고 있다. 시공 순서를 설명하면 다음과 같다.

(1) 먼저 횡잔교 전면에 소요수심을 확보하기 위한 준설을 실시한다.

(2) 말뚝을 타설한다.

(3) 사항과 벽강관말뚝을 연결시킨다.

(4) 준설 후의 지표면에 지오텍스타일을 포설한다.

(5) (5-1): 벽강관 전면에 모래를 성토한다(사면경사를 2:1로).

(5-2): 배면에 슬래그로 제1차 뒤채움을 실시한다(일점쇄선 위치까지).

(6) 경사면에 피복석(armor stone)을 시공한다.

(7) 트롤리덕트를 시공한다.

(8) 철근콘크리트 판상을 시공한다.

(9) 벽강관 배면에 슬래그로 제2차 뒤채움을 상판면까지 실시한다.

(10) 뒤채움 배면에 지오텍스타일을 포설한다.

(11) 임항부지 내 모래매립을 실시한다.

(12) 매립층 상부 지표면에 슬래그를 포설한다.

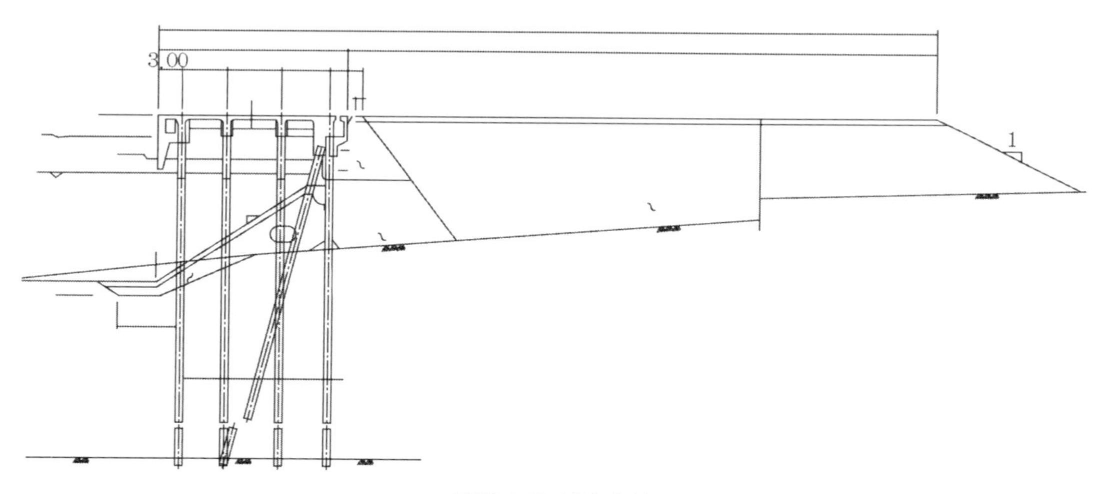

그림 4.16 시공 순서

4.3.4 부두의 수평변위

본 부두 축조 공사 도중 제1블록의 상부구조물 공사를 완료하고 임항부지 매립공사 중 상부 슬래브에 크랙이 발생하기 시작하였다.

이에 횡잔교 상판에 15개소의 측점을 설치하여 측량에 의해 바다 쪽의 수평변위를 관측하였다. 관측 측점은 그림 4.17(a)에 표시된 바와 같으며 지금까지의 수평변위 상태를 표시하면 그림 4.17(b)와 같다. 그러나 관측된 수평변위는 측점이 마련된 시점을 기준으로 하여 측정된 변위이므로 측점이 마련되기 이전의 수평변위는 알 수가 없는 실정이다.

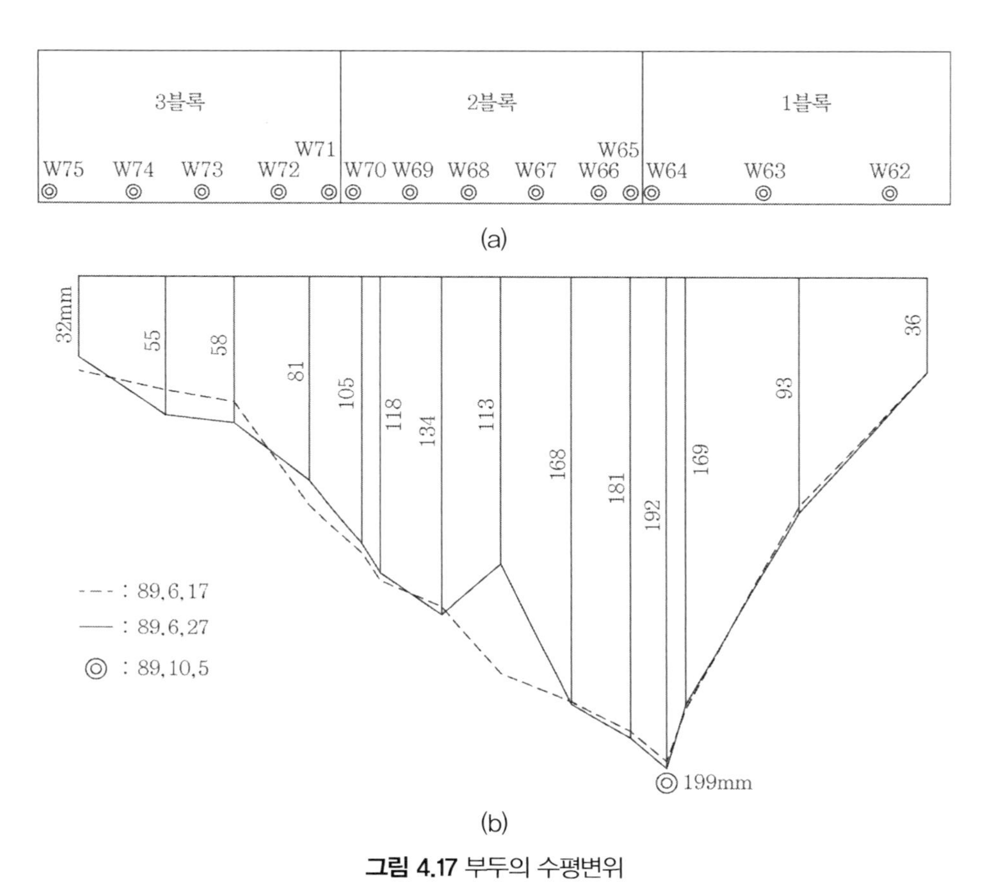

그림 4.17 부두의 수평변위

또한 측점을 마련한 시기도 15개소에 동시에 설치된 것이 아니고 시기적으로 상당한 차이가 있으므로 서로의 변위량을 비교하기에는 다소 무리가 있다. 그러나 측점이 마련된 시기 이후의 측정치는 신뢰성이 있는 것으로 여겨지므로 실제의 수평변위로는 이 측정치보다는 다소 클 것으로 예상된다.

이 측정 결과에 의하면 W65와 W64 측점에서의 변위량이 제일 크게 나타나고 있다. 1989년 10월 5일 현재 W65의 수평변위는 그림 4.17에서 보는 바와 같이 199mm로 측정되고 있다. 이 위치에서의 수평변위가 제일 크게 발생하는 원인으로는 이 부분이 1블록과 2블록의 경계 부분으로 블록 사이가 연결되어 있지 못하여 철근콘크리트 상판의 강성에 의한 수평변위 저항효과를 기대할 수 없기 때문으로 생각된다. 따라서 이 위치에서의 말뚝의 수평변위는 상판 철근콘크리트의 강성효과를 크게 고려할 수 없을 것이다.

4.3.5 해석조건

벽강관말뚝의 사면안정효과 및 거동분석을 위한 해석을 실시하기 위하여 그림 4.18과 같은 단면을 결정하였으며 이 단면을 대상으로 다음과 같은 사항을 설정하기로 한다.

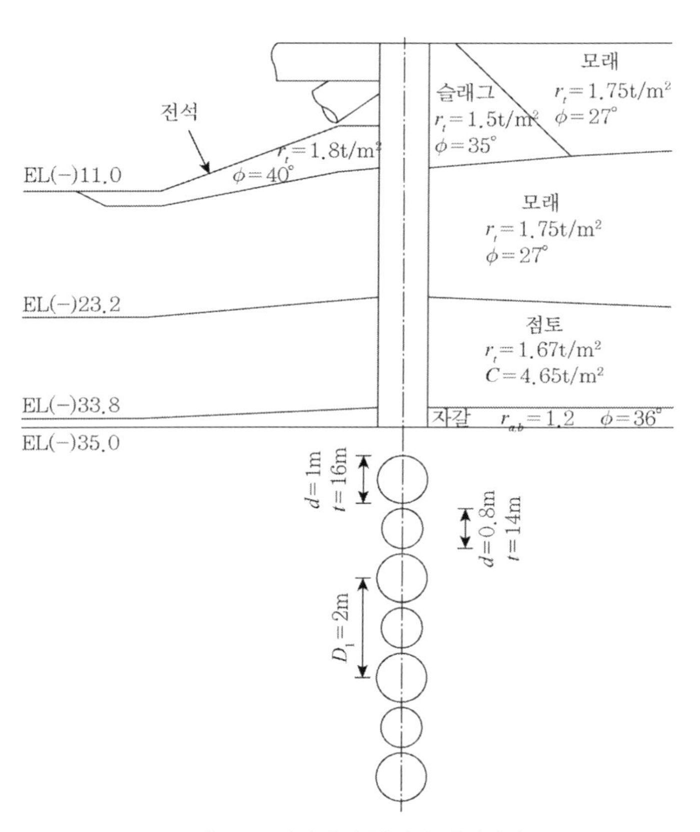

그림 4.18 벽강관이 설치된 사면지반

(1) 강관말뚝의 탄성계수 E_p는 2,100,000.0kg/cm^{2}다.

(2) 강관말뚝의 허용응력 및 허용단응력은 각각 1,400.0kg/cm^2, 800.0kg/cm^{2}로 한다.

(3) 지반탄성계수 E_s는 Poulos(1973)가 제시한 값을 기준으로 하여 사용하기로 한다. 모래지반의 경우, 즉 사면파괴면보다 하부층의 지반계수 E_{s2}는 Poulos(1973)가 제시한 평균치를 사용하기로 하여 느슨한 모래의 E_{s2}는 175t/m^2, 점토의 E_{s2}는 $40c_u$로 한다.

(4) 말뚝의 구속조건으로 말뚝머리는 회전구속으로 하고 말뚝선단은 힌지로 한다.

(5) 해석 시 말뚝에 작용하는 연직하중은 고려하지 않는다.

(6) 벽강관에 작용하는 측방토압 산정 시 d = 1,000mm 직경의 말뚝을 2m 간격으로 배치한 것으로 하며, d = 800mm 직경의 말뚝은 d = 1,000mm 말뚝의 강성을 보강해주는 역할로 간주한다.

4.4 해석 결과

4.4.1 사면안전율

그림 4.19는 그림 4.18의 단면에 대하여 벽강관말뚝의 사면안정효과를 무시하는 경우의 사면안전율 등고선을 표시한 결과다. 이 그림에서 보는 바와 같이 이 사면의 최소안전율은 그림 중에 표시된 원호에 대하여 0.81이다. 이때의 원호는 하부 점토층과 사력층의 경계면을 지나고 있다. 그러나 가상원호활동면의 중심점을 횡잔교의 판상 상부로만 제한하면 최소안전율은 그림 중에 점선으로 표시된 원호에 대하여 0.83으로 되어 있다. 여기서는 횡잔교판상 상하부 구별 없이 가상원호파괴면의 중심을 정할 수 있다고 하여 최소안전율을 0.81로 하기로 한다.

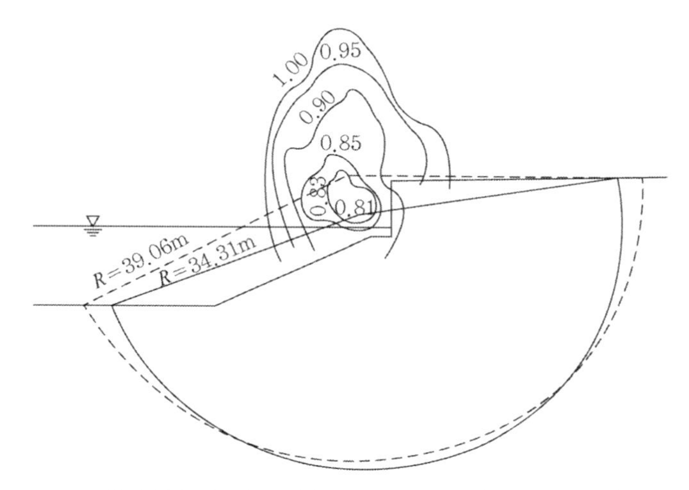

그림 4.19 말뚝효과를 무시한 경우의 사면안전율 등고선

그림 4.20은 벽강관말뚝의 사면안정효과를 고려한 경우의 사면안전율 등고선이다. 이 그림에서 보는 바와 같이 말뚝의 사면안정효과를 해석할 경우 제4.2절 말뚝의 안정해석법에서 설명한 바와 같이 사면파괴면 상부지반의 지반계수 E_{s1i}의 변화에 따라 사면안정효과는 크게 차이가 있음을 알 수 있다. 이 지반계수 E_{s1i}값으로는 0에서 사면파괴면 아래와 동일한 지반계수 E_{s2i} 사이의 값을 취할 수 있다. 따라서 그림 4.20(a)는 지반계수 E_{s1i}를 0으로 한 경우며, 그림 4.20(c)는 지반계수 E_{s1i}를 E_{s2i}와 동일하게 생각한 경우다. 그림 4.20(b)는 지반계수 E_{s1i}를 Marche & Lacroix(1972)가 제시한 값 중 최솟값을 채택하기로 하여 모래지반의 E_{s1i}는 91t/m^2, 점토지반의 E_{s1i}는 67.5t/m^{2}로 한 경우의 결과다.

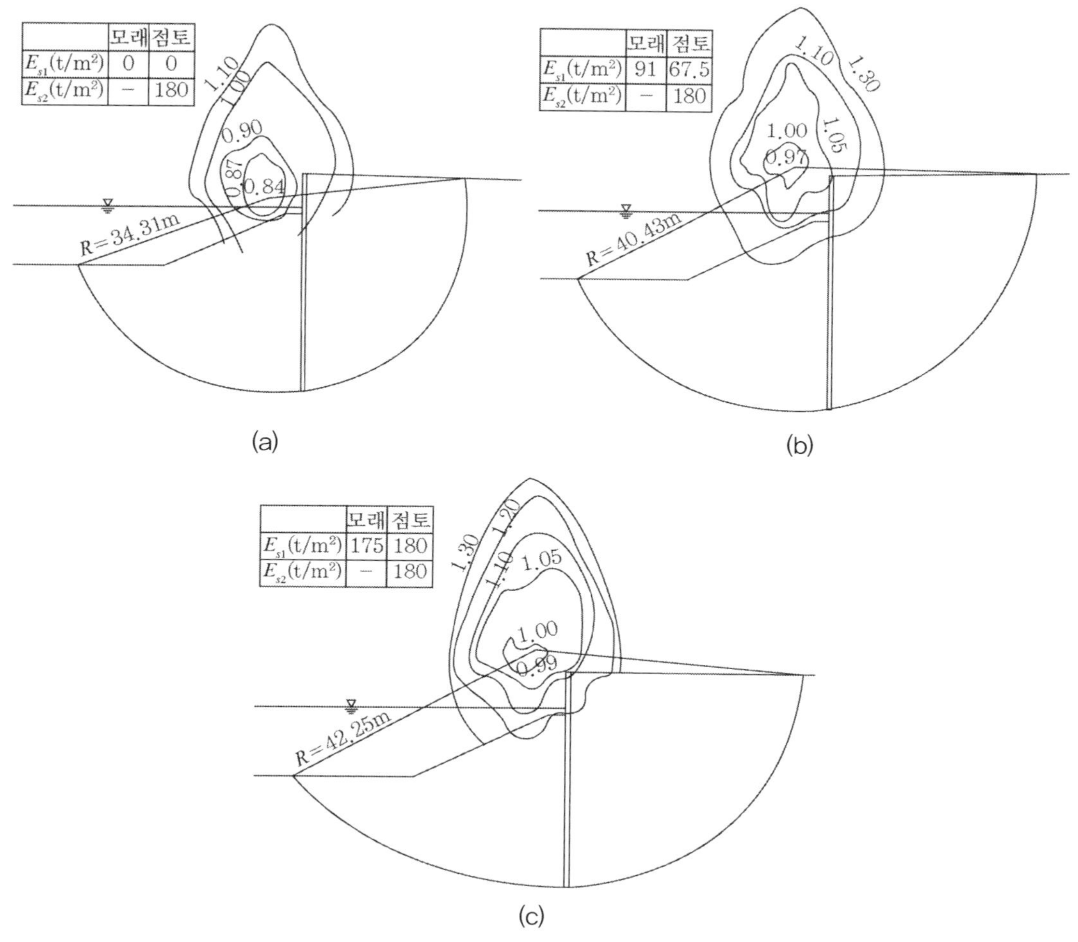

그림 4.20 말뚝효과를 고려한 경우의 사면안전율 등고선

우선 E_{s1i}을 기대할 수 없을 경우 사면의 최소안전율은 그림 4.20(a)에 도시한 원호에 대하여 0.84로 된다. 따라서 그림 4.19와 비교해보면 벽강관말뚝의 효과에 의하여 0.03 증가하였음을 알 수 있다.

한편 E_{s1i}을 Marche & Lacroix의 최소치를 사용한 경우에는 사면의 최소안전율은 그림 4.20(b)에 도시한 원호에 대하여 0.97로 되어 사면안전율은 말뚝의 효과에 의하여 0.16 증가되었음을 알 수 있다. 또한 E_{s1i}를 E_{s2i}과 동일하게 생각한 경우 사면의 최소안전율은 그림 4.20(c)에 도시한 원호에 대하여 0.99로 되어 사면안전율은 0.18 증가되었음을 알 수 있다.

그림 4.19와 그림 4.20을 비교해보면 벽강관말뚝의 유무나 E_{s1i}의 크기에 관계없이 사면안전율의 등고선의 패턴 및 최소안전율의 원호파괴면의 위치는 거의 동일함을 알 수 있다. 또한 이 사면지반의 경우 원호 파괴면의 위치는 대단히 깊이 존재함을 보여주고 있다.

4.4.2 벽강관말뚝의 거동

한편 말뚝의 거동을 조사해보면 그림 4.21과 같다. 즉, 그림 4.19에서 설명한 표시된 말뚝의 사면안정효과를 발휘할 수 있는 측방토압이 말뚝에 작용할 경우의 말뚝변위거동은 그림 4.21과 같다.

우선 그림 4.21(a)는 그림 4.20(a) 중 최소안전율에 대하여 말뚝의 변위를 조사한 결과다. 이 결과에 의하면 말뚝머리부의 변위는 584mm까지 발생하고 있다. 그러나 최소안전율에 대한 말뚝의 변위거동과 같이 파괴면 상부의 지반계수를 Marche & Lacroix의 하한치를 채택한 경우에는 말뚝머리의 변위를 176mm로 나타내고 있다.

한편 사면파괴면 상하부의 지반계수 E_{s1i}와 E_{s2i}를 동일하게 생각하면 그림 4.20(c)의 최소안전율 원호에 대하여 그림 4.21(c)와 같이 계산되어 말뚝머리의 변위는 145mm로 나타난다. 또한 모래층의 지반반력을 고려해줌으로 인하여 말뚝 중간부위의 변위가 현저하게 감소되어 있음을 알 수 있다.

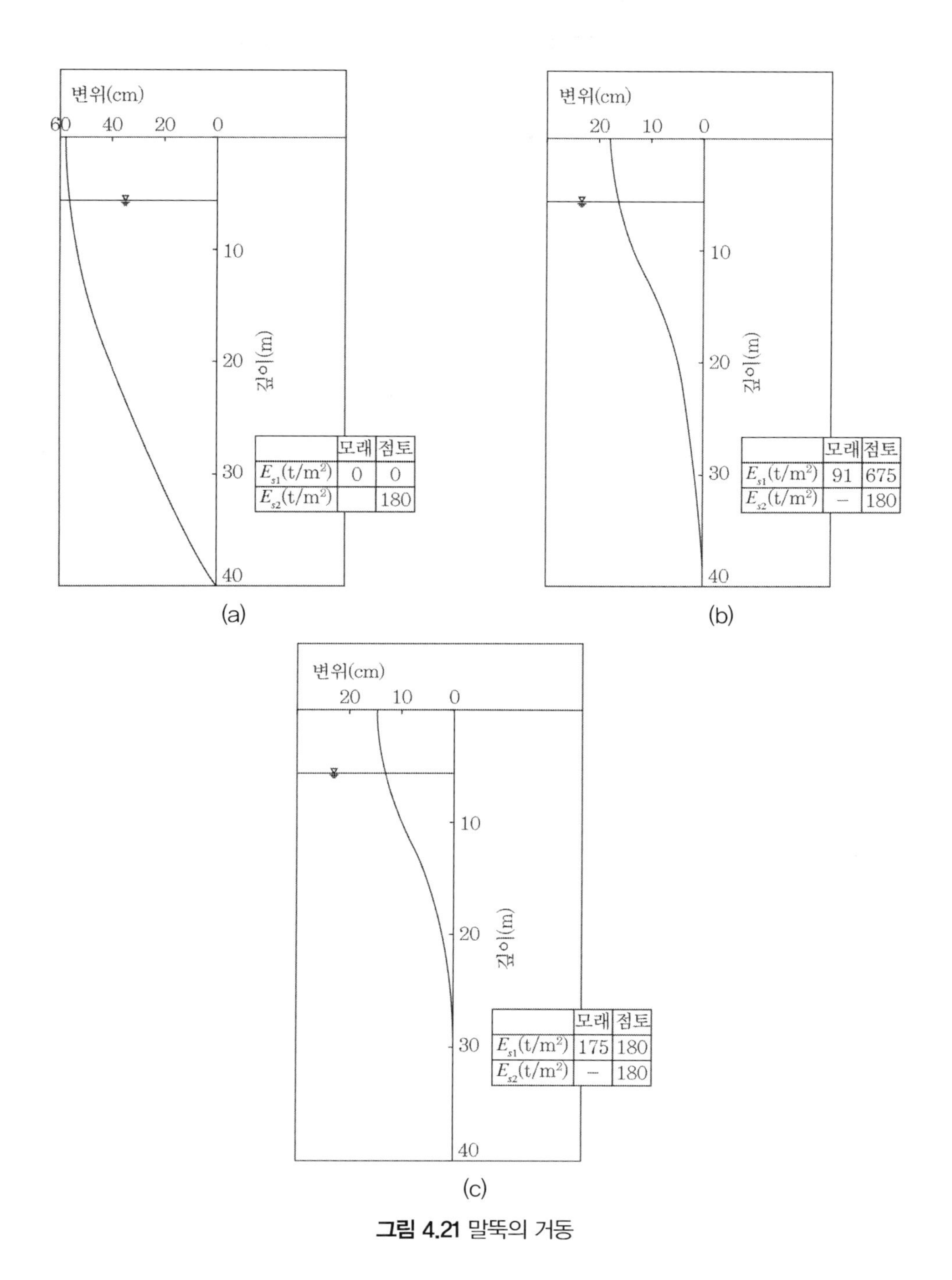

그림 4.21 말뚝의 거동

이상과 같이 사면파괴면 상부의 지반계수 E_{s1i}값에 대한 말뚝머리의 변위량 ytop의 변화를 정리해보면 그림 4.22과 같이 된다. 지반계수 E_{s1i}의 변화에 따라 말뚝의 변위는 크게 영향을 받고 있음을 알 수 있다. 특히 E_{s1i}값이 40t/m^2 이하가 되면 말뚝의 변위는 현저히 증가됨을 알 수 있으며, E_{s1i}값이 100t/m^2 이상이 될 경우 말뚝의 변위의 거동은 완만해짐을 알 수 있다.

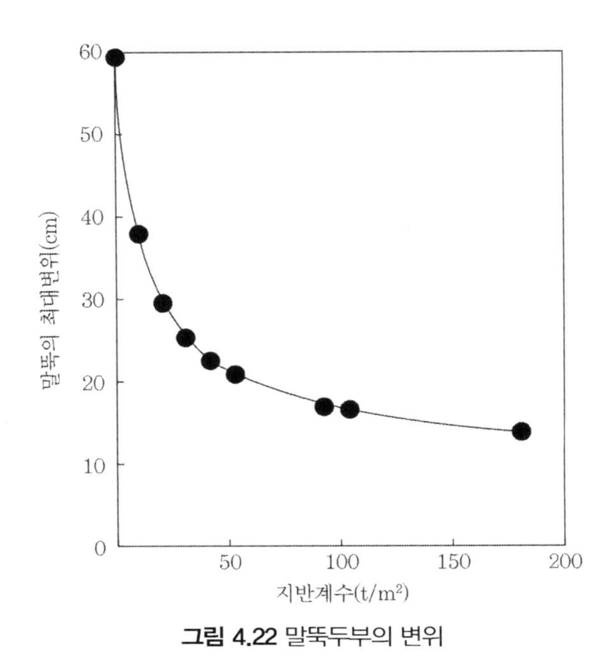

그림 4.22 말뚝두부의 변위

현재 말뚝의 최대 측정치가 앞 절에서 검토한 바와 같이 200mm 정도라면 E_{s1i}이 60t/m^{2}에 해당한다. 그러므로 사면 전체의 안정성이 떨어져서 E_{s1i}이 더욱 감소하면 말뚝의 변위는 증가할 수도 있음을 알 수 있다. 즉, 임항부지에 상재하중을 가하면 사면의 안정성이 감소하므로 말뚝의 추가 변위를 예상할 수 있다. 따라서 현 단계에서는 지반계수 E_{s1i}을 증가시켜줄 방안이 강구되어야 한다.

4.5 설계법

그림 4.23은 벽강관식 안벽에서 사면안정 설계법의 순서를 블록 차트로 표시한 것이다.

우선 벽강관 안벽의 구조 및 지반 조건의 선정이다. 그러나 벽강관 안벽의 설계조건은 사면의 소요안전율, 말뚝의 허용응력 등과 함께 처음부터 주어지는 경우가 많다.

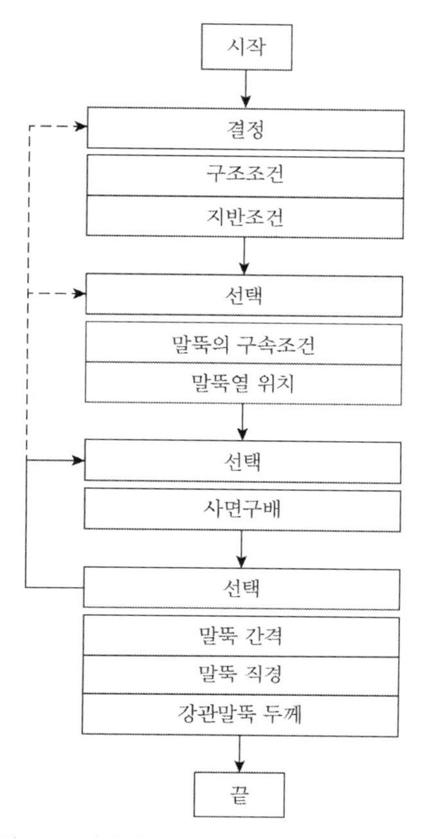

그림 4.23 벽강관에서 사면안정 설계법의 순서도

다음으로 말뚝의 구속조건 및 말뚝열의 위치의 선택단계다. 이들 요소도 임의로 정할 수 없는 경우가 많다. 말뚝의 구속조건으로는 자유(변위와 회전이 모두 가능), 회전구속(변위만 가능), 힌지(회전만 가능), 고정(변위, 회전 모두 불가능)의 네 가지 경우를 생각할 수 있다. 말뚝의 구속조건은 말뚝머리와 말뚝선단의 두 곳의 구속조건을 생각할 수 있다. 우선 말뚝머리의 구속조건으로는 횡잔교 상판부가 철근콘크리트보와 슬래브로 연결되어 있으므로 상판의 강성으로 인하여 회전은 구속되고 있다. 그러나 벽강관 안벽의 수평변위는 발생할 수 있으므로 회전구속으로 생각할 수 있다.

말뚝선단의 구속조건으로는 말뚝이 기반암 속에 관입되어 있으면 힌지 내지 고정의 구속조건으로 생각할 수 있다. 그러나 기반암 속에 관입되어 있지 않으면 자유 내지 회전구속으로 생각할 수 있다. 한편 벽강관말뚝열의 위치는 횡잔교 구조물의 설계에 의하여 결정되는 경우가 많다. 그러나 이들 요소도 경우에 따라서는 임의로 선정할 수도 있다. 즉, 말뚝머리의 구속조건은 말뚝머리부를 tie rod 등으로 구속효과를 증대시킬 수 있으며, 벽강관 안벽의 위치도 횡잔교와 분리하여 임항부지 쪽으로 이동시킬 수도 있다. 이 경우 말뚝열 위치는 말뚝의 사면안정효과가 최대로 되는 위치로 선정할 필요가 있다.

다음으로 사면구배는 말뚝의 효과를 무시한 경우의 사면의 최소안전율이 소요안전율보다 줄말뚝의 효과에 상당하는 분만큼 작게 선정하는 것이 바람직하다. 그러나 마지막으로 말뚝간격, 말뚝직경 및 강관말뚝 두께의 선정은 줄말뚝의 효과에 의하여 사면의 소요안전율을 얻을 수 있도록 실시되어야 한다.

그림 4.24는 말뚝간격(D_1), 말뚝직경(d) 및 강관말뚝 두께(t)를 설계하기 위한 개략도며, 횡축에 D_2/D_1(D_1은 말뚝중심간격, D_2는 말뚝순간격($= D_1 - d$)), 종축에 사면의 최소안전율$(F_s)_{\min}$을 취하였다. 그림 중 굵은 실선 및 가는 실선은 각각 말뚝의 효과를 무시한 경우 및 고려한 경우의 사면의 최소안전율을 표시하며, 파선 및 일점소선은 사면의 소요안전율을 표시한다. 말뚝직경 및 두께가 각각 $(d_1 - t_1)$인 벽강관을 사용하는 경우에는 말뚝의 설치간격에 따른 사면의 최소안전율의 변화가 그림 4.24의 곡선 I와 같다. 이 경우 소요안전율이 1.2라 하면, 이 종류의 줄말뚝에는 소요안전율을 얻을 수 있는 말뚝간격이 존재하지 않게 된다. 그러나 $(d_1 - t_1)$ 말뚝보다 큰 강성을 가지는 $(d_2 - t_2)$ 말뚝을 사용하는 경우에는 그림 중 곡선 II로 표시되는 바와 같이 말뚝간격이 $(D_2/D_1)_1$과 $(D_2/D_1)_2$의 사이에서 설계가 가능하다.

이 설계 가능 간격 중 제일 간격이 넓은 $(D_2/D_1)_2$가 최적설계 말뚝간격이 된다. 동일하게 $(d_3 - t_3)$ 말뚝의 경우에는 $(D_2/D_1)_3$가 최적설계 말뚝간격이 된다.

그림 4.24의 검토로부터 적당한 백강관 안벽의 선정이 불가능한 경우고 그림 4.23의 사면구배의 선정으로 피드백하게 된다. 그림 4.24에서 예를 들어 1.3의 소요안전율이 얻어질 수 없는 $(d_3 - t_3)$ 말뚝에 대해서도 사면구배를 완만하게 변경시키면, 곡선 III′와 같은 설계 가능한 벽강관 안벽의 선정이 가능하게 된다.

또한 그림 4.23에서 말뚝머리의 구속조건 및 벽강관 안벽의 위치 선정으로까지 피드백하는 것도 가능하나 이러한 경우는 드문 경우다.

말뚝머리의 구속조건 및 벽강관 안벽의 위치 변경으로도 만족할 만한 설계가 이루어질 수 없을 경우에는 그림 4.23의 벽강관 안벽의 구조 형태 및 지반조건 항까지 피드백하여 이들 조건을 변경시킬 수밖에 없다. 즉, 벽강관 안벽을 이중벽으로 하는 등구조를 변경하여야 하며, 지반조건의 변경으로는 연약지반을 치환하거나 약액주입 등으로 지반의 강도를 증가시켜 벽강관 안벽의 사면안정효과 없이도 소정의 사면안전율이 얻어질 수 있도록 개량해야 한다.

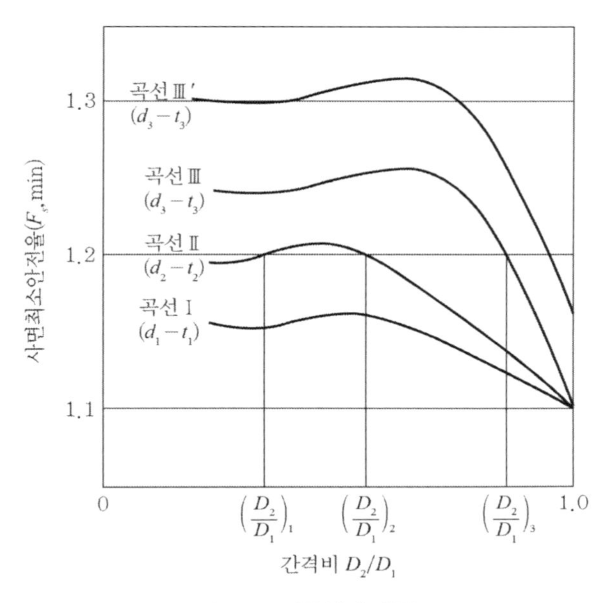

그림 4.24 말뚝설계 개략도

4.6 결론 및 요약

연약한 지층으로 구성되어 있는 해안지역에 잔교를 설치할 경우는 지반의 사면안정을 무시할 수 없음이 이상의 연구 결과로 명확히 밝혀졌다고 할 수 있다.

부두의 하역시설을 마련하기 위하여 안벽을 마련하고 그 안벽 전면에 잔교를 설치하는 경우에도 이들 구조물과 사면지반 사이의 상호작용에 의하여 구조물과 사면 모두 안전할 수도 있다. 그러나 소정의 안정규정을 만족하지 못할 경우에는 양쪽 모두에 막대한 피해를 주게 된다. 따라서 이러한 해안구조물의 설계 시에는 구조물의 안정과 지반의 안정 모두에 대하여 고려하는 관점으로부터 설계가 실시되어야 함을 알 수 있다.

강관말뚝을 일렬로 설치하여 안벽으로 사용하는 벽강관 안벽의 설계에서도 말뚝의 안정과 사면의 안정을 모두 만족하는 규정 아래 설계되어야 함을 본 연구를 통하여 제안하는 바다.

본 연구에서는 이들 안정을 검토하기 위하여 측방변형지반의 줄말뚝에 작용하는 측방토압의 산정식이 제안되고 말뚝의 안정과 사면의 안정을 검토할 수 있는 해석법이 확립·제안되었다. 이 해석법에 의거하여 광양항 제2기 제품부두에 설치된 벽강관의 안정성을 검토해봄으로써 해석법의 실용성을 입증하였다.

마지막으로 벽강관 안벽이 설치된 지역의 사면의 안전성에 영향을 미치는 제반 요소의 설계를 체계적으로 실시할 수 있는 설계법을 마련하였다.

• 참고문헌 •

(1) 光陽工業基地支援 港灣實施設計用役 報告書, 裡理 地方國土管理廳, 1983. 12.

(2) 光陽 2期製品埠頭 建設工事 實施設計 報告書, 浦項 綜合製鐵株式會社, 1987. 05.

(3) 光陽港 製品埠頭 變位 原因分析 및 對策樹立에 關한 研究報告書, 裡理地方 國土管理廳, 1987. 05.

(4) 光陽 2期 製品埠頭工事 製品埠頭crack 發生原因 및 對策報告書, 製鐵엔지니어링 株式會社, 1988. 02.

(5) 洪元杓(1982), 粘土地盤속의 말뚝에 作用하는 側方土壓",大韓 土木學會論文集, 2(1), pp.45-52.

(6) 洪元杓 (1983), 모래地盤 속의 말뚝에 作用 하는 側方土壓",大韓土木學會 論文集, 3(3), pp.63-69.

(7) 洪元杓(1984), '側方變形 地盤) 圓形 말뚝에 作用하는 土壓의 算定', 中央大學教論文集, 弟27集, 自然科學扁, pp.319-328.

(8) 洪元杓(1984), '側方變形地盤속의 줄말뚝에 作用하는 土壓',大韓土木學會 論文集, 4(1), pp.59-68.

(9) 洪元杓(1984), '受動말뚝에 作用하는 側方土壓', 大韓土木學會論文集, 4(2), pp.77-88.

(10) 홍원표 · 남정만(1990), '연약지반상 벽강관식 안벽 설계법' 연구보고서, 제철엔지니어링, 중앙대학교.

(11) De Beer, E.E.(1977), "piles subjected to stati lateral loads", State-of-the-Art Report, Proc., 9th ICSMFE, Specialty, Session10, Tokyo, pp.1-14.

(12) Franke, E.(1977), "German Recommendations on passive piles", Proc., 9th ICSMFE, Specialty Session 10, Tokyo, pp.193-194.

(13) Oteo, C.S.(1977), "Horizontally loaded piles", Deformation influence, Proc. 9th ICSMFE Specialty Session 10, Tokyo, pp.101-106.

(14) Tschebotarioff, G.P.(1971), "Discussion", Highway Research Record, No.354, pp.99-101.

(15) Tschebotaroff, G.P.(1973), Foundations, Retaining and Earth Structures, McGraw-Hill, Kogakusha, Tokyo, pp.400-410.

Chapter

05

포항 구항 방파제 두부 축조구간 지반의 안전성

Chapter 05 포항 구항 방파제 두부 축조구간 지반의 안전성

5.1 서론

5.1.1 과업 목적

본 과업은 경상북도 포항시 소재 포항 구항 방파제 두부 축조구간의 안전성을 검토하고 필요시 대책을 강구하는 데 그 목적이 있다.(1)

5.1.2 과업 범위

본 과업에서는 다음 사항에 대하여 분석 및 검토하기로 한다.

(1) 지반의 토질정수 결정

본 과업 대상지인 포항 구항 방파제 두부 축조구간의 지층 구성을 분석하며 지층별 토질정수를 결정한다.

(2) 사면안정 검토

계획된 방파제 성토가 완료되었을 경우에 대한 성토지반의 사면안정해석을 실시하여 방파제 두부 축조구간의 사면안정성을 검토하고 필요시 대책을 강구한다.

(3) 지반 침하량 검토

계획된 방파제가 축조되었을 경우 기초지반의 예상침하량을 산정하며 필요시 대책을 강구한다.

5.1.3 과업 수행 방법

본 과업을 수행하기 위하여 제공된 관련 자료를 상세히 검토하여 방파제 단면 및 지반특성을 결정한다. 전산 프로그램을 이용하여 사면안정해석을 실시하여 방파제 성토 단면에 대한 안전성을 검토한다. 지반침하량 예상은 해석적 방법과 경험적 방법의 두 가지 방법에 의하여 실시하여 판단한다.

5.2 자료 분석 및 현황

5.2.1 공사 현황

본 공사는 그림 5.1의 포항 구항 계획 평면도에서 보는 바와 같이 1982년부터 실시하고 있는 포항 구항 내 소재 포항 구항 방파제 축조 공사 중 1990년도 공사분인 방파제 두부 축조공사구간이다. 이 구역은 제일부두에서 이어진 현재 축조 완료된 방파제에서 계속 이어지는 외항으로 송도 해수욕장과 거의 평행하게 이어지는 지역이다.

1982년 이전까지 790.5m 길이의 방파제를 축조하였으며 그 이후에 209.5m 길이의 방파제를 축조해오고 있다. 1982년 이후 연도별로 보면 1982년에 58m, 1983년에 13.5cm, 1987년에 $30m^2$, 1988년에 70m, 1989년에 38m를 각각 축조하였다.

본 과업 대상 구간은 계속하여 1990년도 실시 예정인 62m 길이의 방파제 두부 축조구간이다. 항구 쪽(내항 측) 방파제 정상부 상치 콘크리트의 시공표고는 1987년까지는 +2.5m로 하였으며, 1988년도에는 3.0~3.2m로 하였고, 1989년도에는 3.2~3.3m로 하였다. 이들 시공구간의 침하기록에 의하면 방파제 정상부의 내해 측 침하량을 연도별로 정리하면 그림 5.2 및 표 5.1과 같다. 이 결과에 의하면 방파제 축조로 인한 침하량은 최고 75cm까지도 발생하였음을 보여주고 있다.

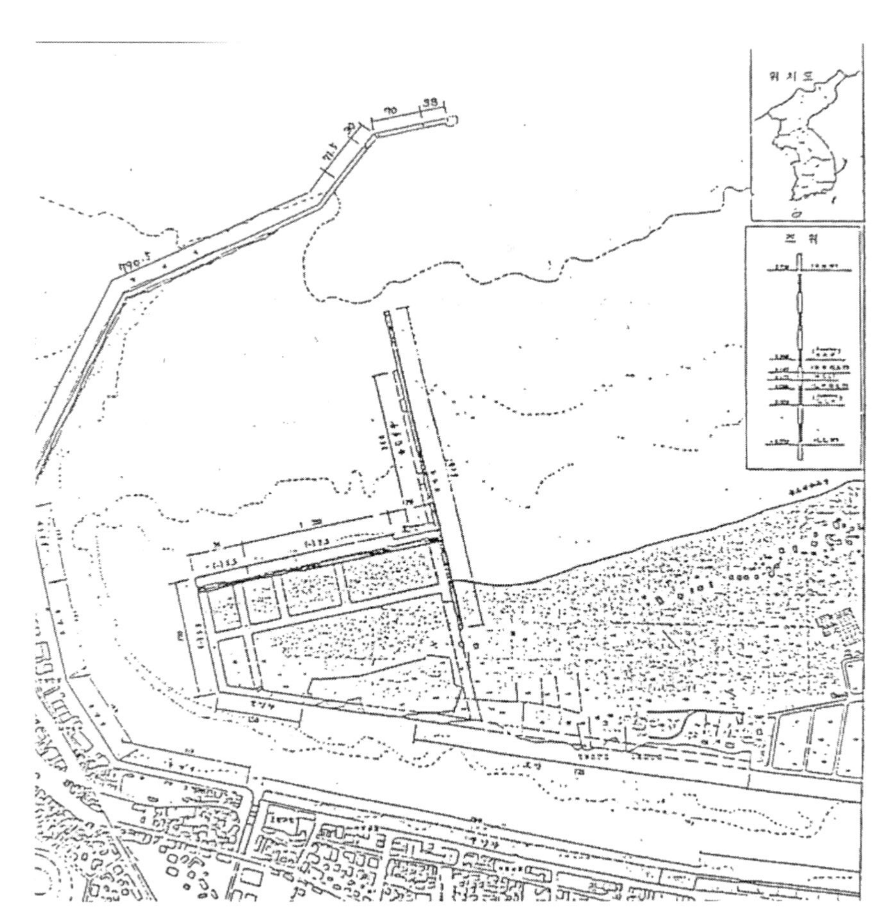

그림 5.1 포항 구항 계획 평면도

표 5.1 침하량 (단위: cm)

	1	2	3	4	측정 위치
82	15.0～61.7	17.9～58.2	30.9～60.4	51.7～70.6	No.79+05～83+05
83	74.7	73.6	66.2	66.4	No.84+85
87	5.5～49.7	7.8～27.5	27.5～52.4	4.0～58.4	No.86+2～89+2
88	33.7～48.0	28.0～37.3	49.9～79.5	42.2～111.9	No.90+2～96+2
89	14.6～25.1	14.0～28.5			No.96+2～100

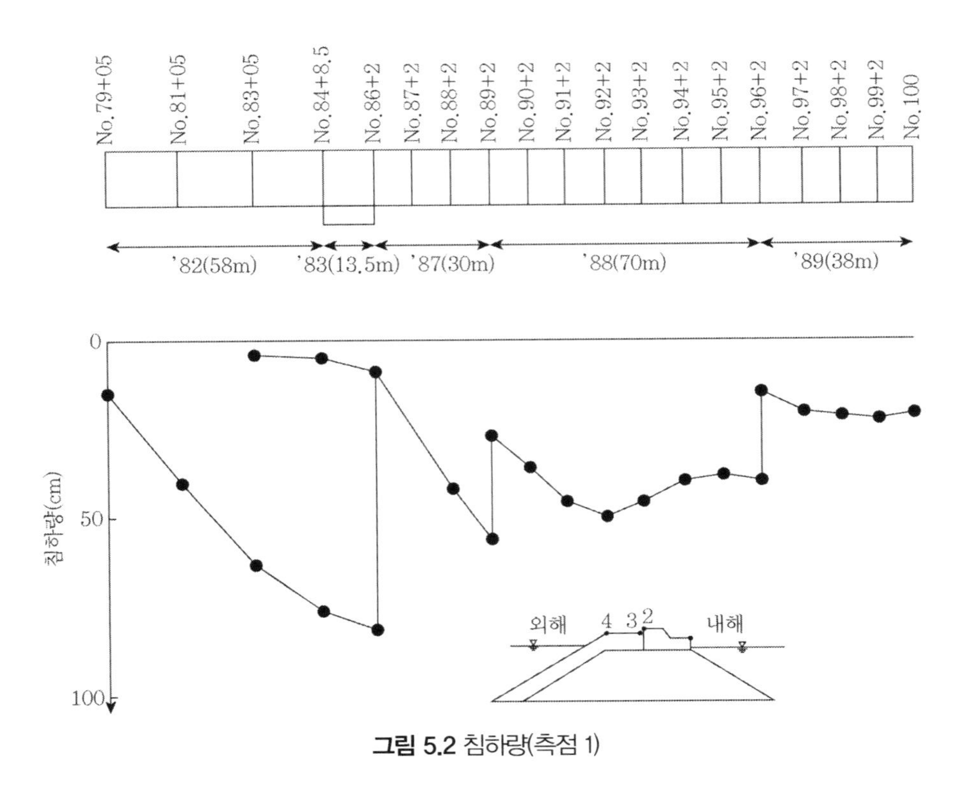

그림 5.2 침하량(측점 1)

5.2.2 지층분석

본 과업 구역에 대한 해상시추는 그림 5.3에서 보는 바와 같이 방파제두부 축조 예정 지역 내 4개소(BH1~BH4)에서 실시되었다. 해상시추 결과를 함께 정리하면 그림 5.4와 같다.

본 지역은 주로 조석이나 파랑에 의하여 운반된 부유물질 및 세립사와 이토물(泥土物)이 퇴적된 곳으로 해저면은 EL(-)8.20~8.40m로 평균 EL(-)8.30m 부근에 존재하고 있으며, 시추는 EL(-)50m까지만 실시되었다. 시추 종료 위치까지의 지층 구성 상태는 표 5.2와 같다. 시추 결과에 의하면 이 지반의 상부에는 암회색의 세립사가 존재하며 하부에는 암회색의 이토층이 존재하고 있다. 기반암질의 종류와 위치는 주상도상에 표시되어 있지 않으나 이 부근 지역의 기반암도 등으로 추정해보면 기반암은 이암(mudstone)으로 현재의 시추 종료 위치에서 20~30m 깊이 아래에 존재하는 것으로 추정된다.

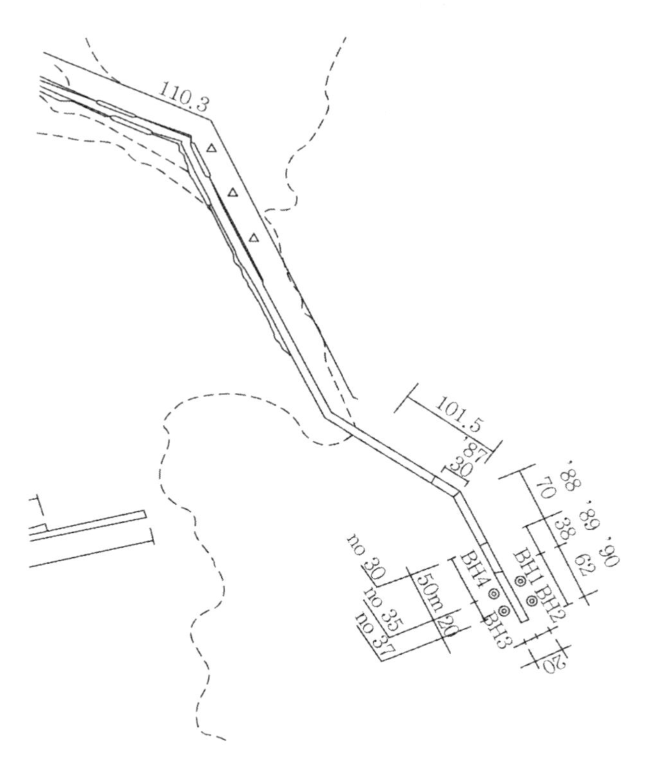

그림 5.3 지질조사 위치도

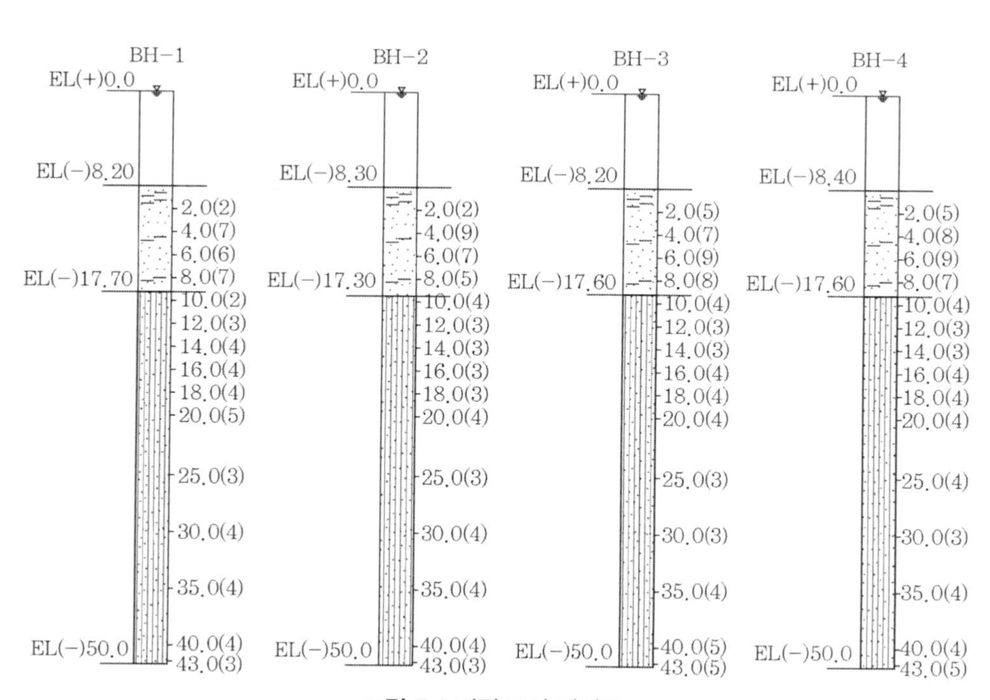

그림 5.4 지질 조사 단면도

표 5.2 지층 구성상태

공번호/토층명	수심	세립사	이토	계	S.P.T.
BH-1	8.2	9.3	32.5	50.0	15
BH-2	8.3	9.5	32.2	50.0	14
BH-3	8.2	9.4	32.4	50.0	14
BH-4	8.4	9.2	32.4	50.0	14
계	33.1	37.4	129.5	200.0	57
평균	8.3	9.4	32.3	50.0	14

(1) 세립사층

N치가 2~9인 암회색의 느슨한 상태의 모래가 평균 9.4m(9.2~9.5m) 두께로 존재하고 있다. 이 모래층은 완전히 포화된 상태의 소성토로서 균등계수가 낮고 수 cm 내외의 실트층이 렌즈 상태의 박층으로 불규칙하게 여러 곳에 존재하고 있다. 하부로 갈수록 순수한 세립사로 구성되어 있다.

(2) 이토

이암의 예상 기반암 상부에 50~60cm 두께의 암회색 이토는 함수비가 높고 완전포화상태의 고소성을 나타내고 있다. 이 이토층 내에는 렌즈상의 세립사가 불규칙하게 협재되어 있다. 또한 이 층은 유기질 식물의 잔해 및 패각을 함유하고 있으며 N치는 3~5의 범위를 보인다.

5.2.3 지층별 토질정수 결정

사면안정해석이나 침하량을 산정하기 위해서는 역학시험이나 압밀시험을 실시해야 한다. 그러나 본 지역에 대해서는 현장조사 시추조사 시 표준관입시험만이 실시되었다. 따라서 N값에 의하여 필요한 토질정수를 정하든가 아니면 경험에 의거하여 개략적인 값을 추정하는 수밖에 없다. 각 지층별 토질정수를 추정하면 다음과 같다.

(1) 세립사층의 토질정수

① 전단정수

모래의 전단정수는 점착력 c를 0으로 보고 내부마찰각 ϕ만을 결정할 수 있다. 이 내부마찰각은 표준관입시험치 N과 관련지어 결정하는 경우가 종종 있다. 이 방법으로는 다음과 같은 Dunham 공식, Peck 공식 및 대기(大崎)공식의 세 가지가 많이 사용된다.(2,4-7)

가. Dunham 공식

$$\phi = \sqrt{12N} + (15^\circ \sim 20^\circ) \tag{5.1}$$

나. Peck 공식

$$\phi = \sqrt{0.3N} + 27^\circ \tag{5.2}$$

다. 대기(大崎)공식

$$\phi = \sqrt{20N} + 15^\circ \tag{5.3}$$

이 모래층의 평균 N값을 6으로 하면 Dunham 공식에 의한 평균 내부마찰각은 28°가 되고, Peck 공식과 대기공식에 의한 내부마찰각은 각각 29°와 26°로 나타났다. 이들 값들의 평균치로 내부마찰각을 정하면 28°가 얻어진다. 따라서 본 세립층의 내부마찰각은 28°로 한다.

② 단위중량

표 5.3은 흙의 종류에 따른 간극비와 단위중량의 관계를 정리한 표다. 수중에 존재하는 본 세립모래층은 균등계수가 작고 느슨한 상태이므로 포화단위중량은 표 5.3에서 1.9t/m^{3}로 결정할 수 있다.

표 5.3 흙의 간극비 및 단위중량

흙의 종류	흙의 상태	간극비	단위중량(t/m³)		
			벽체	전체	평균
모래질 자갈	느슨	0.61~0.72	1.4~1.7	1.8~2.0	1.9~2.1
	촘촘	0.22~0.33	1.9~2.1	2.0~2.3	2.1~2.4
거친 모래, 중간 모래	느슨	0.67~0.82	1.3~1.5	1.6~1.9	1.8~1.9
	촘촘	0.33~0.47	1.7~1.8	1.8~2.1	2.0~2.1
균등한 가는 모래	느슨	0.62~0.82	1.4~1.5	1.6~1.9	1.8~1.9
	촘촘	0.49~0.56	1.7~1.8	1.8~2.1	1.8~1.9
거친 실트	느슨	0.82~1.22	1.3~1.5	1.5~1.9	2.0~2.1
	촘촘	0.54~0.67	1.6~1.7	1.7 ~ 2.1	2.0~2.1
실트	연약	0.82~1.00	1.3~1.5	1.6~2.0	1.8~2.0
	중간	0.54~0.67	1.6~1.7	1.7~2.1	2.0~2.1
	견고	0.43~0.49	1.6~1.9	1.8~1.9	1.8~2.0
소성이 작은 점토	연약	1.00~1.22	1.3~1.4	1.5~1.8	1.8~2.0
	중간	0.54~0.82	1.5~1.8	1.7~2.1	1.9~2.1
	견고	0.43~0.54	1.8~1.9	1.8~2.2	2.1~2.2
소성이 큰 점토	연약	1.50~2.30	0.9~1.5	1.2~1.8	1.4~1.6
	중간	0.67~1.22	1.8~1.8	1.5~2.0	1.7~2.1
	견고	0.43~0.67	1.8~2.0	1.7~2.2	1.9~2.3

③ 탄성계수

Poulos(1971)는 사질토의 탄성계수 E_s를 밀도에 따라 표 5.4와 같이 정리·제시하였다. 이 표로부터 느슨한 상태 모래지반의 평균 탄성계수가 1.75t/m³이므로 이 값을 본 세립사 층의 탄성계수로 한다. 한편 포아송 비 μ는 0.3으로 한다.

표 5.4 사질토의 탄성계수

밀도	E_s(Lb/in²)	평균 E_s(Lb/in²)	평균 E_s(t/m²)
느슨	130~300	250	175
중간	300~600	500	350
조밀	600~1,400	1,000	700

(2) 이토층의 토질정수

① 전단정수

본 이토층에 대한 표준관입시험 N치는 3~5로 되어 있으나 일반적으로 연약층에 대한 표준관입시험 결과는 신빙성이 적으므로 N치로 이토층의 토질정수를 결정하는 것보다는 다른 방법을 강구하는 것이 바람직하다.

이토층 상부에 약 10m 두께의 모래층이 존재하므로 이 모래층 하중에 의하여 하부의 이토층은 압밀되었을 것이다. 본 이토층의 정규압밀이 완료된 상태로 간주하면 압밀에 의한 지반의 강도증가율 C_u/P값으로 비배수전단강도를 결정할 수 있다. 지반의 강도증가율 C_u/P는 우리나라 해안지역 특성치로 0.2를 택하기로 한다.

점토층의 경우 하부로 갈수록 전단강도가 증가하므로 본 이토층도 5m 두께별로 구분하여 위의 방법으로 비배수전단강도를 결정하면, C_u는 그림 5.8에 도시된 바와 같이 2.1~7.7t/m^{2}가 된다. 일반적으로 연약점토층의 비배수전단강도는 2.5~5.0t/m^{2}로 알려져 있다. 위에서 산정된 이토층의 비배수전단강도도 2.1~7.7t/m^{2}이므로 하부 심층부를 제외하면 상기 연약점토층의 범위와 일치하고 있다.

② 단위중량

본 이토층을 연약점토로 구분하면 표 5.3으로부터 포화단위중량은 1.8t/m^{3}로 결정할 수 있다.

③ 압축지수

N값이 3 정도인 우리나라 해성점토의 압축지수는 대략 0.08~0.45의 범위에 분포되어 있다. 대표치에 대한 식으로 다음 식이 제안된 바 있다.

$$C_c = -0.15 \cdot \log N + 0.33 \tag{5.4}$$

상기 식에 $N=3$을 대입하면 압축지수 C_c는 0.258로 되어 이 값을 사용하기로 한다. 또한 본 이토층의 초기간극비(e_o)는 표 5.3으로부터 1.5로 결정한다. 표 5.3에 의하면 연약점토의 간극비는 1.50~2.30 범위로 되어 있다. 최근 우리나라 일부 동해안 및 남해안의 점토에 대한 실내시험 결과에 의해서도 간극비는 1.11~2.44 정도로 나타나고 있다. 따라서 간극비를 1.50으로 결정하는 것은 타당하다.

5.2.4 방파제 표준 단면도

1989년까지 시공된 방파제에 대한 각 시공 연도별 방파제 시공 표준단면도는 그림 5.5(a)~(d)에 도시된 바와 같다.

1990년도 계획 방파제 두부 표준단면도는 그림 5.6과 같다. 계획단면은 경제성과 시공성을 고려하고 간부의 단면을 기본으로 제체의 내외측을 모두 T.T.P로 피복하는 단면으로 다음과 같이 계획한다.

(1) 천단부

방파제 두부의 천단고는 차후 등대를 설치하는 점과 두부 피복제(T.T.P)가 간부보다 큰 점을 고려하여 DL(+)4.0m로 결정되었다.

천단폭은 차후 등대 설치 시 및 유지/보수 시 장비의 원활한 진입 등을 고려하여 1.5m로 결정되었다.

(2) 경사면 구배

두부 전체의 사면 경사도는 1:2 구배로 한다.

(3) 피복제

20t급(실중량 18.4ton) T.T.P를 2층으로 산적시킨다.

(4) 피복석

0.5m^{3}급의 피복석 중량을 사용한다.

(5) Toe Berm

Toe Berm의 폭은 5.0m로 하고 Toe EL은 DL(-)6.0m로 한다.

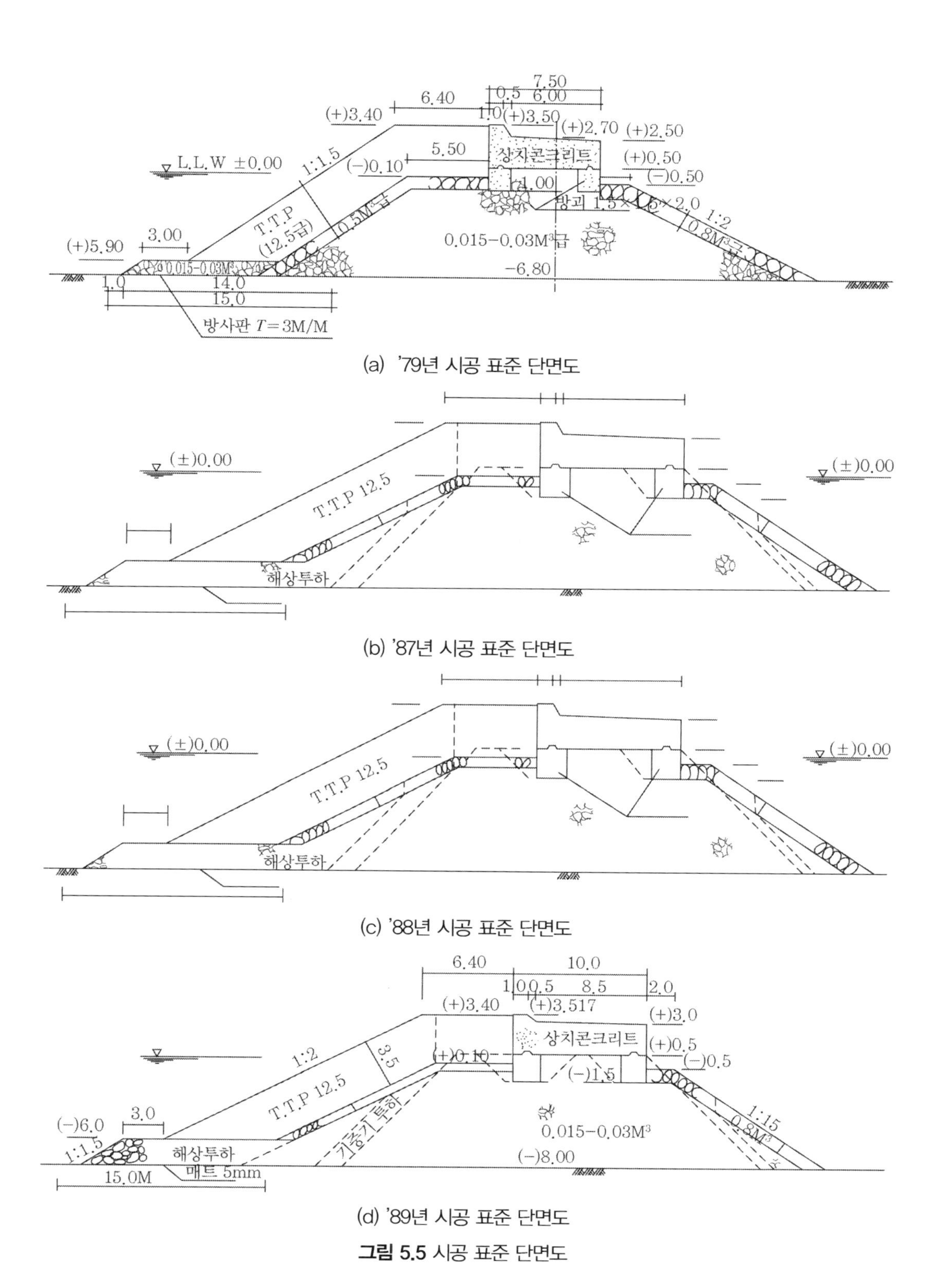

(a) '79년 시공 표준 단면도

(b) '87년 시공 표준 단면도

(c) '88년 시공 표준 단면도

(d) '89년 시공 표준 단면도

그림 5.5 시공 표준 단면도

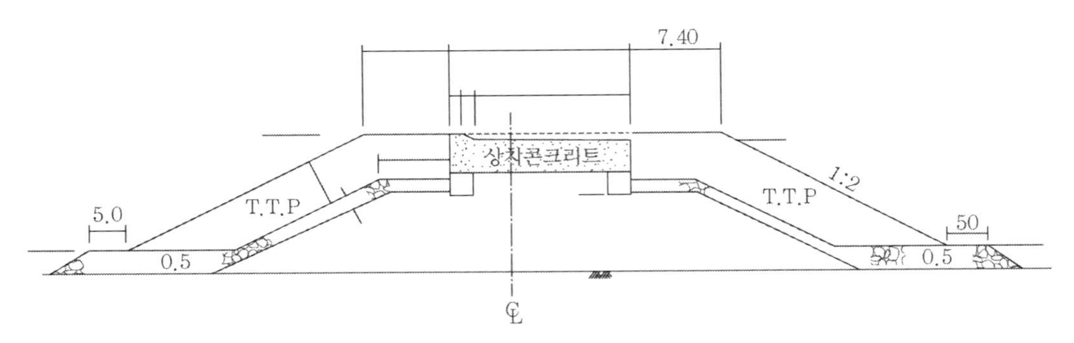

그림 5.6 방파제 두부 표준 단면도

5.3 사면안정 검토

5.3.1 해석 프로그램

방파제 축조사면의 안정해석을 위하여 프로그램 'STABL'을 사용하였다. 프로그램 'STABL'은 1975년 Indiana주 Purdue대학교의 R.A. Siegel 등에 의해 개발된 프로그램으로 Carter(1971)의 해석방법을 이용하였다. 즉, 전단활동파괴면에서의 한계평형상태로 해석하여 완전한 평형을 이루지 못한 임계면을 랜덤(random)하게 추적하여 임계활동파괴면을 찾아내는 방법이다.

5.3.2 해석 단면 분석

사면안정해석은 제5.2.2절에서 조사된 지역상에 그림 5.6에 도시된 방파제두부 표준 단면에 대하여 실시하기로 한다. 우선 지층은 모래층을 10m 두께로, 이토층을 40m 두께로 하고 그 아래 이암층이 존재하는 것으로 단순화시켜 그림 5.8 및 5.9와 같은 단면에 대하여 사면안정을 검토한다.

그림 5.8의 I-I 단면과 II-II 단면은 그림 5.7에 도시된 바와 같이 방파제 축조 축방향에 수직인 단면으로 외해 측 및 내해 측이 대칭인 단면으로 되어 있다. 여기서 I-I 단면은 방파제 구간 중 등대가 설치되기 이전의 간부에 해당하며 II-II 단면은 두부구간이다. 한편 그림 5.9의 III-III 단면은 그림 5.7에 도시된 바와 같이 방파제축조 축방향 단면이다.

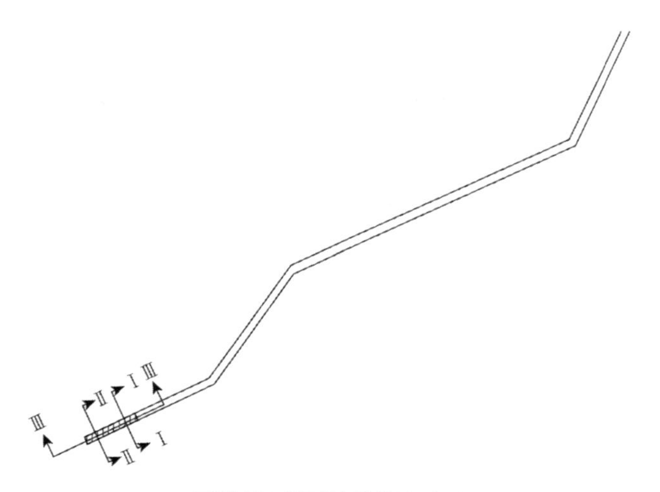

그림 5.7 사면안정해석 단면

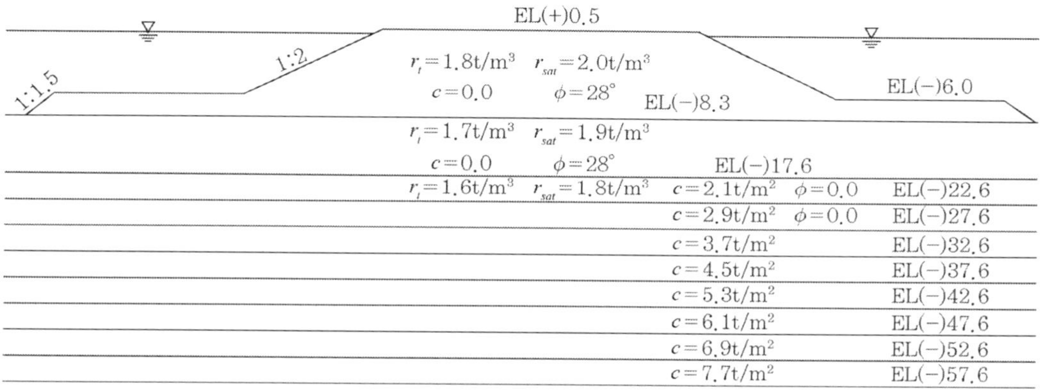

EL(+)0.5
1:1.5
1:2
r_t=1.8t/m³ r_{sat}=2.0t/m³
c=0.0 ϕ=28°
EL(−)8.3
EL(−)6.0
r_t=1.7t/m³ r_{sat}=1.9t/m³
c=0.0 ϕ=28°
EL(−)17.6
r_t=1.6t/m³ r_{sat}=1.8t/m³ c=2.1t/m² ϕ=0.0 EL(−)22.6
c=2.9t/m² ϕ=0.0 EL(−)27.6
c=3.7t/m² EL(−)32.6
c=4.5t/m² EL(−)37.6
c=5.3t/m² EL(−)42.6
c=6.1t/m² EL(−)47.6
c=6.9t/m² EL(−)52.6
c=7.7t/m² EL(−)57.6

그림 5.8 Ⅰ–Ⅰ 및 Ⅱ–Ⅱ 단면도

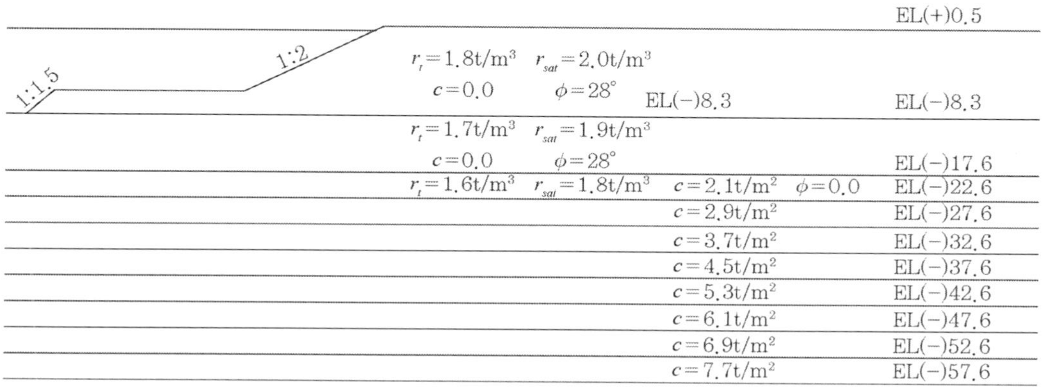

EL(+)0.5
1:1.5
1:2
r_t=1.8t/m³ r_{sat}=2.0t/m³
c=0.0 ϕ=28°
EL(−)8.3
EL(−)8.3
r_t=1.7t/m³ r_{sat}=1.9t/m³
c=0.0 ϕ=28°
EL(−)17.6
r_t=1.6t/m³ r_{sat}=1.8t/m³ c=2.1t/m² ϕ=0.0 EL(−)22.6
c=2.9t/m² EL(−)27.6
c=3.7t/m² EL(−)32.6
c=4.5t/m² EL(−)37.6
c=5.3t/m² EL(−)42.6
c=6.1t/m² EL(−)47.6
c=6.9t/m² EL(−)52.6
c=7.7t/m² EL(−)57.6

그림 5.9 Ⅲ–Ⅲ 단면도

사석층의 평균 토질정수는 내부마찰각(ϕ)을 40°로 점착력 c는 0으로 하였으며, 습윤단위중량(γ_t)은 1.8t/m^3 포화단위중량(γ_{sat})은 2.0t/m^{3}로 하였다. 즉, 방파제의 사석, T.T.P 및 상치콘크리트의 중량은 상재하중으로 취급한다.

모래층의 토질정수는 제5.2.3절에서 설명한 대로 내부마찰각(ϕ)을 28°, c를 0, 포화단위중량(γ_{sat})을 1.9t/m^{3}로 하였다.

이토층에 대해서는 이토층을 5m 두께로 구분하여 제5.2.3절에서 설명한 강도증가율을 이용하여 각층별 강도를 산정하였으며, 그 결과는 그림 5.7 및 표 5.5에 표시된 바와 같이 비배수전단강도가 상부에서 2.1t/m^{2}로부터 하부의 7.7t/m^{2}까지 분포되어 있다. 이 이토층의 포화단위중량(γ_{sat})은 1.8t/m^{2}로 하였다.[3] 이암층에 대해서는 내부마찰각(ϕ)을 45°로 포화단위중량(γ_{sat})을 2.0t/m^{2}로 하였다.

이상에서 설정된 단위중량을 정리하면 표 5.5와 같으며 성토재료의 강도는 다음과 같다.

(1) 사석의 비중: 2.65t/m^3
(2) T.T.P용 콘크리트 설계기준강도(σ_{28}): 210kg/cm^2
(3) 상치 콘크리트 설계기준강도(σ_{28}): 210kg/cm^2
(4) 지오텍스타일 매트 두께(t): 5mm
(5) 지오텍스타일 매트 인장강도(σ_t): 15t/m^2

표 5.5 단위중량

구분	γ_t	γ_{sat}	비고
콘크리트	2.35		
사석	1.8	2.0	
T.T.P	1.18	1.68	n=50%
상부 모래층	1.7	1.9	
점토	1.6	1.8	
이암	1.9	2.0	

5.3.3 해석 결과

사면안정해석 결과는 I-I 단면~III-III 단면에 대하여 최소사면안전율을 정리하면 표 5.6과 같으며, 이 최소안전율에 해당하는 가상파괴면은 그림 5.10~5.12에 도시된 바와 같다. 즉, 계획된 방파제 축조구간 중 간부에 해당하는 I-I 단면에 대해서는 내항 측과 외항 측 단면이 대칭으로 되어 있으며 이 단면에 대한 최소사면안전율은 1.39로 나타났다.

표 5.6 사면안전율

단면	I-I	II-II	III-III
최소사면안전율	1.39	1.36	1.34

소요사면안전율이 1.30이라면 이 단면은 사면파괴에 대하여 안전하다고 판단된다. 이 최소사면안전율에 해당하는 가상파괴면은 그림 5.10에서 보는 바와 같이 모래층 아래 이토층 5m 이내 깊이까지 이르고 있다.

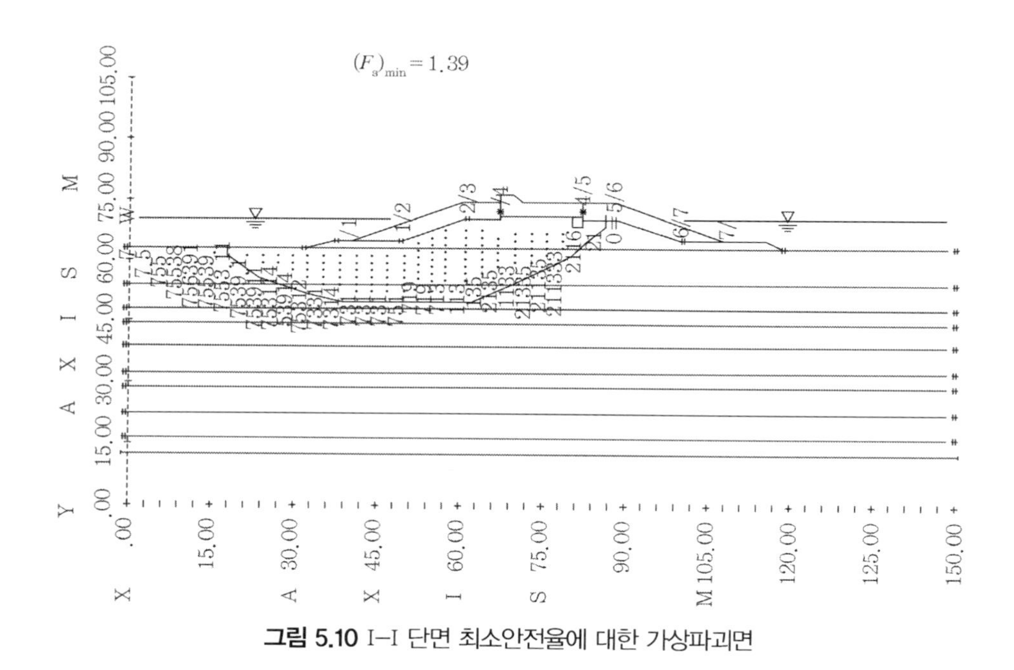

그림 5.10 I–I 단면 최소안전율에 대한 가상파괴면

한편 방파제 두부에 해당하는 II-II 단면 구간에서는 최소사면안전율이 1.36이며, 이에 해당하는 가상파괴면은 그림 5.11에서 보는 바와 같이 방파제 간부구간인 I-I 구간과 거의 비슷하게 나타나고 있다. 따라서 이 단면의 사면파괴에 대한 안전도는 확보되어 있다고 판단된다. 이 구간의 방파제도 외항 측과 내항 측이 서로 대칭이므로 양측의 안정성이 동일하다 여길 수 있다.

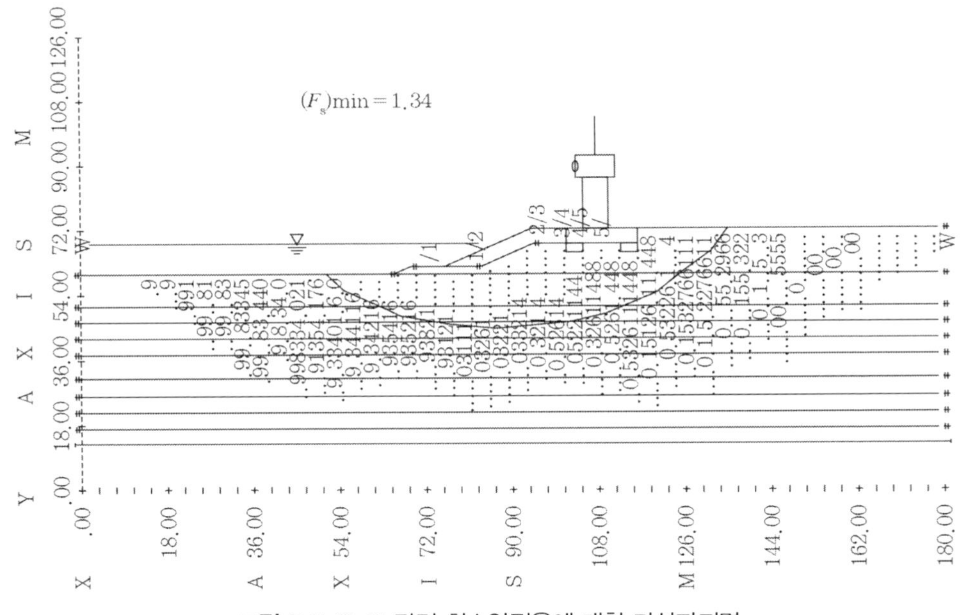

그림 5.11 II–II 단면 최소안전율에 대한 가상파괴면

끝으로 방파제 두부 축방향 단면인 III-III 단면에 대해서는 최소사면안전율이 1.34며, 이에 해당하는 가상파괴면은 그림 5.12에서 보는 바와 같이 모래층 아래 이토층 5~10m 부근 깊이까지 이르고 있다. 따라서 이 부분에 대하여도 사면파괴에 대한 안전은 확보되어 있다고 판단된다.

이상에서 검토한 바와 같이 계획된 방파제의 축조로 인한 사면파괴에 대한 안전성은 확보할 수 있다고 예측된다. 그러나 상기의 계산에는 방파제 축조로 인한 지반의 변형에 의한 효과는 고려되어 있지 않다.

본 지반에 방파제 축조로 인한 과도한 지반의 침하가 발생하거나 파에 의한 세굴이 발생하면 지반과 방파제 구간의 과도한 변형이 유발되어 확보되었던 사면의 안전성이 감소될 수도 있다. 따라서 지오텍스타일을 포설한 후 방파제를 축조하여 사면의 안전성을 유지할 수 있도록 각별히 유의할 필요가 있다.

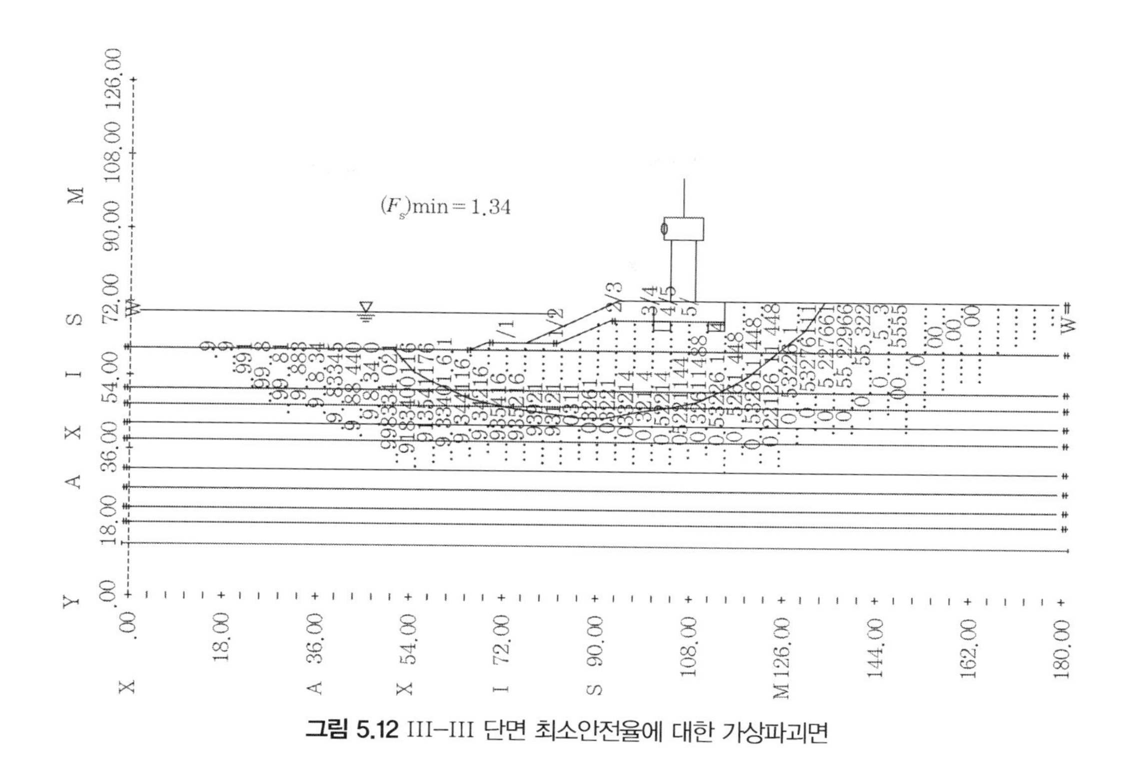

그림 5.12 III–III 단면 최소안전율에 대한 가상파괴면

5.4 지반침하량 검토

5.4.1 침하량 산정 방법

(1) 해석적 방법

해저면 상부에 방파제를 축조하므로 인하여 지반이 침하하게 된다. 지반 침하량의 성분으로는 다음과 같은 세 가지로 들 수 있다.(2)

$$S = S_i + S_c + S_s \tag{5.5}$$

여기서, S = 전침하량

S_i = 즉시침하량

S_c = 1차 압밀침하량

S_s = 2차 압밀침하량

즉시침하량 S_i는 성토하중이 전부 가해진 직후 일 주일 이내에 발생하는 탄성침하량을 의미하며, 해석적으로는 직접기초의 직접침하량 식을 응용하여 다음과 같이 구한다.

$$S_i = qB\frac{1-\mu^2}{E_s}I_w \tag{5.6}$$

여기서, q = 상재하중

B = 재하폭

μ = 포아송 비

E_s = 탄성계수

I_w = 영향계수

한편 1차 압밀침하량 S_c는 시간의존성 침하로 포화지반에 하중이 가해진 경우에는 시간이 지남에 따라 정규압밀상태에서 흙입자 사이의 간극수가 배출됨으로 인하여 발생하는 압밀침하량을 말하며 Terzaghi의 압밀공식에 의거하여 다음과 같이 산정된다.

$$S_c = \frac{C_0}{1+e_0}H_c\log\frac{P_0+\Delta P}{P_0} \tag{5.7}$$

여기서, C_c = 압축지수

e_0 = 초기간극비

H_c = 점토층의 두께

P_0 = 지중의 연직응력

ΔP = 방파제 축조로 인한 연직응력 증가분

마지막으로 $2c_k$ 압밀침하량 Ss는 정규압밀침하가 완료된 후 흙입자 사이의 미소한 전단변

형에 의거하여 계속적으로 발생하는 침하량이다. 통상적으로 방파제 축조구간에서의 2차 압밀침하량은 상대적으로 미소하므로 본 과업에서는 무시하기로 한다. 따라서 이하에서 압밀침하량이라 하면 1차 압밀침하량을 의미한다.

모래지반에서는 탄성침하가 대부분이고 압밀침하는 극히 미소하며 점토나 이토에서는 탄성침하가 적고 압밀침하가 현저하다.

(2) 경험적 방법

N값을 이용하여 모래지반의 즉시침하량 산출을 위한 경험식으로 다음 식을 많이 이용한다.[4,5]

$$S_c(\mathrm{cm}) = \frac{0.04}{N} P_0 H_s \log \frac{P_0 + P}{P_0} \tag{5.8}$$

여기서, N = 표준관입시험치

H_s = 모래층 두께(m)

P_0 = 유효상재하중(t/m^2)

한편 점토층의 압밍침하량을 산정하는 경험적 방법으로는 다음에 설명하는 쌍곡선법을 사용할 수 있다. 즉, 어느 지반의 침하량을 추정할 경우에는 그 지반에 유사한 성토가 실시되어 발생한 침하량의 특성을 조사한 기록이 있으면 그 기록으로부터 장차 발생하리라 예상되는 최종침하량을 추정할 수 있다.

우선 그림 5.13과 같은 현장 실측침하량을 성토고와 관련지어 시간적인 변화상태를 나타낸 경우에는 초기의 실측침하량으로부터 장래침하량을 예측하는 방법으로서 침하예측을 위한 식은 다음과 같다.

$$S_t = S_0 + \frac{t}{\alpha + \beta t} \tag{5.9}$$

여기서, S_t = 임의 시각 t에서의 침하량

S_0 = 검토시점의 침하량

t = 검토시점으로부터의 경과시간

a, B = 계수

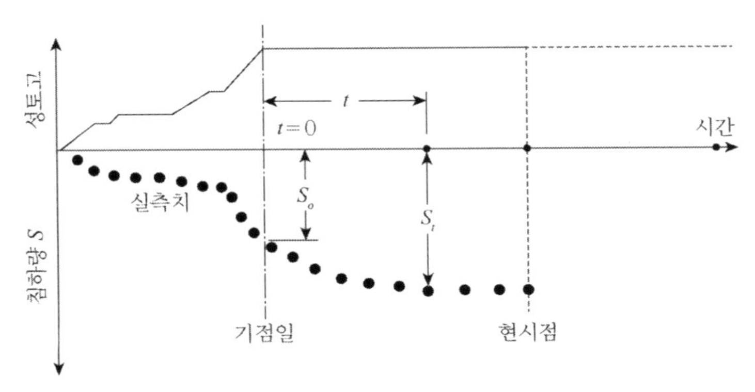

그림 5.13 실측 침하량 시간적 변화도

계수 a와 β는 $t/(S_t - S_0)$와 시간 t를 좌표축으로 그림 5.13의 침하기록을 다시 정의한 그림 5.14의 직선의 절편과 기울기로 결정된다.

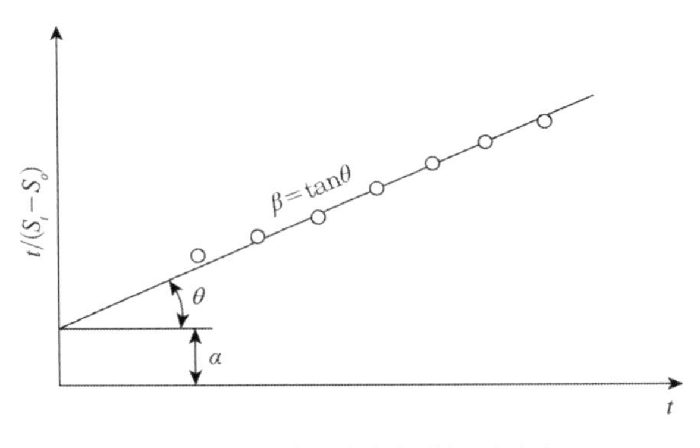

그림 5.14 쌍곡선법의 계수 결정법

최종 침하량 S_f는 $t \rightarrow \infty$인 경우로 다음 식과 같다.

$$S_t = S_0 + \frac{1}{\beta} \tag{5.10}$$

5.4.2 침하량 계산

본 지역에 축조될 구조물은 사석, 콘크리트, T.T.P 등으로 이루어져 있다. 따라서 지반에 가하여지는 상재하중 분포는 매우 다양하다. 그러므로 침하량 해석에 적용되는 상재하중은 수중부분과 수상 부분으로 나누어 방파제를 이루고 있는 각 재질의 단면적에 각 단위하중을 곱하고, 이들을 합하여 전체 단면적으로 나누어 등가단위중량을 구하여 적용한다. 등대하중에 대한 등가단위중량은 4.9t/m^{2}으로 계산·결정한다. 우선 식 (5.6)을 이용하여 순간침하량을 구해본다. 여기서 계산에 필요한 값은 다음과 같이 정한다.

$\mu = 0.3$

$E_s = 175\text{t/m}^2$

$B = 30\text{m}$(정상부만 검토)

$q = 1.1\text{t/m}^2$

$I_w = 1.0$

$$\therefore S_i = qB\frac{1-\mu^2}{E_s}I_w = 1.1 \times 30 \times \frac{1-0.3^2}{175} \times 10 = 18.7\text{cm}$$

한편 식 (5.8)에 의하여 즉시침하량을 구하면 중앙부에서 15.9cm로 산출된다. 따라서 이 값은 식 (5.6)에 의한 18.7cm와 2cm 이하의 오차를 갖게 된다. 따라서 여기서는 식 (5.6)을 사용하여 즉시침하량을 계산하기로 한다.

이토층에 대해서는 제5.2.3절에서 결정하였던 값, 즉 압축지수 C_c는 0.258과 초기간극비 e_0 = 1.5를 사용하여 압밀침하량을 계산하기로 한다.

그림 5.15에서 보는 바와 같이 중앙위치(A)와 좌우에서 3개 위치(B-D)를 정하여 7개소의 위치의 침하량을 구하기로 하였다. 이들 위치에 대한 즉시침하량과 압밀침하량의 계산 결과를 정리하면 표 5.7과 같다. 표 5.7의 결과를 그림 5.15에 도시하면 그림 중 점선 부분으로 표시된다. 이 계산 결과에 의하면 방파제 축조로 인한 지반의 침하량은 Toe Berm부에서는 30~40cm가 발생하며 정상부에서는 80~90cm가 발생함이 예상된다.

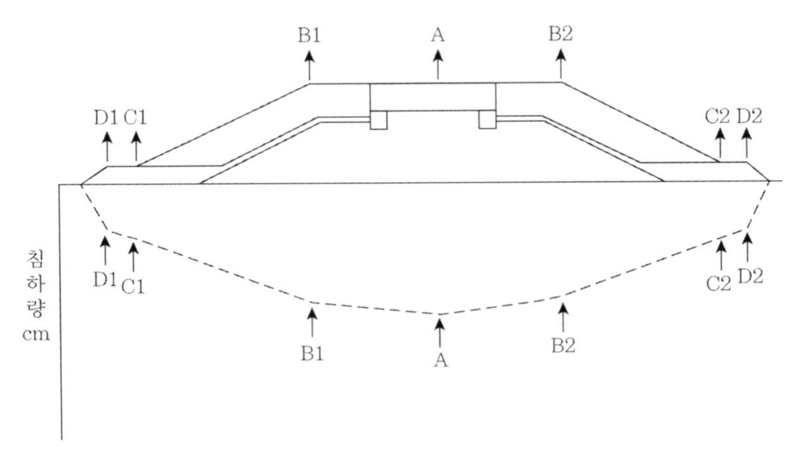

그림 5.15 침하량 분포도

표 5.7 계산 침하량 (단위: cm)

위치	중앙부	외해측			내해측		
지층	A	B1	C1	D1	B2	c2	D2
모래층	16.9	16.2	5.9	3.9	16.2	5.9	3.9
이토층	73.7	65.6	31.2	23.2	65.6	31.2	23.2
전체	90.6	81.8	37.1	27.1	81.8	37.1	27.1

5.4.3 침하기록에 의한 추정

그림 5.1에 표시된 침하량 측정위치 중 5개 위치를 선정하여 쌍곡선법에 의거하여 침하량 특성을 알아보고자 한다.

'82년도와 '83년도 시공구간 중에서는 No.75+0.5 위치와 No.84+8.5 위치를 선정하였고, 침하량을 쌍곡선법으로 정리한 결과는 그림 5.16(a) 및 (b)와 같다. 그림 중 검은 원은 그림 5.2 내에 단면도에 표시된 No.1 측점의 침하량기록이고 흰 원은 No.2 측점의 침하량 기록이다.

'87년도 시공구간 중에는 No.87+2 위치를 선정하여 그림 5.16(c)와 같이 정리하였다. '88년도 및 '89년도 시공구간에 대해서는 각각 No.94+2 및 No.100 위치를 선정하여 그림 5.16(d) 및 (e)와 같이 정리하였다. 이들 결과 얻은 α와 β는 표 5.8과 같다.

여기서 구해진 β값은 식 (5.9)에 대입하여 최종 침하량을 산정하고 실측치와 비교하면 표 5.9와 같다.

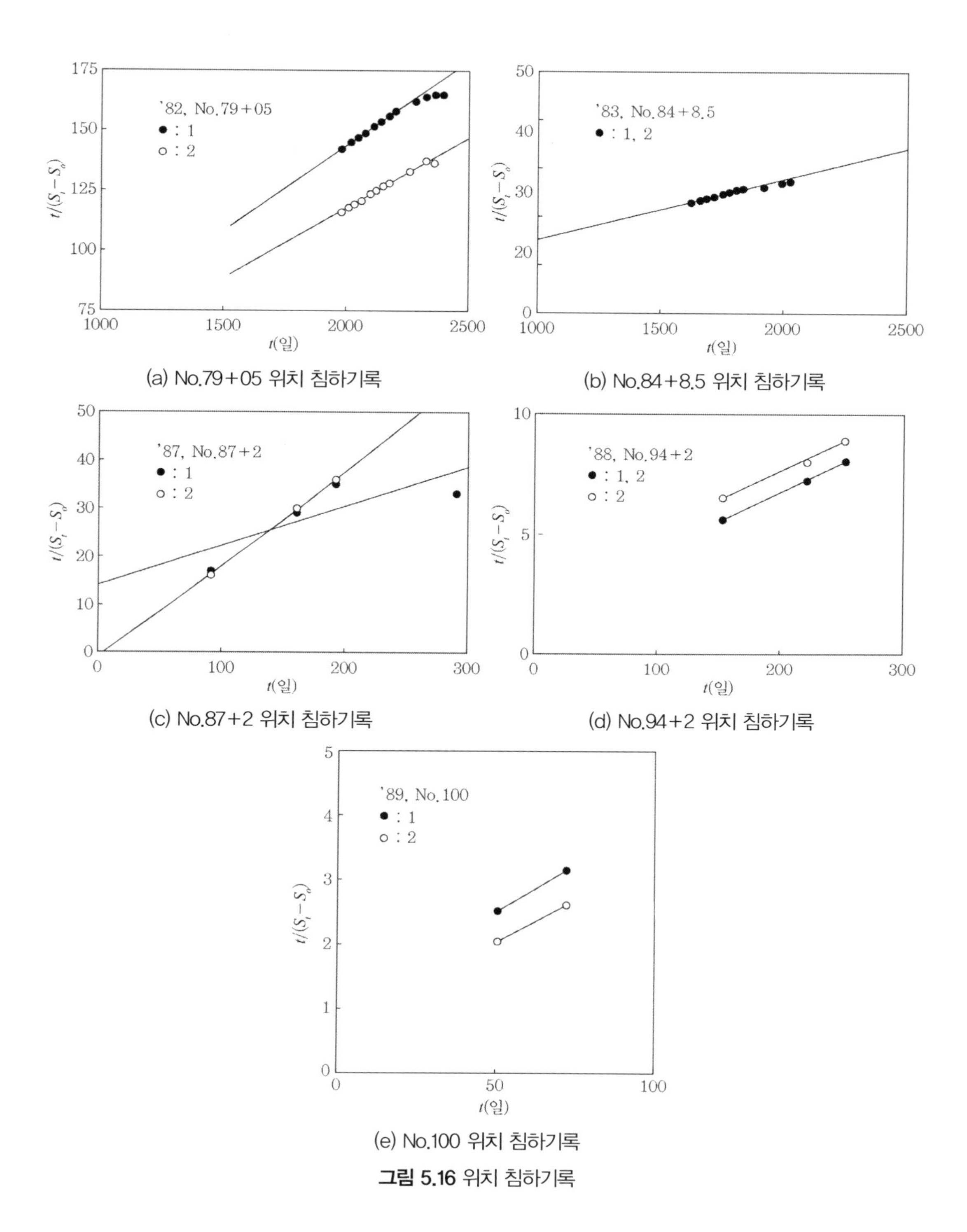

(a) No.79+05 위치 침하기록

(b) No.84+8.5 위치 침하기록

(c) No.87+2 위치 침하기록

(d) No.94+2 위치 침하기록

(e) No.100 위치 침하기록

그림 5.16 위치 침하기록

표 5.8 α와 β값

측점위치 / 측점	No.79+0.5		No.84+8.5		No.87+2		No.94+2		No.100	
	1	2	1	2	1	2	1	2	1	2
α	34.86	22.92	6.00	6.20	14.78	1.17	2.10	2.90	1.10	0.71
β	0.055	0.048	0.011	0.011	0.078	0.179	0.024	0.024	0.028	0.025

표 5.9 최종 침하량(cm)

측점위치 / 측점	No.79+0.5		No.84+8.5		No.87+2		No.94+2		No.100	
	1	2	1	2	1	2	1	2	1	2
실측치	14.4	17.9	73.2	73.6	23.3	17.2	31.0	28.0	23.0	27.9
계산치	18.0	20.9	90.9	90.9	27.4	17.4	41.8	42.3	35.5	40.0

다른 측정위치에 대한 값도 같은 방법으로 산정하여 산정치와 실측치를 비교하면 그림 5.17과 같다. 이 결과에 의하면 쌍곡선법에 의하여 구해진 최종침하량은 실측치보다 약간 크게 나타나고 있다. 즉, 실측침하량은 산정된 최종침하의 70%에 해당한다. 이는 시공 중 실측된 침하량 기록 중 시공 완료된 직후($t=0$) 시각에서의 침하량 S_0의 측정값에 대한 정확한 자료가 없는 점에 기인하며 실제 침하도 계속 발생하고 있는 점을 감안하면 좋은 일치를 보이고 있는 것이라고 취급될 수도 있다.

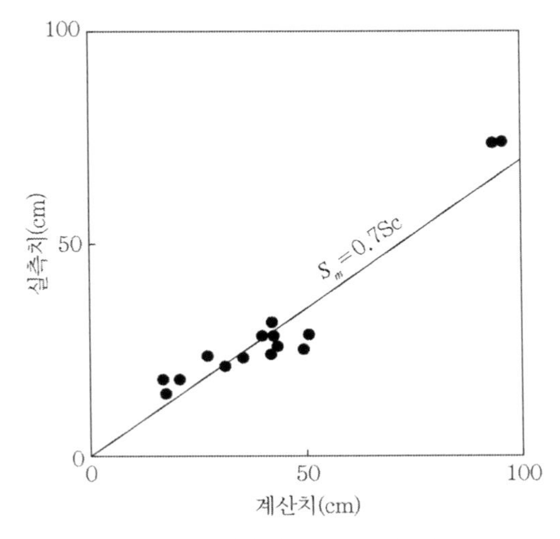

그림 5.17 실측치와 계산치의 비교

실측치를 이용하여 추정되는 최종침하량에는 즉시침하량 혹은 탄성침하량은 포함되지 않는다. 왜냐하면 즉시침하량 혹은 탄성침하량의 대부분은 시공 기간 중에 발생하므로 침하량 측정시기에 이미 보강성토가 완료되기 때문이다.

기존 침하기록으로부터 구한 본 지역의 특성을 결정하기 위하여 표 5.8의 결과를 이용하기로 한다. 이들 표에 최종침하량 계산에 관련이 되는 계수는 β이나 β값의 최소치는 No.84 + 8.5 위치에서 0.011로 구해졌다. 따라서 이 값을 이용하여 식 (5.10)으로 계획축조 구간의 최종침하량을 구하면 다음과 같다. 단 초기침하량 S_0는 0으로 한다.

$$S_t = S_0 + \frac{1}{\beta} = \frac{1}{0.011} = 90.9\text{cm}$$

따라서 본 방파제 두부 축조구간의 예상최대침하량은 90.9cm로 계산된다.

5.4.4 예상침하량

이상의 침하량 검토 결과에 의하면 해석적 방법에 의하여 계산된 침하량과 경험적 방법에 의한 예상 침하량은 거의 비슷하게 나타나고 있다. 따라서 이들 검토 결과에 의거하여 중앙부에서 예상되는 최대침하량을 판단해보면 즉시침하량 혹은 탄성침하량은 최대 20cm로 발생하고 압밀침하량은 90cm로 발생할 것이다. 그러나 즉시침하량은 대부분이 시공 기간 중에 발생하므로 시공 기간 중에 보완된다. 따라서 시공 후에 예상되는 최대침하량은 90cm로 판단된다.

만약 지오텍스타일을 포설한 후 방파제를 축조하면 지오텍스타일의 인장저항으로 인하여 이 침하량은 상당량 감소될 것이 예상된다.

마지막으로 등대 설치 시기는 예상침하량의 75%에 해당하는 침하가 발생하는 시기에 설치하는 것이 바람직하다. 이 시기는 준공 후 대략 4년 전후로 예상된다.

5.5 결 론

이상의 연구로 얻어진 결론을 열거하면 다음과 같다.

(1) 본 방파제 두부 축조 구간의 사면안정성은 확보된다.

(2) 지반의 과도한 침하나 세굴로 인하여 방파제 단면이 과도하게 변형되면 확보되었던 사면안정성은 소멸될 수도 있다.

(3) 예상되는 최대침하량은 즉시 탄성침하량이 최대 20cm, 압밀침하량은 90cm며, 이중 탄성침하량은 시공 중 발생하여 보강되므로 시공 후 예상최대 침하량 최대침하량은 90cm로 예상된다.

(4) 본 구역의 전역에 걸쳐 지오텍스타일을 포설한 후 방파제를 축조하면 확보되었던 사면안정성도 계속 유지할 수 있으며 세굴 후의 침하량도 상당량 감소시킬 수 있다.

• 참고문헌 •

(1) 홍원표(1989), '포항 구항 방파제 두부 축조구간 지반의 안전성 연구 검토 보고서', 중앙대학교.

(2) Das, B.M.(1984), Principles of Foundation Engineering, Brooks/Cole Engineering Division, Monterey, California, pp.101-206.

(3) Hong W.P.(2005), "Lateral soil movement induced by unsymmetrical surcharges on soft grounds in Korea", Special lecture, Proc. IW-SHIGA 2005, Japan, pp.135-154.

(4) Peck, R.B.(1969), "Deep Excavation and Tunneling in Soft Ground", Proc. of the 7th ICSMFE, State of the Art Volume, pp.225-290.

(5) Terzaghi, K.(1943), Theoretical Soil Mechanics, John Wiley and Sons, New York, pp.66-76.

(6) Tschebotarioff, G.P.(1973), "Lateral pressure of clayey soils on structures", Proc., 8th ICSMFE, Special Session 5, Moscow, Vol.4.3, pp.227-280.

(7) Tschebotarioff, G.P.(1973), Foundation, Retaining and Earth Structures, Mcgraw Hill Kogakusha, 2nd Edition, pp.365-414.

Chapter

06

연약지반상의 뒤채움에 의한 항만호안의 수평변위거동

연약지반상의 뒤채움에 의한 항만호안의 수평변위거동

6.1 서론

6.1.1 연구 배경

최근에 우리나라 해안지반에 항만 조성공사가 많이 축조되고 있으며,[1,2,7] 연약지반상에 조성되는 호안 배후지의 매립으로 인하여 하부 연약지반이 수평으로 유동하는 사례가 많이 발생하고 있다.[5,11] 해안연약지반은 퇴적 환경뿐만 아니라 퇴적 후의 외적 환경에 의하여 흙의 구성구조와 설계, 시공, 유지관리에 많은 어려움을 가지고 있다. 따라서 연약지반 위에 도로성토나 하천 제방 등을 설치할 때는 지반침하뿐만 아니라 수평거동에 대해서도 충분한 주의가 필요하다.[3,4]

연약지반 위에 조성된 지반에 굴착이나 뒤채움 혹은 성토 등의 편재하중이 작용하면 토압의 평형상태가 무너지면서 하부 연약지반이 수평으로 거동하게 된다.[17-20] 특히 빠른 속도로 성토시 연약지반에 수평방향 응력이 증가하고 이로 인하여 측방유동과 지표면 융기현상이 발생한다. 또한 연약지반에 다수의 기성말뚝을 타설하는 경우와 지반개량을 위한 샌드파일을 타설하거나 심층혼합처리를 하는 경우에는 지반 내 여분의 체적이 삽입되므로 그만큼의 지반이 측방으로 밀려나게 된다.[8-10]

6.1.2 연구 목적 및 내용

○○테마어항 공사는 관광어항구역과 순수어항구역으로 구분되어 있다. 관광어항구역의 직

립호안은 소파블록으로, 순수어항구역인 물량장은 콘크리트 중력식 블록으로 설계되었다. 시공 순서는 기초사석 포설, 블록 거치, 뒤채움사석 및 필터사석 포설, 부지 매립지 내 토사 매립 순으로 시공되었다. 또한 블록 하부에 위치한 연약지반 개량을 위하여 방파제, 직립호안, 물양장 구간 모두 CGS(Compaction Grouting System) 공법이 사용되었다.[6,7] 특히 연약지반이 직립호안보다 깊게 분포한 물양장 구간의 경우 시공 시와 완성 시의 원호활동에 대한 안전율은 1.73, 1.94로 기준 안전율을 상회하는 것으로 설계되었으나, 배면 매립 진행 중 직립호안과 물양장의 접속구간 부근에 설치된 블록에서 과도한 수평변위가 발생하였다. 본 연구에서는 ○○테마어항 조성 공사 중 발생한 연약지반의 수평거동과 원인을 조사하고자 한다.[12]

6.1.3 연구 방법

본 연구에서는 실시설계보고서 및 구조계산서를 바탕으로 현장 지반특성을 분석하고 지반개량공법인 CGS 타설 현황 및 물양장 및 직립호안 부근 블록 시공 현황을 검토하였다. 또한 뒤채움사석 투하부터 블록 배면 매립 기간 동안 측정한 시공 중 계측자료를 통하여 변위 발생 현황을, 성토에 따른 변위량, 침하와 수평변위와의 관계, 수평변위속도의 시간적 변화, 침하속도와 수평변위속도와의 관계 등을 통해 고찰하였다.

6.2 기존 연구

6.2.1 성토기초 지반의 측방유동

(1) 측방유동의 기본 원리

그림 6.1과 같이 연약지반에 편재하중이 작용하면 재하면 아래 지반은 탄성적 거동에 의해 침하가 발생하고 압밀항복점을 넘게 되면 과잉간극수압의 급증으로 강도가 저하되었다. 지반의 저항력이 토압과 측방유동압의 작용력에 비하여 상대적으로 작아져 이때부터 침하량보다는 측방변위량과 지반 융기량이 증가하고 시간이 경과함에 따라 국부전단파괴 양상을 나타낸다.[13-15]

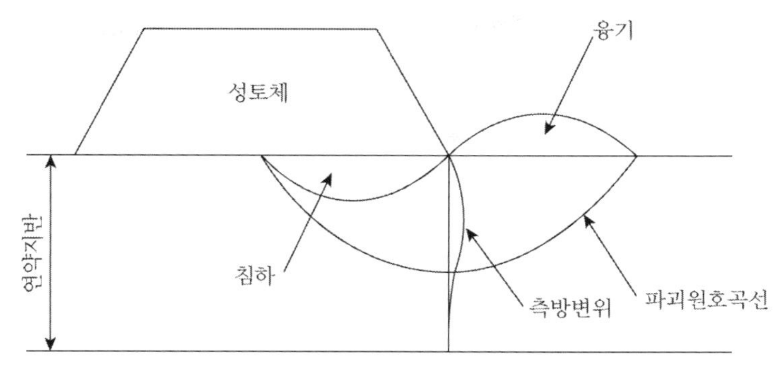

그림 6.1 성토에 의한 연약지반의 측방유동

Tavenas(1976)는 측방유동의 거동과정을 그림 6.2와 같이 실질배수거동(OA 구간), 실질비배수거동(AB 구간), 장기비배수거동(BC 구간) 3단계 순서로 설명하였다.(15-17)

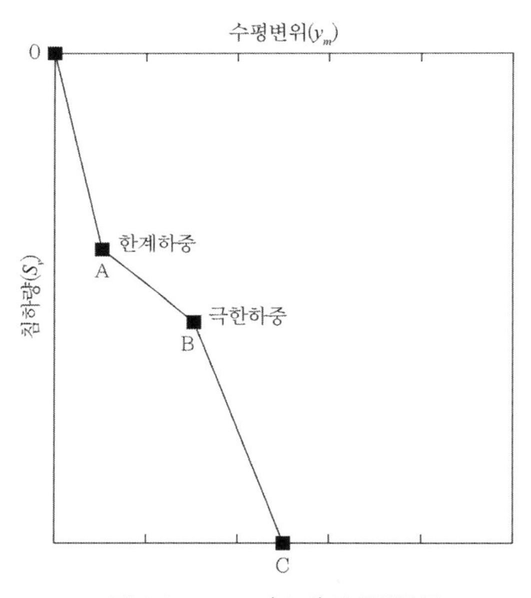

그림 6.2 Tavenas(1976)의 측방유동

재하 초기(OA 구간) 간극수압의 소산이 없는 상태에서 탄성적 침하만 인식하여 압밀항복응력을 넘게 되면(AB 구간) 토립자가 항복 압축성이 급증함에 따라 측방변위량이 증가함과 더불어 대부분의 측방유동이 이 구간에서 일어난다고 제안하였다.

또한 지반이 탄성에서 소성으로 변화하는 시점(A점)의 응력을 한계하중 또는 1차 파괴하중으로 이 이후부터 측방유동이 급격히 증가한다고 Jacky & Frohler(1964), Das(1984)[16] 등이 정의했다. 침하량과 측방변위량이 급격히 증가하는 국부파괴 활동이 나타날 때 하중을 극한하중(B점)으로 규정하였다.

6.2.2 측방유동토압의 분포

Tschebotarioff(1973)[13]와 木村(1991)은 연약지반 내 말뚝에 작용하는 측방유동압의 분포를 연약층의 중심부에서 최댓값을 갖고, 지표면과 연약층 저면에 작용하는 측방유동을 무시한다고 가정하여 이등변 삼각형 분포로 규정하고 최대측방유동압을 다음 식에서 산정하였다.

$$P_{\max} = \alpha \cdot \gamma H \cdot B \tag{6.1}$$

여기서, α는 유동압계수(0.4), γH는 상재하중, B는 유동방향 폭으로 보통 말뚝직경의 2~2.5배를 사용한다.

그림 6.3은 Tschebotarioff가 제안한 측방유동압의 분포에 대한 모식도다.[13] 지반의 실측변위를 알고 있을 경우 실측변위로부터 결정하지만 실측변위를 알 수 없을 경우에는 Boussinesq의 탄성해나 FEM을 이용하여 변위를 추정하여 측방유동압을 결정할 수 있다.

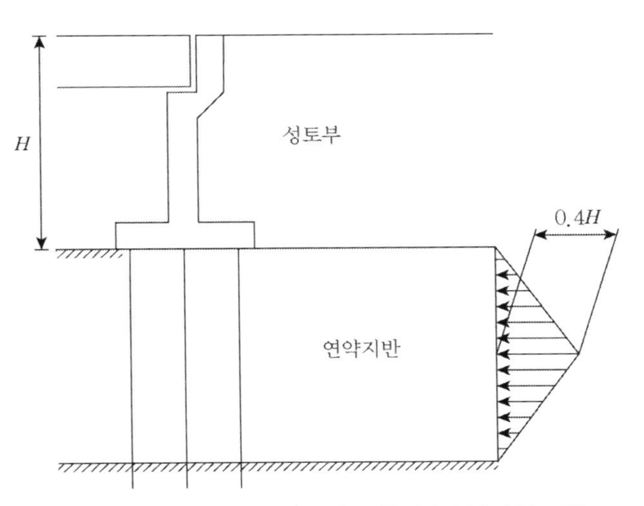

그림 6.3 Tschebotarioff(1973)의 측방유동압의 분포[14]

$$P_z = K_H y_s B \tag{6.2}$$

여기서, K_H는 수평방향 지반반력계수, y_s는 지반의 측방변위량이다.

그림 6.4는 변위로부터 결정한 측방유동압의 모식도다.

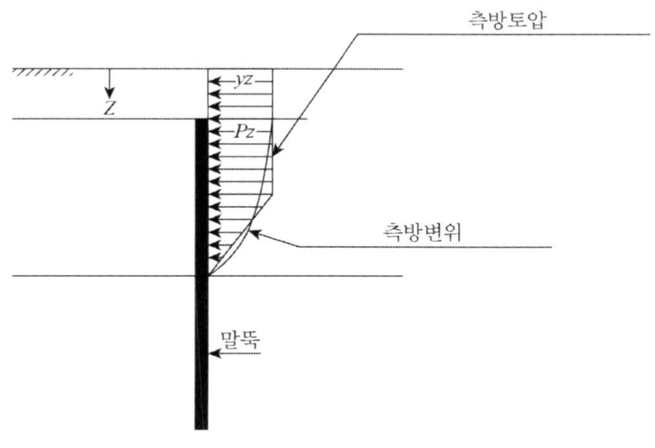

그림 6.4 실측변위의 측방유동압 분포

일본 수도고속도로협회에서는 성토하중에 의한 지반의 수평응력을 탄성해석이나, FEM 탄소성해석으로 계산한 후 이를 측방유동압으로 작용시킨 방법을 제시하였다. 성토 직후의 지표면 부근의 소성영역과 심부의 탄성영역으로 나누어 계산하였다.

$$P(z) = P_a - K_0\gamma_z \tag{6.3}$$

$$P(z) = K_B\delta_z \tag{6.4}$$

여기서, P_a는 성토를 포함한 주동토압, $K_0\gamma_z$는 성토 전의 지지지반에서의 정지토압, K_a는 Boussinesq의 연직응력에 대한 수평응력의 비(0.6), δ_z는 Boussinesq의 연직응력으로 성토 직각방향 응력의 분산만을 생각한다. 이 방법에는 대체로 지표 부근에서 최댓값을 나타내고 깊이의 증가에 따라 포물선형의 감소 경향을 갖는다.

또 말뚝이 설치된 경우에는 연약 측이 중앙을 통과하는 가상의 활동면을 고려하여 말뚝이 활동저항한다고 생각하고, 활동력($P(z)$)을 측방유동압으로 작용시켜 활동원의 원점에 대한 모멘트의 평형조건으로부터 다음과 같이 계산할 수 있다고 제안하였다.

$$I_1 \cdot W = I_2 \cdot \theta \cdot \tau + I_2 \cdot R \tag{6.5}$$

$$R = (I_1 \cdot W - I_2 \cdot \theta \cdot \tau) \div I_2$$

$$P(z) = -R \tag{6.6}$$

여기서, I는 활동원의 반경, I_1은 원점에서 측방유동압의 작용점까지의 거리, I_2는 성토의 합력에서 원점까지의 거리, θ는 활동원의 사잇각, τ는 전단저항, R은 활동력이다.

간편법으로는 성토하중을 받는 연약지반의 주동토압 P_a와 수동토압 $P_{(p)}$의 차를 측방유동압으로 깊이에 따라 균등하게 분포시킨 방법을 들 수 있다.

$$P_{(z)} = P_a - P_p \tag{6.7}$$

(1) 측방유동의 안정관리

富永·橋本(1977)는 연약지반 성토부 중앙의 침하량(S_v)와 성토법면 사면선단의 수평변위량(y_m)을 계측하여 기울기를 계산하면 작은 하중을 받는 성토 초기에 θ값의 기울기를 갖는 E선을 작성하게 된다. 이후 성토가 증가하면 침하량에 비해 수평변위량이 커지면서 그림 6.5의 I, II와 같은 곡선을 나타낸다.

침하량과 수평변위량의 증분비율 $\alpha_2(\Delta y_m / \Delta S_v)$가 0.7 이상 또는 변곡점 이전의 비율 α_1에 0.5를 더한 값보다 크면 성토파괴에 가깝다고 제안하였다.

松尾·川村(1985, 1981)는 여러 성토파괴 사례를 조사한 것에 대해 성토형상과 지반의 토성에 관계없이 침하량(S_v)과 수평변위와 침하량의 비(y_m / S_v)와의 관계는 파괴규준선 아래로 지난다는 것을 알아냈다. 즉, 성토 시공 중 기초지반의 변위괴적이 그림 6.6의 곡선 II와 같이 파괴규준선에 가까운 경향을 보일 때는 파괴 징후로 간주할 수 있으며, 곡선 III처럼 파괴규준선에서 멀어지면 지반이 안정화되어가고 있다는 것을 실제 사례에 기초하여 제안하였다.

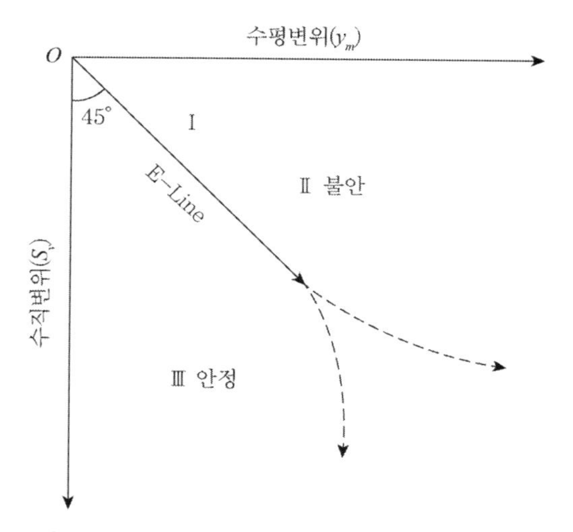

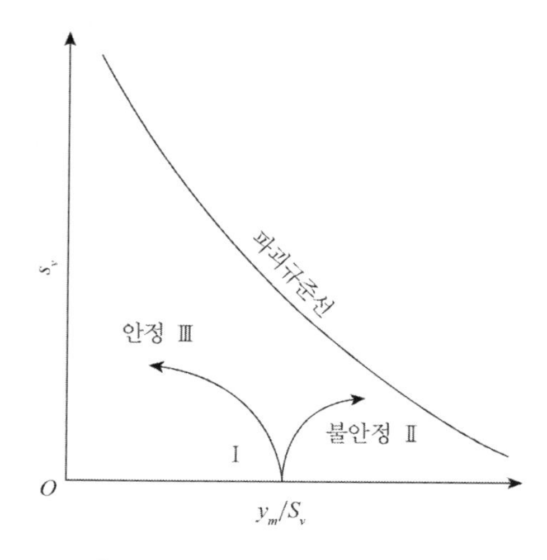

그림 6.5 침하량과 수평변위량의 안정, 불안정 모식도

그림 6.6 침하와 측방변위량의 상호관계

한편 紫田·關口(1985, 1981)는 성토를 단계적으로 시행하였을 때 성토 개시 시점부터 Δt시간 후에 발생하는 수평변위량을 Δy_m이라 하면(단, Δt는 일정함), 토압증분에 대한 Δq의 측방변형계수를 $\Delta q/\Delta y_m$라 하는데, 이것과 성토압 q와의 관계를 도시할 수 있다. 이때 q 대신 성토고 h를 취해도 된다. $\Delta q/\Delta y_m$와 q의 관계에서 얻어진 직선이 횡축과 만나는 점의 하중 값을 파괴하중이라 제안하였고 $\Delta q/\Delta y_m$가 15t/m^2 이하면 불안정하다고 제안하였다.

栗原·一本(1977)는 성토법면 천단측방변위 속도 $\Delta y_m/\Delta t$가 어떤 한계치를 넘지 않도록 관리하는 방법을 제안하였다.(22) 이 방법은 $\Delta y_m/\Delta t$ 관계치를 설정하는 것이 핵심인데, 栗原 등은 균열이 발생한 시점의 $\Delta y_m/\Delta t$값이 그림 6.7에 도시한 바와 같이 0.02m/day를 초과하면 파괴상태에 이른다고 설명하였다. 그리고 이 값을 넘지 않도록 성토속도를 제어함으로써 소정의 성토를 축조할 수 있다고 제안하였다. 이와 같이 그림 6.7은 $\Delta y_m/\Delta t$ 관리도를 도시한 모식도다.

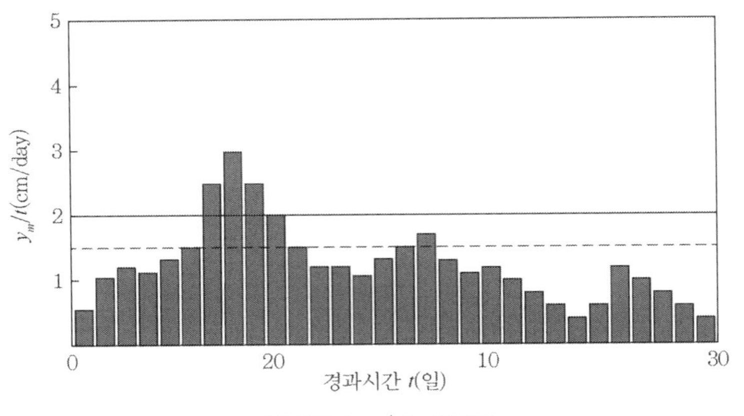

그림 6.7 $\Delta y_m/\Delta t$ 관리도

6.2.3 수평하중을 받는 말뚝

(1) 수동말뚝과 주동말뚝

그림 6.8과 같이 수평하중 받는 말뚝은 말뚝과 지반 중 어느 것이 움직이는 주체인가에 따라 수동말뚝과 주동말뚝 두 종류로 나뉜다.(3,4)

말뚝이 움직이는 주체가 되어 말뚝 변위가 주변지반의 변위를 유발하는 말뚝을 수동말뚝(그림 6.8(a))이라고 하고, 말뚝 주변지반이 주체가 되어 주변지반 변형의 영향을 말뚝이 받는 것을 주동말뚝(그림 6.8(b))이라고 한다. 두 말뚝의 차이점은 수동말뚝에 수평하중이 미리 가해지는 데 반해 주동말뚝은 지반과 말뚝의 상호작용에 의해 정해진다는 차이가 있다.

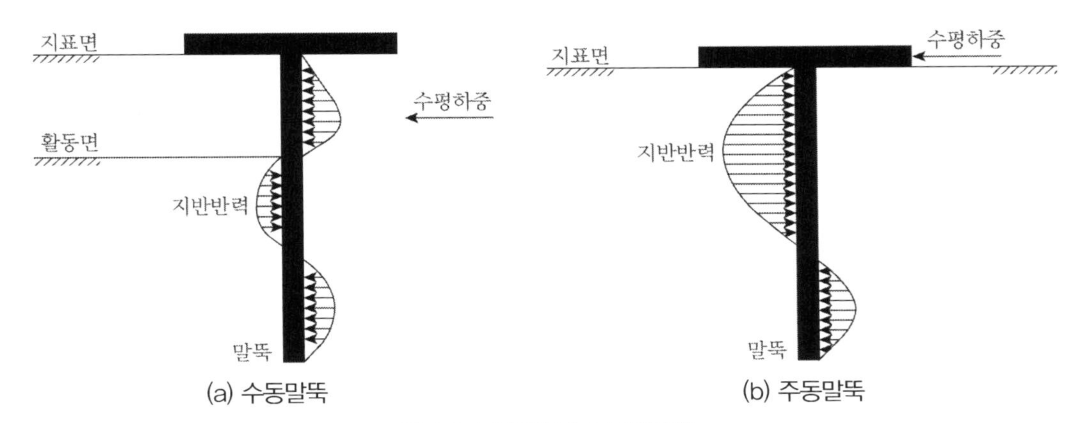

그림 6.8 수동말뚝과 주동말뚝(3)

(2) 수동말뚝의 종류

말뚝 주변의 지반이 수평하중을 일으키는 상황은 말뚝이 성토와 같은 성토하중을 받거나 그 주변에 설치되어 있는 경우, 근접공사나 지진 때문에 말뚝 주변지반에 측방유동이 생길 경우 등이다. 수동말뚝의 구체적인 종류는 다음과 같다.

① 흙막이용 말뚝

연약지반 굴착 시 흙막이 말뚝은 배면지반침하나 말뚝 사이 지반의 소성변형에 의한 수평토압으로 인하여 수평으로 토압을 받아 수평방향으로 이동한다.

② 사면안정말뚝

산사태 등의 사면붕괴를 방지할 목적으로 사면상에 말뚝을 설치하는 것으로 수평하중에 대한 저항특성을 적극적으로 활용한 수동말뚝의 전형적 형태다. 경험적으로 오래전부터 사용되었으며 연암지반 산사태를 비롯한 각종 산사태 지대에 많이 사용되었다.

③ 교대기초말뚝

교대가 연약지반 위에 설치된 경우 교대 뒤 배면성토에 따른 침하와 하중 증가로 교대가 밀리는 사례가 발생하며 그림 6.9는 이러한 교대이동 메커니즘을 나타낸 것이다.

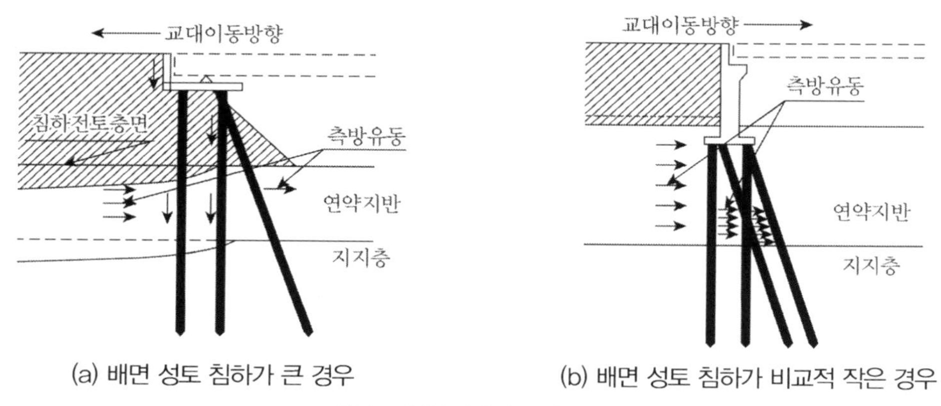

(a) 배면 성토 침하가 큰 경우 (b) 배면 성토 침하가 비교적 작은 경우

그림 6.9 연약지반의 교대기초말뚝

그림 6.9(a)는 배면성토에 의해 침하가 크게 일어나는 경우며 이때 교대는 성토방향으로 이동한다. 그림 6.9(b)는 배면성토 침하가 작은 경우며 이때 교대는 성토반대방향으로 이동한다.

④ 구조물 기초말뚝

구조물 기초말뚝은 성토에 근접하여 설치되는 경우가 있다.[18-20] 성토에 근접한 구조물 말뚝은 그림 6.10과 같이 각종 구조물이 연약지반에 설치될 경우 성토와 같은 상재하중이 가해지고 평형상태가 무너지면서 기초말뚝에 예상치 않은 측방토압이 작용하여 구조물의 변위 및 기초말뚝의 파괴가 발생한다. 이는 성토 또는 절토가 주변 기초말뚝을 수동말뚝으로 만들 수 있다는 것을 의미한다.[21,23]

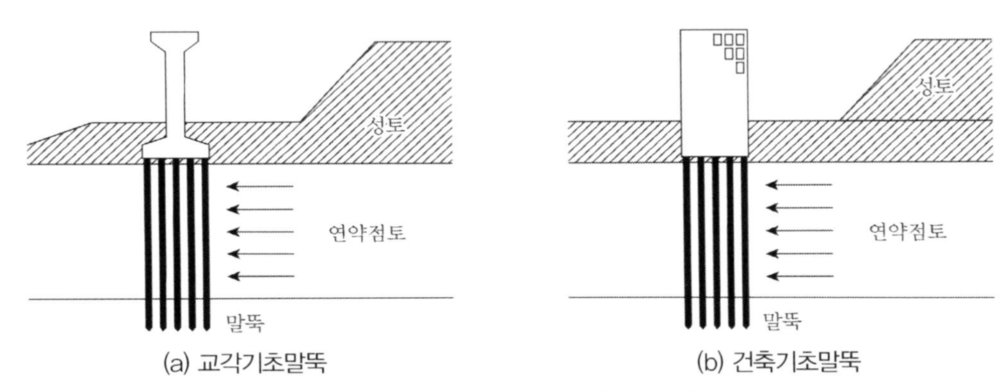

그림 6.10 성토에 근접한 구조물 기초말뚝

이러한 구조물의 기초말뚝은 연약지반 위의 매립지나 인공 섬의 매립이 끝난 뒤에도 오랫동안 측방토압이 잔류하는 경우가 많다. 수평변위는 주로 육지방향으로 발생하며 연평균 변위량은 20~80mm 정도다.

측방토압을 받는 지반에 설치된 기초말뚝은 수동말뚝으로 거동하며 잔류침하로 인한 부마찰력도 작용하게 되어 주의가 필요하다.

⑤ 횡잔교 기초말뚝

불안정한 사면상에 횡잔교가 설치되어 있을 경우에 사면은 임의의 파괴면을 따라 변형이 발생하여 말뚝에 측방토압이 발생한다. 그러므로 횡잔교의 사면안정해석은 말뚝 무리가 수동말뚝으로 발휘하는 저항력을 고려한다면 매우 유리해진다.

⑥ 근접공사에 영향을 받는 구조물의 기초말뚝

연약지반에 다수의 기성말뚝을 타설하는 경우, 지반개량을 위해 샌드파일 또는 심층혼화처리를 하는 경우, 지반에 여분의 체적이 삽입되어 삽입된 체적만큼 지반이 측방으로 변형하게 된다. 이 경우 이미 타설된 기성말뚝은 수동말뚝이 된다.

⑦ 지진 시 수동말뚝

지반이 지진에 의해 액상화되면서 수평방형으로 변형이 일어날 수 있으며, 이러한 액상화 지반사면에 설치된 구조물의 기초말뚝은 수동말뚝으로 작용한다는 것을 고려해야 한다.

6.2.4 호안구조물의 측방유동 사례

호안구조물의 측방유동 사례를 조사하기 위해 국내에서 시공된 호안구조물의 현장계측자료를 표 6.1과 같이 수집·분석하였다. 각 현장에 대한 개략적 단면도는 그림 6.11과 같다.

그림 6.11(a)에 나타낸 E01 현장 및 E02 현장에서는 안벽 배면 준설토 투기가 완료된 후 부지활용을 위한 연약지반 개량공사(PBD + 재하성토)가 시공되었다. 안벽호안의 구조형식은 중력식으로 제체는 케이슨식으로 시공되었다. 원지반 지층 구성은 상부에 연약한 실트질 점토층이 8~10m 두께로 분포하고 있고, 연약층 하부에는 모래자갈층이 대략 1m 높이로 얇게 분포하고 있으며, 그 하부에 풍화암이 존재하고 있다. 각 공구에 따라 사석치환 및 심층혼합처리공법이 제체 하부의 연약지반 개량목적으로 시공되었다. 즉, E01 현장은 제체 하부를 사석치환한 현장이고, E02 현장은 제체 하부에 심층혼합 처리공법이 적용되었다.

표 6.1 호안구조물의 측방이동 사례

구분	위치	호안 형식	측방변위(cm)	연약층 두께(m)	연약지반개량공법
E01	진해	케이슨식	-4.2	8.9	사석치환
E02	진해	케이슨식	12.8	9.4	심층혼합처리
E03	부산	케이슨식	24.3	29	SCP + 사석치환
E04	부산	케이슨식	11.2	36.7	SCP + 사석치환

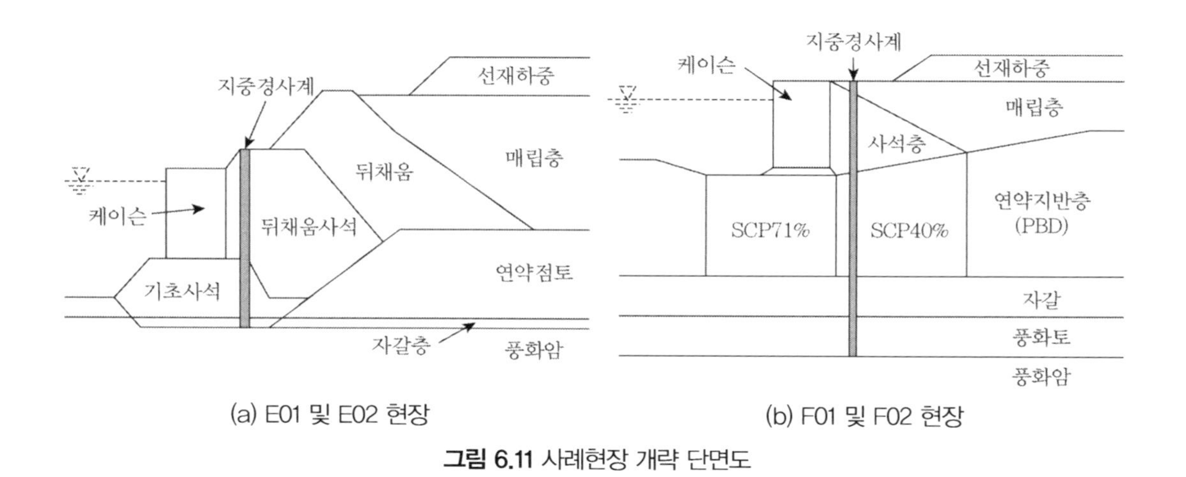

(a) E01 및 E02 현장
(b) F01 및 F02 현장

그림 6.11 사례현장 개략 단면도

E01 및 E02 현장의 시공단계별 측방변위 계측 결과는 그림 6.12에 도시하였다. 그림 6.12에서 E01 현장의 측방변위가 음(-) 값을 보이는데, 이는 육지 측으로 변위가 발생하였음을 의미한다. 케이슨 배면에 설치된 지중경사계에 의한 측방변위가 육지 측으로 발생한 원인은 제체 하부에 잔류하는 점성토가 영향을 미친 것으로 판단된다.

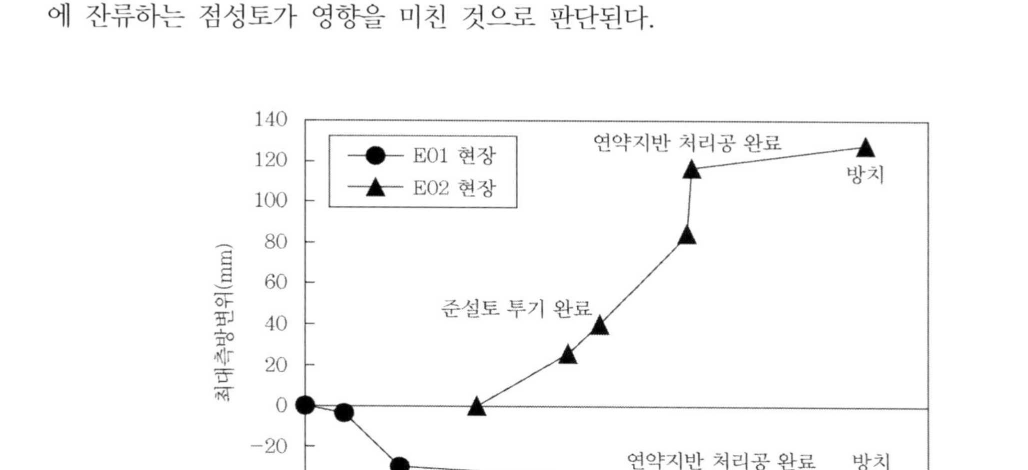

그림 6.12 시공단계별 측방변위(E01, E02 현장)

계측 종료 시점에서는 케이슨의 기울기를 측정한 결과 케이슨이 해양 쪽으로 1:214의 기울기로 기울어져 있는 것으로 나타났다. 이는 제체가 케이슨의 상부보다 대략 7.5m 성토되어 케이슨

상부에 막대한 토압이 작용, 케이슨이 토압으로 인하여 밀려나 기초지반에 부등침하가 발생한 것으로 판단된다. 그러나 준설투기 도중 급격히 증가하는 측방변위가 연약지반 처리공이 시작되는 과정에서 점차 속도가 감소하기 시작했으며, 방치 기간 중에는 일정한 값에서 수렴하는 경향을 보여 안정 상태를 유지하는 것으로 판단된다.

E02 현장 계측 결과를 보면 준설토 투기 및 재하성토 완료 시까지 대략 117mm의 측방변위가 발생한 이후 약 11개월의 방치 기간 동안 측방변위가 10mm 정도 미소하게 증가하는 것으로 나타나 안정된 상태를 유지하는 것으로 판단된다.

F01 및 F02 현장 호안구조물 형식 및 시공 순서는 E01, E02 현장과 유사하며, 다만 그림 6.11(b)에서와 같이 연약지반개량을 위하여 SCP와 사석치환이 적용되었다.

전 현장에서는 케이슨 하부에 치환율 71%의 SCP를 타설하고 사석제로 부분치환을 실시하였으며, 케이슨 배면부의 제체하부에는 치환율 40%의 SCP를 타설하였다. 원지반 상부는 N치가 8 이하인 연약점토 및 실트 퇴적층이 약 27~40m 두께로 두껍게 분포하고 있고, 그 아래는 실트질 모래층, 자갈층, 풍화암층이 차례로 분포하고 있다. 케이슨 거치부의 경우 상부 연약지반 상부를 20m 이상 준설한 후 SCP를 71%의 치환율로 타설하고 그 상부에 7m 두께로 사석기초를 포설하였다. 케이슨 배면으로 갈수록 준설심도는 1:3의 기울기로 감소하여 이 구간 중 일부 구간(대략 34m)은 SCP를 40% 치환율로 타설하여 지반을 개량하였다. F01 및 F02 현장의 차이는 연약지반 두께가 F01 현장이 29m고, F02 현장은 36.7m다.

F01 및 F02 현장의 시공단계별 측방변위 계측 결과는 그림 6.13에 도시하였다. 그림 6.13에서 F02 현장의 경우가 연약지반 두께가 상대적으로 더 두꺼웠음에도 불구하고 측방변위는 오히려 더 작게 발생했음을 알 수 있는데, 이는 재하속도 차이에 기인한 것으로 판단된다. 즉, F01 현장의 경우 뒤채움사석 시공 완료 후 5.4m 높이의 1단 재하성토까지 92일이 소요되는 반면, F02 현장의 경우 5.7m 재하성토까지 약 180일이 소요되었다. F01 현장의 경우가 상대적으로 급속시공이 이루어졌기 때문에 과잉간극수압과 이에 따른 측방유동 토압이 급격히 증가하게 되어 호안구조물에 작용하는 측방토압이 상대적으로 커졌던 것으로 판단된다. 두 현장 모두 재하성토 제거 후 방치 기간 동안 측방변위가 일정한 값에 수렴하는 것으로 나타나 안정 상태를 유지하는 것으로 판단된다.

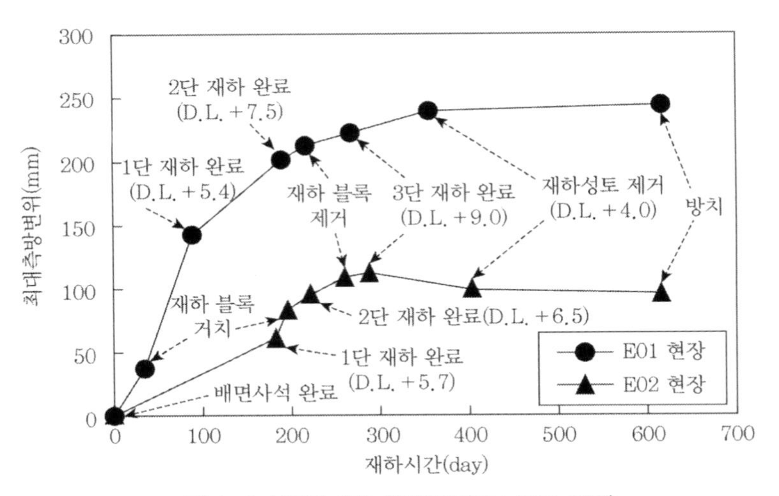

그림 6.13 시공단계별 측방변위(F01, F02 현장)

6.3 사례 연구

6.3.1 현장 개요

○○테마어항은 경기도 ○○시에서 ○○테마어항 조성계획(2008.02.)과 기본고시(2008.12.) 내용을 기본으로, 어항 시설물인 방파제, 호안, 물양장과 해상레저, 플레저 보트가 안전하게 접·이안할 수 있도록 플레저 보트 계류장 등을 계획하여 어선과 플레저 보트가 공존하는 다목적 어항으로 시설계획을 수립하였다.

그림 6.14는 ○○테마어항의 대략적 위치를 표시한 그림이다. ○○테마어항은 경기도 ○○시 ○○면 일대에 위치한 지방어항으로 약 5km 떨어진 곳에 제부도가 위치하고 있다. 수역은 ○○섬 서측 끝단에서 북서측 580m의 공유수면을 경유하며, 이 점에서 동북방향으로 ○○방조제 중간점을 연결하는 선내수면(393.979m^2)으로 되어 있다. 육역은 27,812.8m^{2}로 이 중 물양장이 1,390m^2, 선착장이 4,430m^2, 배후부지 18,368m^2, 방파제 1,735m^{2}로 구성되어 있다. 또한 밀물과 썰물에 관계없이 24시간 배가 드나들 수 있는 장점이 있다.

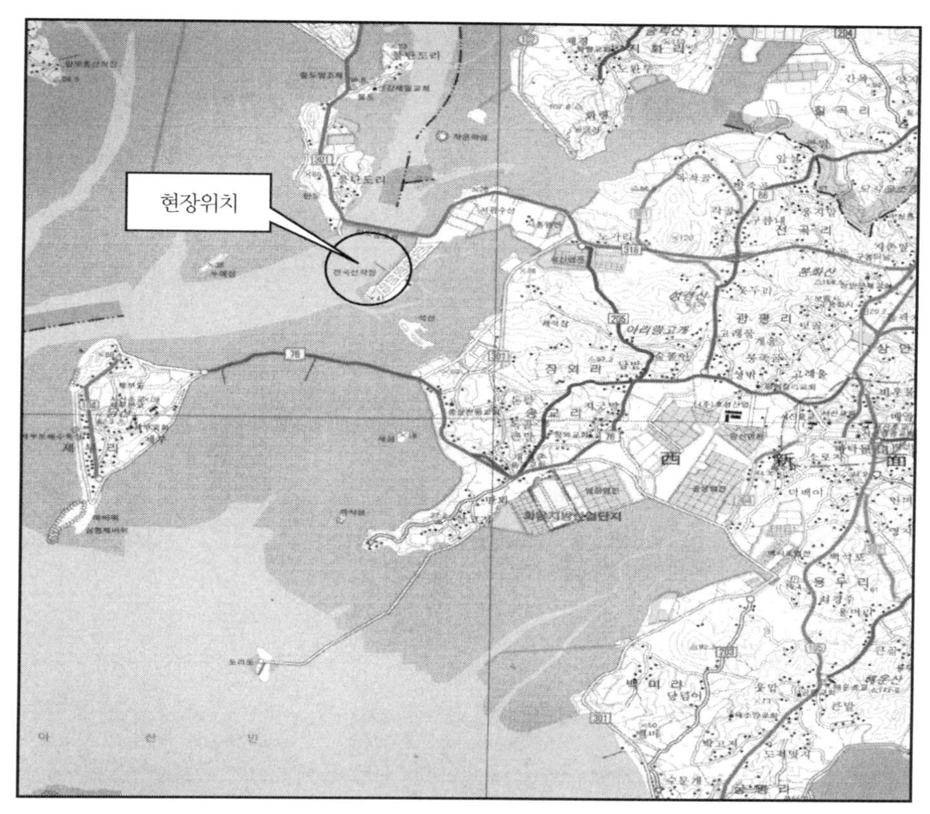

그림 6.14 ○○테마어항 위치도[12]

6.3.2 항만구조물

그림 6.15는 ○○테마어항의 계획평면도다. 테마어항의 규모는 방파제 269m, 직립호안 130m, 물양장 120m, 선양장 48m(폭 6m), 요트장 계류시설 113척(육상 53척, 해상 60척) 규모며, 관광어항구역과 순수어항구역으로 구분되어 있다.

관광어항구역의 직립호안은 소파블록이며 소요수심은 플레저 보트 40ft급 흘수선인 2.1m를 고려한 DL.(-)3.0m로 계획되어 있다. 순수어항구역인 물양장 구역은 콘크리트 중력식 블록으로 소요수심은 어항 설계기준 대상 선박 20ton급 어선의 흘수선인 1.5m를 고려하여 DL.(-)2.0m로 계획되어야 하나 기존 선착장 이용계획과 항내 이용성, 시공성 등을 고려하여 DL.(+)2.0m로 계획되었다.

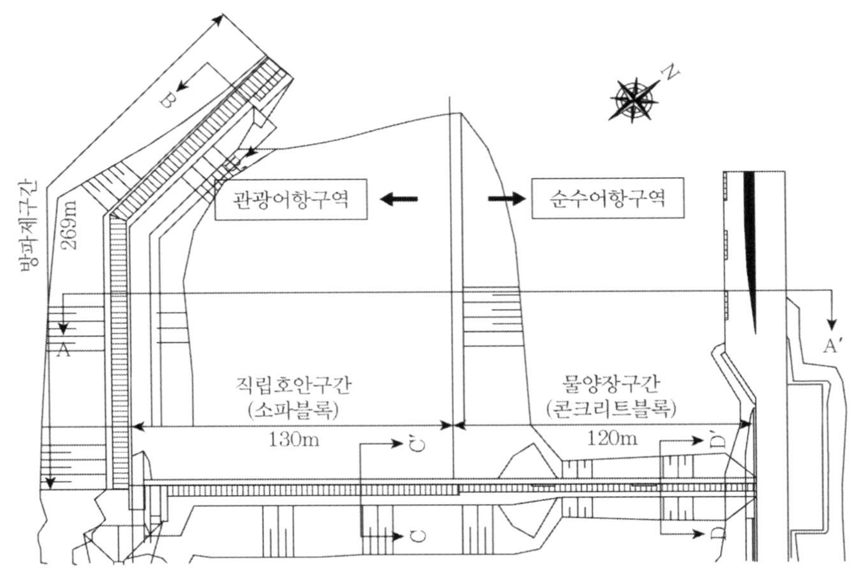

그림 6.15 ○○테마어항 계획 평면도(단위: m)[12]

그림 6.16은 ○○테마어항의 단면을 도시한 것이다.[12] 총거리 250m 중 관광어항구역인 직립호안구역은 130m며, 순수어항구역은 120m다. 관광어항 및 순수어항구역의 마루 높이는 DL.(+)10.0m로 계획되었다. 관광어항구역과 순수어항구역의 소요수심은 각각 DL.(-)3.0m, DL.(+)2.0m로 계획되어 약 5m의 단차가 있다. 단차 시작점은 직립호안 시점에서 125m 지점이며, 종점은 직립호안 시점에서 145m로 약 20m 거리다. 기울기는 1:4다.

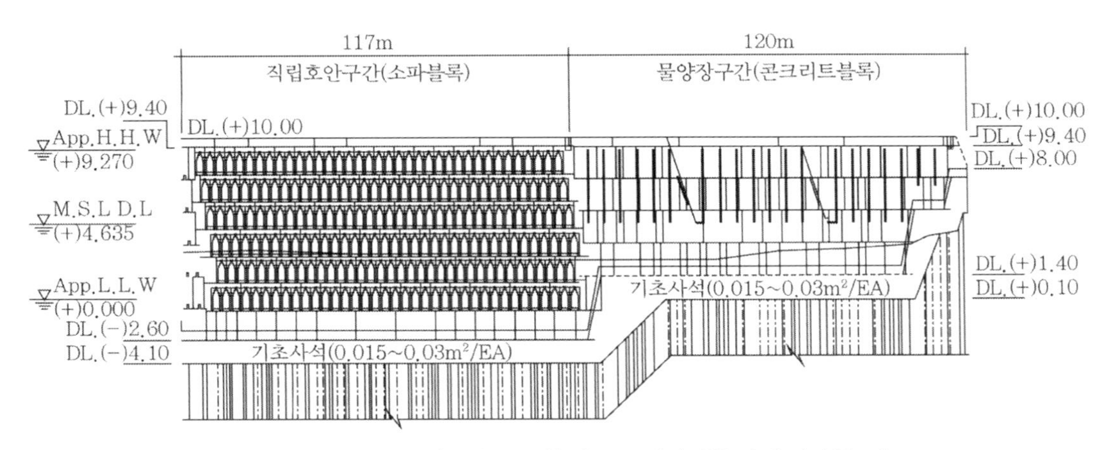

그림 6.16 단면 A–A′(그림 6.15 참조) ○○테마어항 단면도(단위: m)

그림 6.17은 ○○테마어항의 외곽시설인 방파제의 표준단면이다. 방파제는 관광어항 좌측에 위치해 있으며 총거리는 269m다. 방파 시설은 기상이변 시 플레저 보트 계류시설에 내습하는 바람으로 인한 WSW-W 계열의 파랑을 차폐할 수 있도록 계획되었다. 규모는 남방파제 112.5m, 서방파제 90m, 방파호안 66.5m다.

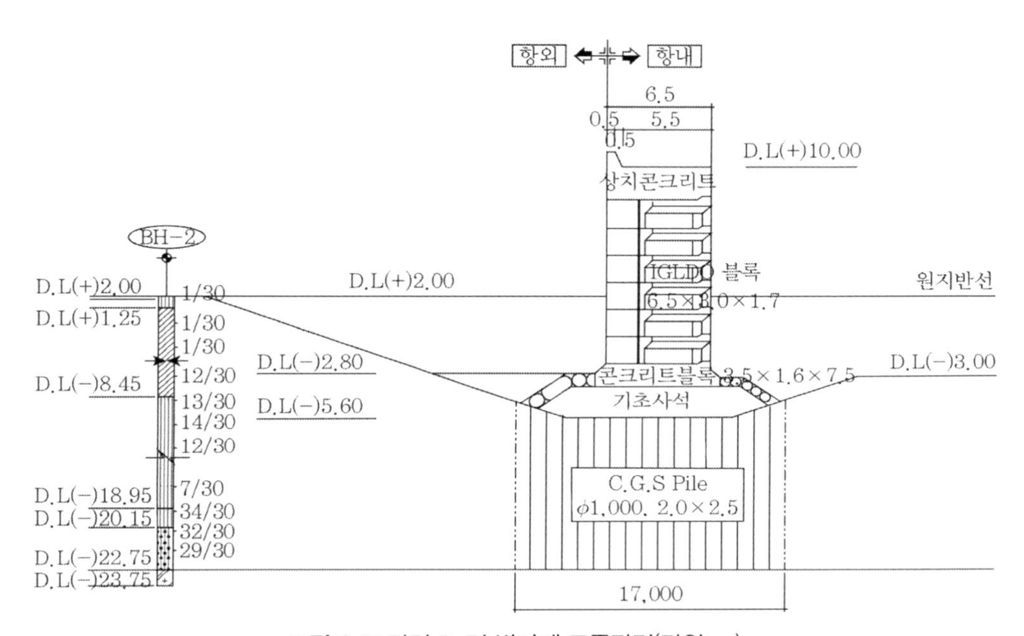

그림 6.17 단면 B-B′ 방파제 표준단면(단위: m)

마루높이는 항만 및 어항설계기준에 따른 마루높이 10.47~11.77m, 주변 시설물의 마루높이 10.1~10.9m를 고려하여 DL.(+)11.0m로 계획하였다. 방파제 구간의 수심 분포는 DL.(-)2.43~3.43m며, 연약지반지층 두께는 BH-1, BH-2 시추 결과 상부에 느슨한 실트질 점토층이 10m 두께로 분포하며, 그 아래 점토질 실트층이 8~12m로 분포되어 있어 연약지반개량이 실시되었다.

연약지반개량은 직경 1.0m의 CGS를 2.0×2.5m 간격으로 폭 17m 구간에 타설하였고, DL.(-)5.6m까지 준설 후 높이 2m의 기초사석을 포설하였다. 이후 콘크리트블록 1단을 거치한 뒤 소파블록 6단을 거치하고 마지막으로 높이 2.0m의 상치콘크리트를 타설하였다. 또한 항외 구간에는 피복석과 기초사석 쇄굴 방지를 위한 사석채움도 계획되었다.

그림 6.18은 관광어항구역의 직립호안 표준단면이다. 관광어항구역의 직립호안은 육상계류 및 지원시설의 부지 조성과 해상계류시설의 수역 확보를 위한 시설로 직립호안 130m(직립호안

117m, 선양장 및 하역시설 13m)로 계획되었다. 직립호안의 마루높이는 항만 및 어항설계 기준에 의한 물양장 높이 산정기준을 적용 DL.(+)10.0m로 계획되었고, 소요수심은 40ft급 플레저보트의 흘수선인 2.1m를 고려하여 DL.(-)3.0m로 설계되었다. 직립호안구간의 지층두께는 BH-4 시추 결과 연약한 실트질 점토층과 점토질 실트층이 16m 두께로 분포하고 있어 연약지반개량이 실시되었다.

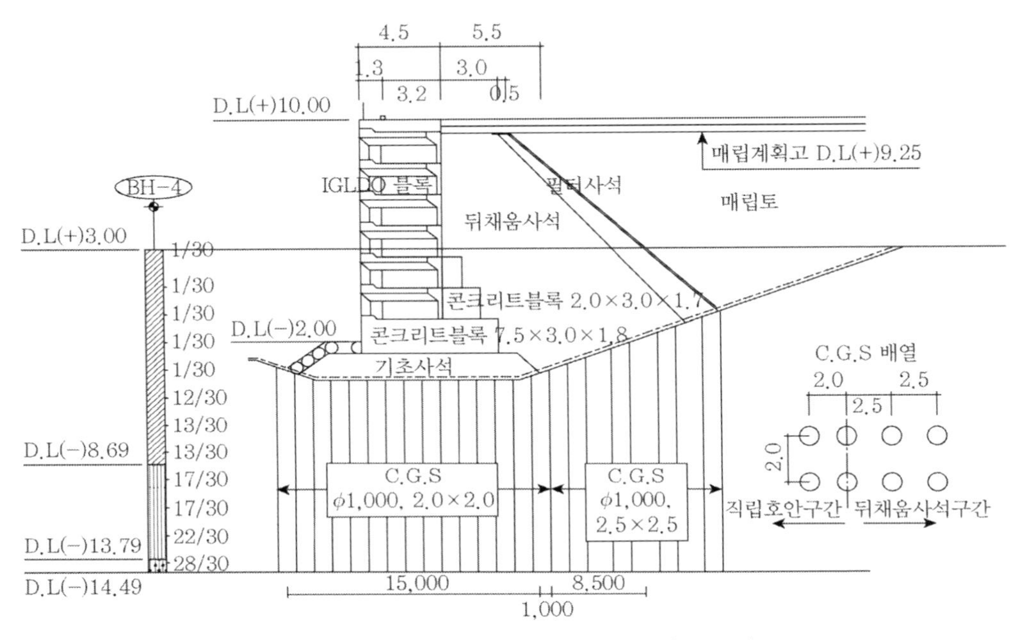

그림 6.18 단면 C-C′ 직립호안 표준단면(단위: m)

연약지반개량은 직경 1.0m의 CGS를 2.0×2.0m 간격으로, 뒤채움사석구간은 직경 1.0m의 CGS를 2.5×2.5m 간격으로 타설하였다. CGS 타설 뒤 DL.(-)4.1m까지 준설 후 1.5m 높이로 기초사석을 포설하였다. 그리고 콘크리트블록 1단을 거치하고 소파블록 6단을 거치 마지막으로 0.6m 높이로 상치콘크리트를 타설하였다. 블록을 거치한 뒤 뒤채움사석과 필터사석을 폭 3.5m로 포설한 뒤 마지막으로 매립토를 매립하는 순서로 시공하였다.

그림 6.19는 순수어항구역의 물양장 표준단면이다. ○○테마어항 내 순수어항구역은 어항구역을 이용하는 대상어선(45척)의 양육, 보급, 휴식을 위한 시설로 물양장 110m와 기존 선착장 및 접속호안 10m로 계획되었다. 물양장 마루높이는 현지 수심과 기존 시설물의 마루높이, 매립

지 침수피해 저감 그리고 직립호안 마루높이를 고려하여 삭망평균만조위(H.W.L) DL.(+)9.72m에 여유고를 고려 DL.(+)10.0m로 계획되었다.

소요수심은 항만 및 어항설계 기준 대상 선박 20ton급 어선의 흘수선인 1.5m를 고려하여 소요수심을 DL.(-)2.0m로 계획하여야 하나 어항구역의 소요수심 및 기존선착장 이용계획을 고려 물양장 전면 소요수심은 항내 이용성, 시공성 등을 고려하여 DL.(+)2.0m로 계획하였다.

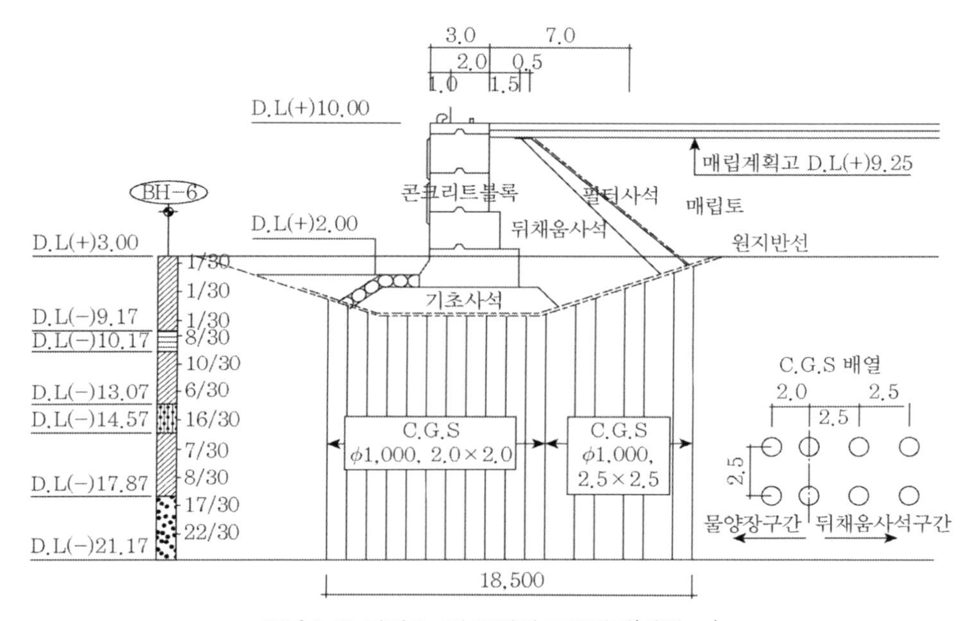

그림 6.19 단면 D–D′ 물양장 표준단면(단위: m)

물양장 구간의 지층두께는 BH-6 시추 결과 연약한 실트 점토층이 20~25m 두께로 분포하여 연약지반개량이 실시되었다.

연약지반개량은 물양장 폭 8m 구간은 지름 1m의 CGS를 2.0m×2.5m 간격으로 타설하였다. CGS 타설 후 DL.(-)1.0m까지 준설 후 1.5m 높이로 기초사석을 포설하고 콘크리트블록을 4단 거치하였다. 그리고 마지막으로 0.6m 높이로 상치콘크리트 타설로 마무리하였다. 물양장 전면에는 방파제와 동일하게 기초사석과 피복석의 쇄굴을 방지하기 위한 잡석채움이 시공되었다. 블록을 거치한 뒤 뒤채움사석과 필터사석을 폭 3.5m로 포설한 뒤 마지막으로 매립토를 매립하는 순서로 시공하였다. 표 6.2는 ○○테마어항의 시공과정을 표로 정리한 것이다.

표 6.2 ○○테마어항 시공과정

2007년 5월	연약지반 처리를 위한 CGS 타설 시작
2007년 10월	연약지반 처리 완료
2008년 1월	준설 시작(2009년 5월 준설 완료)
2008년 10월	방파제 및 선양장 기초 사석 투하 및 블록 거치
2008년 11월	물양장 및 직립호안 구간 블록 거치와 뒤채움사석 투하 완료, 배면 매립 시작
2008년 11월	1차 배면 매립(8.0m 폭)
2008년 12월	2차 배면 매립
2008년 12월	블록 변위로 인한 배면 매립 중단

6.3.3 지층 구성

○○테마어항은 총 3번의 지반조사가 실시되었다. 2006년 1월 실시한 조사는 실시설계를 위한 지반조사며, 2008년 11월에는 직립호안과 물양장 배면부지의 연약지반을 확인하기 위해 실시되었다. 2009년 1월 마지막 조사는 2006년 1월에 실시한 시추 조사 시 직립호안과 물양장구간에 각 1공만의 시추조사가 실시되어 이를 보완하기 위한 추가 지반조사였다. 3회에 걸친 지반조사 위치는 그림 6.20에 표시하였다.

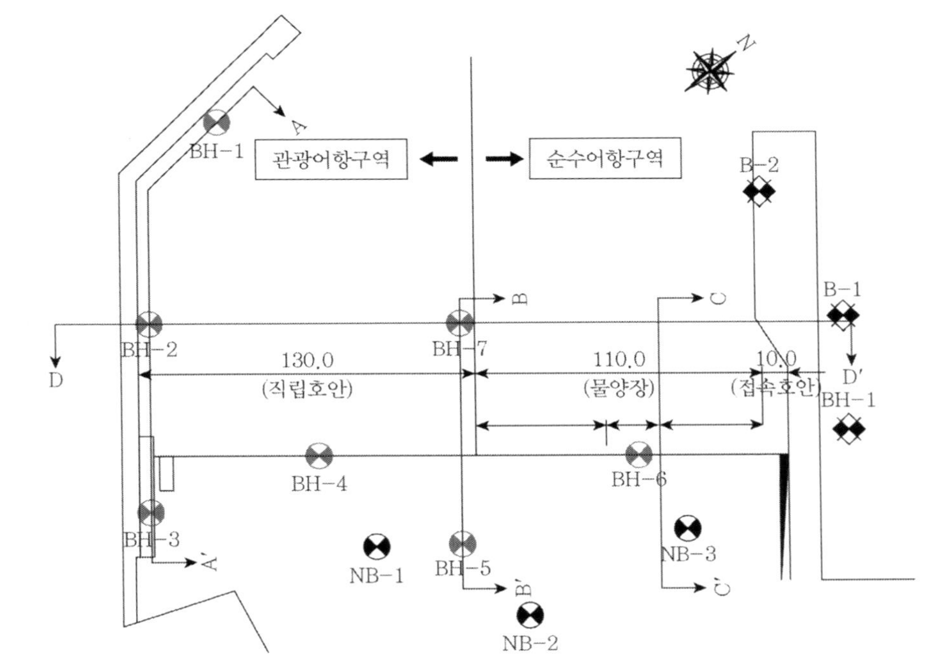

그림 6.20 3회의 지반조사 위치도

그림 6.21는 단면 A-A′의 지질주상도다. 해성퇴적토층은 5~14m 두께로 분포하고 토성은 점토질 실트, 실트질 점토로 되어 있다. *N*치 분포는 1/30~5/30이다. 잔류토층은 해성퇴적토층 아래 5~13m 두께로 분포하고 있으며 *N*치는 10/30~50/14이다. 풍화암층은 잔류토층 아래 0.5~2.0m 두께로 분포하며 N치는 29/30~32/30이다. 연암층은 풍화암 아래 약 1.0m 이상 두께로 분포하고 있다.

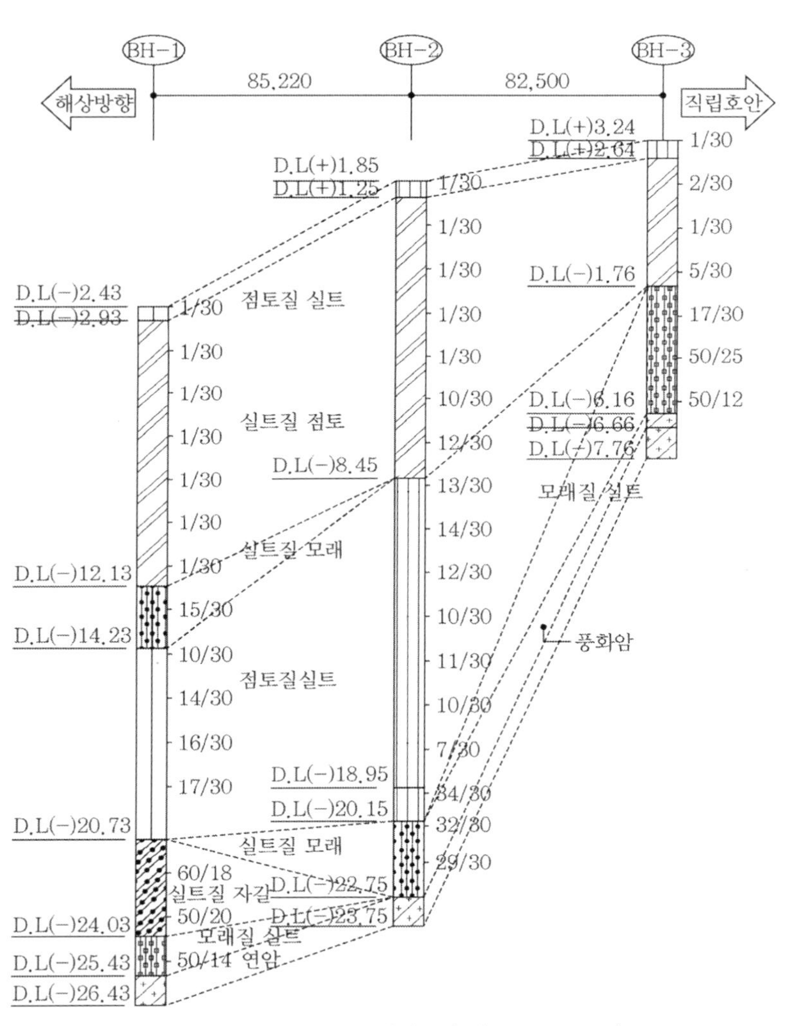

그림 6.21 단면 A–A′ 지질주상도(BH–1~BH–3)

그림 6.22는 단면 B-B′의 지질주상도다. 해성퇴적토층은 9.0~15.0m의 두께로 분포하며 토성은 점토질 실트, 실트질 점토다. *N*치는 1/30~19/30이다. 잔류토층은 해성퇴적토층 아래 4.0~

12.0m 두께로 분포하며 토성은 실트질 점토, 실트질 자갈이다. N치는 4/30~50/10이다. 풍화암층은 잔류토층 아래 0.3~0.5m 두께로 분포하고 연암층은 풍화암층 아래 1.0m 이상 분포되어 있다.

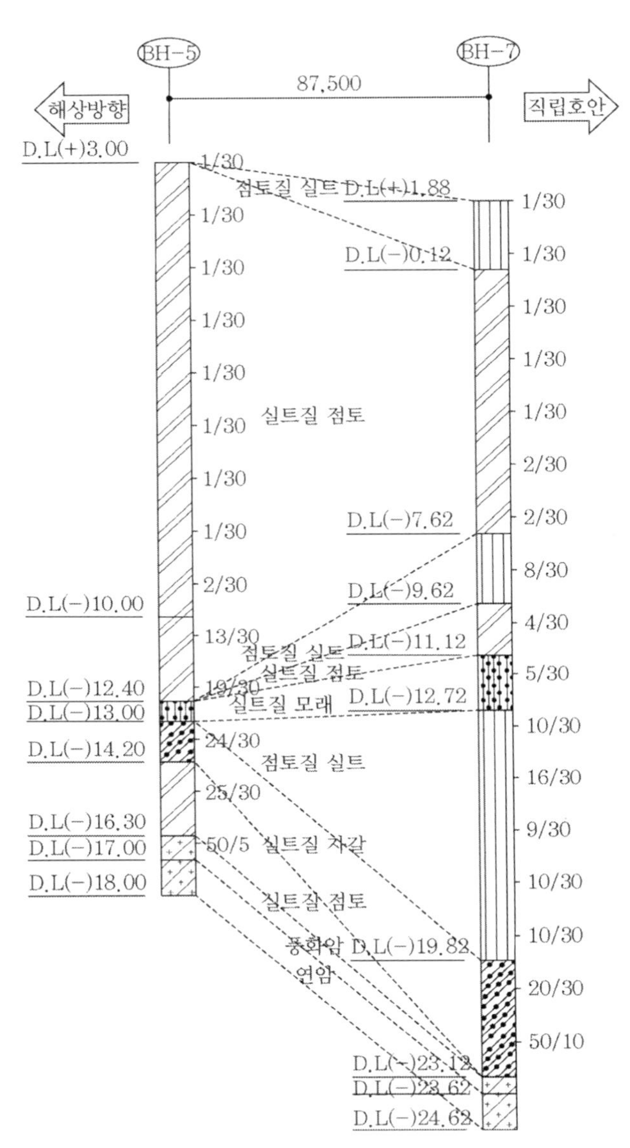

그림 6.22 단면 B-B′ 지질주상도(BH-5~BH-7)

그림 6.23은 단면 C-C′의 지질주상도다. 해성퇴적토층은 19.0~23.0m 두께로 분포되어 있으며, 토성은 실트질 점토, 점토질 모래로 되어 있다. N치는 1/30~26/30이며, 하부에 약간의

모래층이 분포되어 있어 *N*치가 높게 평가된 부분도 있다. 잔류토층은 해성퇴적토층 아래 6.0~9.0m 두께로 분포하고 있으며 토성은 실트질 모래, 실트질 자갈로 되어 있다. *N*치는 9/30~50/16 범위로 조밀함 내지 매우 조밀함을 보이며, 연암층은 잔류토층 아래 1.0m 이상 분포되어 있다.

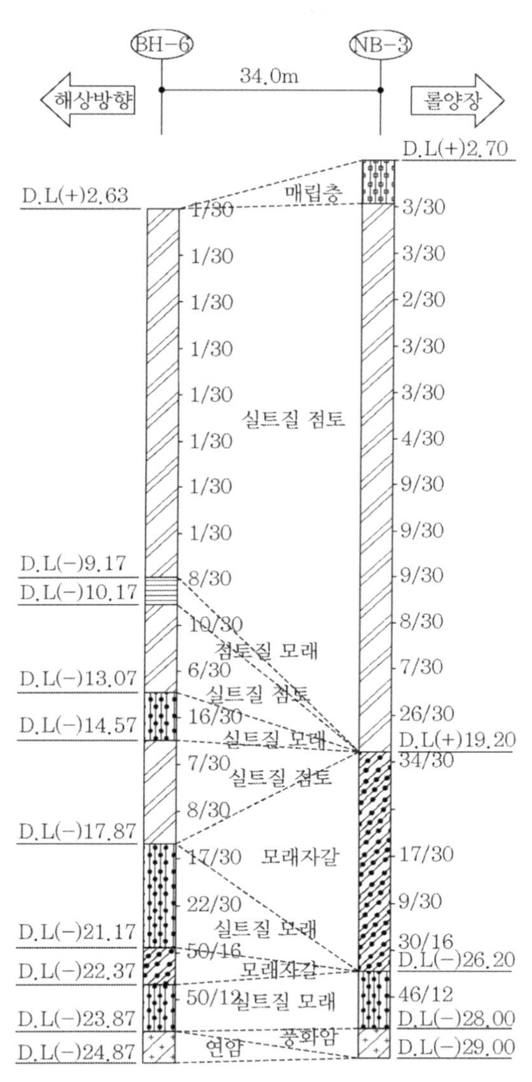

그림 6.23 단면 C–C′ 지질주상도(BH–6~NB–3)

그림 6.24는 단면 D-D′의 지질주상도다. 해성퇴적토층은 10.3~23.2m 두께로 분포되어 있으며 토성은 점토질 실트, 실트질 점토다. *N*치는 1/30~13/30이다. 잔류토층은 해성퇴적토층

아래 1~14.3m 두께로 분포하고 있고, 토성은 점토질 실트, 실트질 점토, 실트질 자갈이며, N치는 4/30~50/10이다. 풍화암은 잔류토층 아래 0~1.4m 두께로 분포되어 있으며, N치는 50/15이다. 연암은 풍화암 아래 1.0m 이상으로 분포되어 있다. 표 6.3은 ○○테마어항의 지층 구성상태를 표로 정리한 것이다.

시추 결과를 종합해보면 지층 구성 형태를 상부로부터 해성퇴적토층, 잔류토층, 풍화암층, 연암층으로 구성되어 있으며, 이를 각 지층별로 기술하면 표 6.3과 같다.

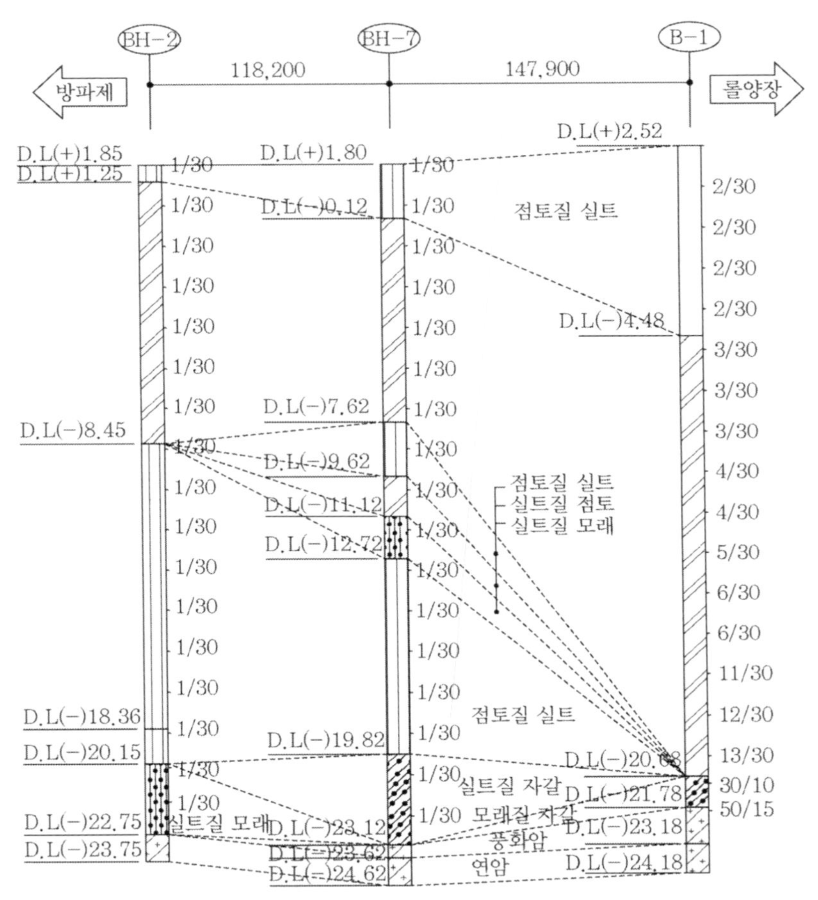

그림 6.24 단면 D-D′ 지질주상도(BH-2~B-1)

표 6.3 지층 구성상태

구분		층두께(m)	구성 상태	N치(회/30cm)	코어회수율 /RQD(%)	비고
해성 퇴적토층	점성토	5.0~20.5	점토질 실트 실트질 점토	1/30~27/50	-	
잔류토층		3.9~7.0	모래질 실트 실트질 모래	9/30~50/12	-	
풍화암층		0.5~7.0	응회암	50/5	-	
연암층		1.0 이상	-	-	(85~100)/(0/30)	

해성퇴적토층은 전 지역에 걸쳐 5.0~20.5m의 두께로 분포하고 있으며 토성은 점토질 실트, 실트질 점토로 되어 있다. *N*치는 1/30~27/50이며 하부에 약간의 모래층이 분포하여 *N*치가 높게 평가된 부분도 포함되어 있다. 컨시스턴시는 매우 연약함 내지 매우 단단한 상태다.

잔류토층은 해성퇴적토층 아래 3.9~7.0m의 두께로 분포되어 있으며 토성은 모래질 실트, 실트질 모래로 되어 있다. *N*치는 9/30~50/12이며 보통 조밀함 내지 매우 조밀한 상태다.

풍화암층은 잔류토층 아래 5.0~1.0m 두께로 분포하고 있으며 *N*치는 50/5로 매우 조밀한 상태를 보인다.

연암층은 풍화암 아래 1.0m 이상의 두께로 분포하고 풍화상태는 보통 내지 약간 풍화된 상태로 보통 강도를 보인다. 좁은 간격의 절리가 발달되어 있으며 코어 회수율을 85~100%, RQD는 0~30%로 나타나 불량 암질로 판단된다.

6.3.4 현장계측

블록에 대한 변위측정은 뒤채움사석 시공인 2008년 10월 7일부터 시작되었으며, 변위 측정 위치는 직립호안과 물양장 블록 상부에 총 10개소를 지정하여 수평변위와 침하계측을 실시하였다. 계측위치는 그림 6.25에 표시하였다.

수평변위는 토털스테이션으로, 침하계측은 레벨로 변위 계측을 실시하였다. 수평변위를 측정하기 위하여 사용한 토털스테이션은 특정 위치를 3차원 좌표로 측정할 수 있는 측량기기다.

변위 측정주기는 뒤채움사석 투하가 시작된 2008년 10월 7일부터 블록 배면 매립 직전인 11월 3일까지 3일에 한 번 변위측정을 실시하였고, 블록 배면 매립이 시작된 11월 3일부터 매립 중단 후 블록 해체 작업을 실시하기 직전인 12월 19일까지는 매일 변위 측정을 하였다.

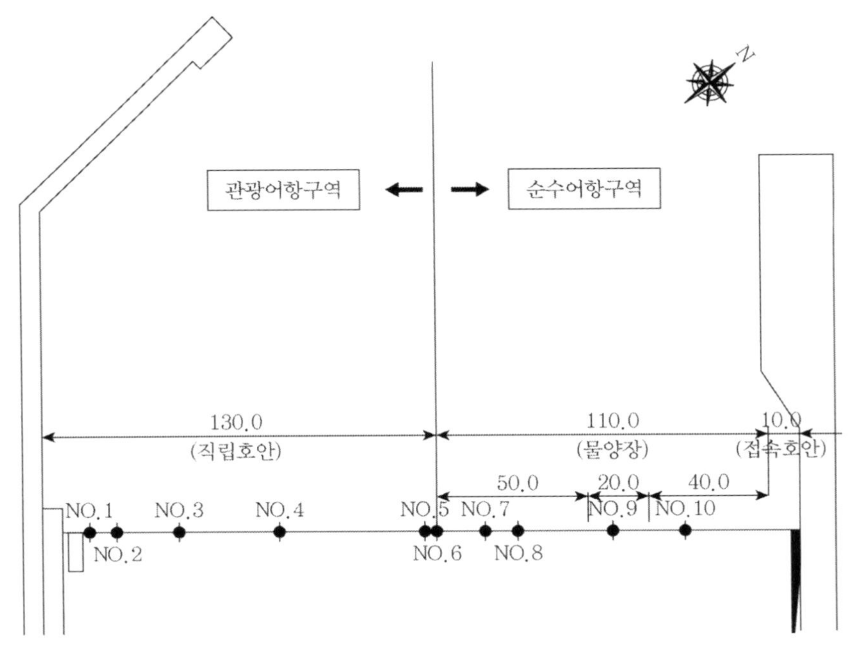

그림 6.25 직립호안 및 물양장 계측위치

6.3.5 연약지반개량

○○테마어항은 연약지반 개량을 위하여 CGS 공법을 사용하였다. CGS 공법은 저유동성의 모르타르형 주입재를 지중에 압입하여 원기둥 형태의 균질한 구결체를 형성함으로써 주변지반을 압축 강화시키는 지반개량공법이다.

기존의 주입방식과 달리 비수치환이라는 주입공법으로 주입재가 주변지반의 공극으로 침투하는 것이 아니라, 고결제의 형태로 지중에 방사형태로 압력을 가하여 토립자를 압밀시켜 지반이 조밀화되도록 강화하는 공법이다.

그림 6.26과 6.27은 직립호안과 물양장의 지반개량 계획평면도다. 직립호안구간의 원지반은 연약한 실트질 점토층과 점토질 실트층이 16m 두께로 분포되어 있다. 9구간, 11구간은 직경 1m CGS를 2.0×2.0m 간격으로 타설하였고, 10구간은 2.0×3.0m 간격으로, 12구간은 2.5×2.5m 간격으로 타설하였다. 9구간과 11구간은 직립호안과 방파호안 구간이며, 10구간은 선양장구간, 12구간은 뒤채움사석 구간이다. 주입압은 1~3kg/cm^{2}이며, 평균 주입 깊이는 11.7m이며, 치환율을 기초하부 19.6%, 뒤채움부 12.6%다.

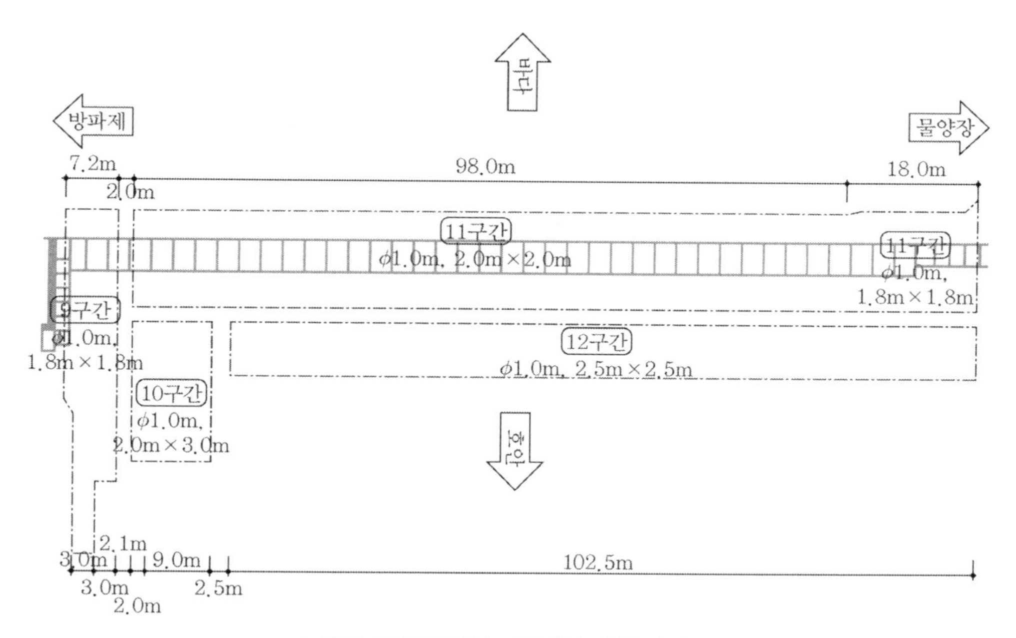

그림 6.26 직립호안 지반개량 계획 평면도

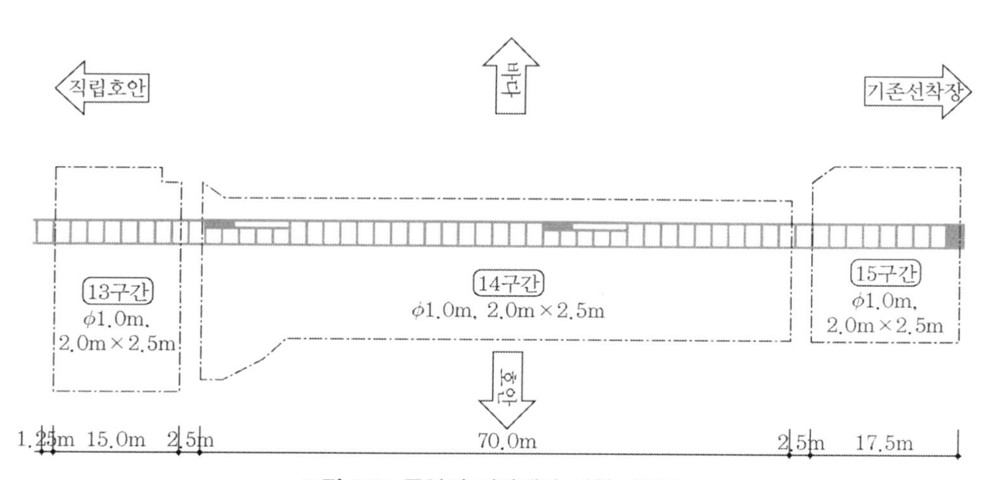

그림 6.27 물양장 지반개량 계획 평면도

물양장의 원지반은 연약한 실트 점토층이 20.0~25.0m 두께로 분포되어 있다. 13~15구간 모두 직경 1.0m CGS를 2.0×2.5m 간격으로 타설하였다. 평균 주입깊이는 20.40m, 주입압은 직립호안과 동일하다. 치환율을 기초하부 15.7%, 뒤채움부 12.6%다.

표 6.4는 ○○테마어항의 CGS 시공 수량을 표로 정리한 것이다. CGS 천공은 총 40,831m

총 주입량은 28,412m를 주입하였다. 이 중 직립호안은 12,021m를 천공하였으며, 822공을 주입하였다. 물양장은 10,827m를 천공하였고, 452공을 주입하였다. 확인 보링은 전 구간 1공씩 확인 보링을 실시하였다.

표 6.4 CGS 시공수량

공종	규격(mm)	단위	수량				계
			방파제	선양장	직립호안	물양장	
CGS 천공	ϕ73mm	m	15,596	2,387	12,021	10,827	40,831
CGS 주입	ϕ1000mm	m	11,066 (826공)	1,038 (231공)	6,579 (822공)	9,729 (452공)	28,412 (2,431공)
확인 보링	NX	회	1	1	1	1	1

6.4 직립호안과 물양장의 거동

직립호안과 물양장의 뒤채움사석 및 블록 배면 매립 일정은 표 6.5에 정리하였다. 뒤채움사석 투하는 2008년 10월 7일부터 같은 해 11월 28일까지 52일이 소요되었으며, 블록 배면 매립(1~3차)은 11월 28일부터 블록 변위 발생으로 인하여 매립이 중단된 12월 12일까지 12일이 소요되었다. 블록 해체는 12월 19일에 시작되었으며 12일부터 19일까지 블록 변위가 진행되었다.

표 6.5 뒤채움사석 및 블록 배면 매립 일정

기호	날짜	경과일	작업내용
■	2008.10.07.	0	뒤채움사석 투하
✱	2008.11.02.	26	뒤채움사석 투하
▲	2008.11.28.	52	블록 배면 1차 매립
⬟	2008.12.03.	57	블록 배면 2차 매립
●	2008.12.06.	60	블록 배면 3차 매립
×	2008.12.10.	64	기존 도로부에서 매립
■	2008.12.11.	65	매립 중단
▼	2008.12.14.	68	매립 중단
⬟	2008.12.19.	73	블록 해체 직전

6.4.1 수직변위

표 6.6은 채움사석 투하부터 블록 해체 직전까지의 침하 측정 결과를 표로 정리한 것이고, 그림 6.28은 침하 측정 결과를 그래프로 도시한 것이다.

표 6.6 침하량 (단위: m)

측점 \ 일	0	26	52	57	60	64	65	68	73
No.1	-0.004	-0.011	-0.058	-0.06	-0.081	-0.086	-0.086	-0.058	-0.25
No.2	-0.005	-0.019	-0.026	-0.031	-0.051	-0.033	-0.033	-0.031	-0.05
No.3	-0.005	-0.015	-0.114	-0.123	-0.138	-0.13	-0.13	-0.116	-0.14
No.4	-0.002	-0.017	-0.029	-0.045	-0.057	-0.056	-0.056	-0.062	-0.12
No.5	-0.002	-0.027	-0.147	-0.166	-0.191	-0.199	-0.199	-0.263	-0.43
No.6	-0.006	-0.037	-0.149	-0.197	-0.235	-0.256	-0.256	-0.345	-0.4
No.7	-0.002	-0.032	-0.172	-0.223	-0.254	-0.282	-0.282	-0.368	-0.62
No.8	-0.004	-0.008	-0.074	-0.099	-0.111	-0.19	-0.19	-0.104	-0.23
No.9	0	-0.005	-0.066	-0.085	-0.08	-0.089	-0.089	-0.083	-0.11
No.10	0	-0.002	-0.051	-0.06	-0.059	-0.064	-0.064	-0.06	-0.08
비고	18/10/7	08/11/2	08/11/28	08/12/3	08/12/6	08/12/10	02/12/11	08/12/14	08/12/19
	■	✱	▲	⬟	●×	×	■×	▼	⬟

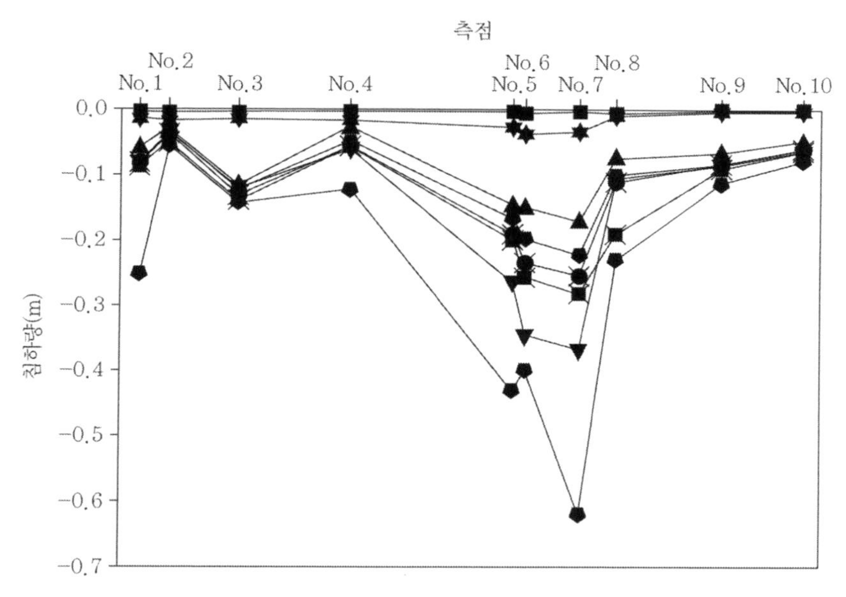

그림 6.28 침하량

전체적으로 계측이 시작된 2008년 10월 7일부터 2008년 11월 26일까지 52일 동안의 변위량은 직립호안과 물양장 양측 단부 구간, 직립호안과 물양장 접속부 구간 모두 0.10m 미만의 침하량을 보였다. 사석 투하 52일 후인 11월 28일 배면 1차 매립이 시작되었으며, 이로 인하여 전 구간에 걸쳐 침하량이 증가하였으나 직립호안과 물양장 접속부 구간인 No.5~8 측점의 침하량이 다른 측점에 비하여 0.10m 이상으로 증가하였다. 0.10m 이상 침하량을 보인 것은 No.3, No.5~7 이상 4개 측점이다. 뒤채움사석 투하 57일 후인 12월 3일 이후 No.3 측점의 침하량이 점차 감소하면서 0.1~0.2m 사이의 침하량을 보이는 반면, No.5~7 측점은 시간이 경과함에 따라 침하량이 증가하였다.

그림 6.28 그래프에서 뒤채움사석 투하 기간인 10월 7일부터 11월 28까지의 침하 그래프는 수평이거나 수평에 가까운 기울기다. 하지만 블록 배면 매립이 시작된 11월 28일 이후에는 직립호안과 물양장 양단부 구간인 No.1~4, No.9~10의 침하량은 최대 0.25m인 반면 직립호안과 물양장 접속 구간인 No.5~8의 침하량은 0.61m로 침하량이 단부 구간보다 접속 구간이 더 크게 나타났다. 이는 뒤채움사석 투하가 52일간 긴 시간을 두고 시행된 반면, 블록 배면 매립은 8일이라는 짧은 시간에 시행되었다는 것을 감안해볼 때 매립속도가 침하량에 영향을 주었다고 판단된다.

또한 직립호안과 물양장 양단부 구간은 배면 매립이 중단된 12월 11일 이후 침하량이 거의 없었던 반면, 직립호안과 물양장 접속구간은 배면 매립이 중단된 이후 잔류침하가 발생하였다. 이러한 경향은 침하량이 비교적 작은 직립호안과 물양장 양단부 구간 측점 No.3, No.10과 침하량이 큰 직립호안과 물양장 접속부 구간인 No.6, No.7의 시공단계별 침하량을 나타낸 그림 6.29에서도 확인할 수 있다.

사석 투하가 시작된 10월 7일부터 배면 매립이 시작된 11월 28일까지 52일 동안 4측점 모두 수평이거나 수평에 가까운 기울기를 보였다. 하지만 블록 배면 매립이 시작된 이후 양단부 구간과 접속부 구간이 각각 다른 경향을 보이기 시작했다. 양단부 구간인 No.3, No.10 두 측점은 침하량이 0.1~0.2m 사이로 안정된 모습을 보였지만 접속부 구간인 No.6, No.7 두 측점은 급한 경사를 보이며 침하량이 증가한 것을 확인할 수 있었다. 더욱이 배면 매립이 중단된 12월 11일(뒤채움사석 투하 후 65일) 이후에도 침하가 발생하였다. 기울기 또한 수직에 가까운 것을 확인하였다.

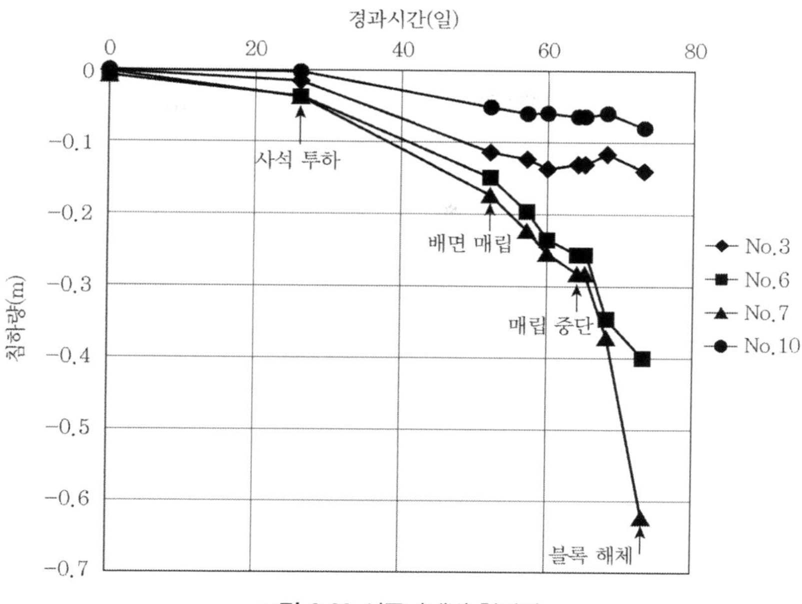

그림 6.29 시공단계별 침하량

6.4.2 수평변위

표 6.7은 뒤채움사석 투하부터 블록 해체 직전까지의 수평변위량 측정 결과를 표로 정리한 것이고, 그림 6.30은 침하 측정 결과를 그래프로 도시한 것이다.

직립호안과 물양장 양단부 구간인 No.1~4, No.9~10 측점의 수평변위량은 최대 0.21m며, 직립호안과 물양장 접속 구간인 No.5~8 측점의 수평변위량은 최대 2.14m다. 특히 No.6의 변위는 배면 매립 중단 이후 블록 해체 직전까지 2.14m가 이동하였다.

표 6.6에서 계측을 시작한 2008년 10월 7일부터 블록 배면 매립 직전인 11월 28일까지 52일 동안 직립호안과 물양장 양단부 구간인 No.1~4, No.9~10 측점에서는 최대 0.39m의 수평변위가 발생하였고, 직립호안과 물양장 접속부구간인 No.5~8 측점에서는 최대 2.14m의 수평변위량이 발생하였다. 특히 No.6 측점에서는 블록 배면 매립이 중단된(12월 10일) 이후에도 1.3m의 수평변위가 추가로 발생하였다.

그림 6.30 그래프에서 뒤채움사석 투하 기간인 10월 7일부터 11월 28일까지의 수평변위는 직립호안 구간인 No.1~4 측점에서 미소한 수평변위를 보였으며, 직립호안과 물양장 접속 구간 그리고 물양장 구간인 No.5~10 측점에서는 상대적으로 큰 수평변위를 보였으나 전체적으로 0.3m 미만의 수평변위가 나타났다.

표 6.7 수평변위량 (단위: m)

측점 \ 일	0	26	52	57	60	64	65	68	73
No.1	0.000	0.002	0.071	0.058	0.060	0.033	0.053	0.074	0.090
No.2	0.001	0.001	0.050	0.052	0.051	0.020	0.034	0.062	0.070
No.3	0.001	0.001	0.29	0.030	0.016	0.050	0.021	0.049	0.060
No.4	0.000	0.001	0.053	0.082	0.084	0.116	0.154	0.272	0.390
No.5	0.001	0.121	0.279	0.326	0.443	0.646	0.666	1.035	1.510
No.6	0.000	0.166	0.480	0.547	0.697	0.858	0.955	1.334	2.140
No.7	0.001	0.270	0.458	0.850	0.686	0.865	0.915	1.267	2.000
No.8	0.001	0.286	0.287	0.667	0.304	0.359	0.387	0.444	0.680
No.9	0.001	0.173	0.140	0.161	0.180	0.201	0.205	0.206	0.210
No.10	0.000	0.007	0.073	0.076	0.075	0.082	0.088	0.074	0.074
비고	18/10/7	08/11/2	08/11/28	08/12/3	08/12/6	08/12/10	02/12/11	08/12/14	08/12/19
	■	✶	▲	⬟	●	×	■	▼	⬟

하지만 블록 배면 매립이 시작된 11월 28일 이후의 거동은 직립호안과 물양장 양단부 구간과 접속부 구간 각각 다른 경향을 보였다. 직립호안과 물양장 양단부 구간은 최대 0.4m 미만의 수평변위를 보였다. 특히 블록 배면 매립이 중단된 12월 10일 이후에는 0.3m 미만의 수평변위를 보이며 안정 상태를 보였으나 직립호안과 물양장 접속부 구간은 최소 0.7~2.1m의 수평변위가

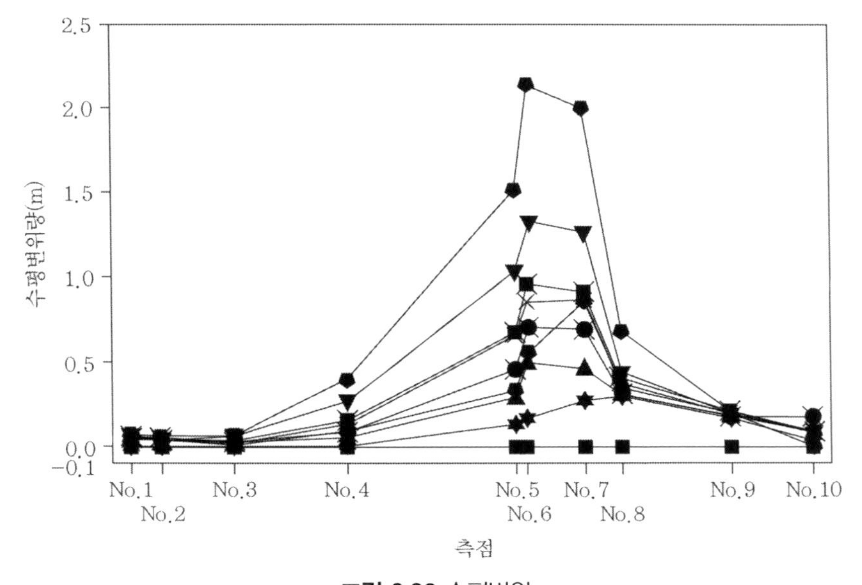

그림 6.30 수평변위

발생하였다. 블록 배면 매립이 중단된 12월 10일 이후에는 최대 1.3m 이상의 수평변위가 발생하였는데 불안정한 상태를 보였다.

이러한 경향은 수평변위가 비교적 작은 No.3, No.10 그리고 수평변위가 큰 No.6, No.10 측점을 시공단계별 수평변위량 그래프로 나타낸 그림 6.31에서도 확인할 수 있다.

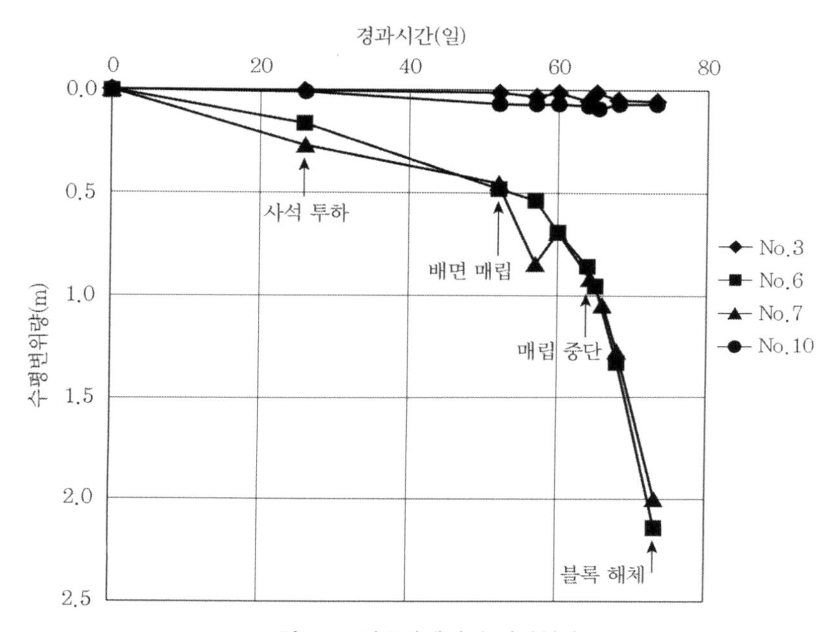

그림 6.31 시공단계별 수평변위량

사석 투하가 시작된 10월 7일부터 블록 배면 매립이 시작된 11월 28일까지 52일 동안 4측점 모두 수평이거나, 완만한 기울기의 수평변위량이 발생하였다. 하지만 블록 배면 매립이 시작되자 양 단부 구간과 접속부 구간이 각각 다른 거동을 보였다. 우선 양단부 구간은 침하량과 같이 직선에 가까운 기울기를 보이며 안정된 상태를 보였다. 블록 배면 매립이 중단된 이후에도 0.01~0.28m의 변위량을 보이며 안정된 모습을 보였지만, 접속부 구간은 블록 배면 매립이 시작되면서 수평변위가 증가하기 시작했다. 배면 매립 기간인 12일 동안 0.40m 이상의 수평변위가 발생하였으며, 블록 배면 매립이 중단된 12월 10일 이후(뒤채움사석 투하 후 64일) 1.2m 이상의 수평변위가 발생하였다. 그래프 기울기 또한 블록 배면 매립 기간보다 매립이 중단된 이후의 그래프가 수직에 더 가까운 기울기를 보였다.

6.5 결과 분석

6.5.1 연약지반에서의 측방유동 예측

富永·橋本는 연약지반 성토부 중앙의 침하량(S_v)과 성토법면 선단의 수평변위량(y_m)을 계측하여 기울기를 계산하면 작은 하중을 받는 성토 초기에 θ값의 기울기를 같는 E선을 갖는다고 제안하였다. 이후 성토가 증가하면 침하량에 비해 수평변위량이 커지면서 그림 6.32와 같은 경향을 보이게 되면 수평변위량 증분 비율 $\alpha_2(S_v/y_m)$이 0.7 이상 또는 변곡점 이전의 비율 α_1에 0.5를 더한 값보다 크면 성토파괴에 가깝다고 제안하였다.

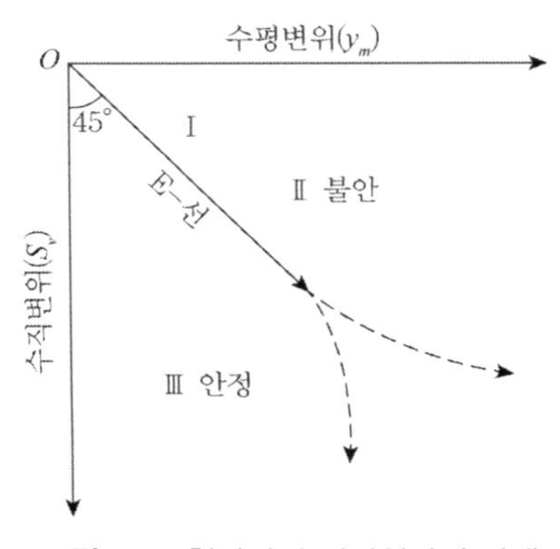

그림 6.32 침하와 수평변위와의 관계

그림 6.33은 ○○테마어항의 기초지반의 침하와 수평변위와의 관계를 그림으로 도시한 것이다. 그림 6.33(a)에서 No.4를 제외한 No.1~3은 수직변위 축에 분포되어 안전하다고 판단된다. 하지만 No.4는 수평변위 축에 가까우나 침하량과 수평변위의 증분 비율인 α_2값이 E-선에 근접해 분포해 있으므로 안정 상태라고 판단된다.

그림 6.33(b)에서 No.5~8은 수평변위 축에 가까이 분포되어 불안정한 상태임이 확인되었다. No.5~8의 값은 3.18로 $\alpha \geq 0.7$로 성토파괴가 일어났다고 판단된다.

그림 6.33(c)에서 No.9~10은 No.10을 제외하고 수평변위 축에 분포되어 불안정하다고 판된되지만 No.9의 분포가 No.4와 같이 E-선에 가까이 분포되어 있으므로 안정 상태로 판단된다. α_2값은 3.70으로 $\alpha \geq 0.7$이나 평균수평변위량이 0.16m로 작은 변위를 보이고 있어 안정 상태로 판단된다.

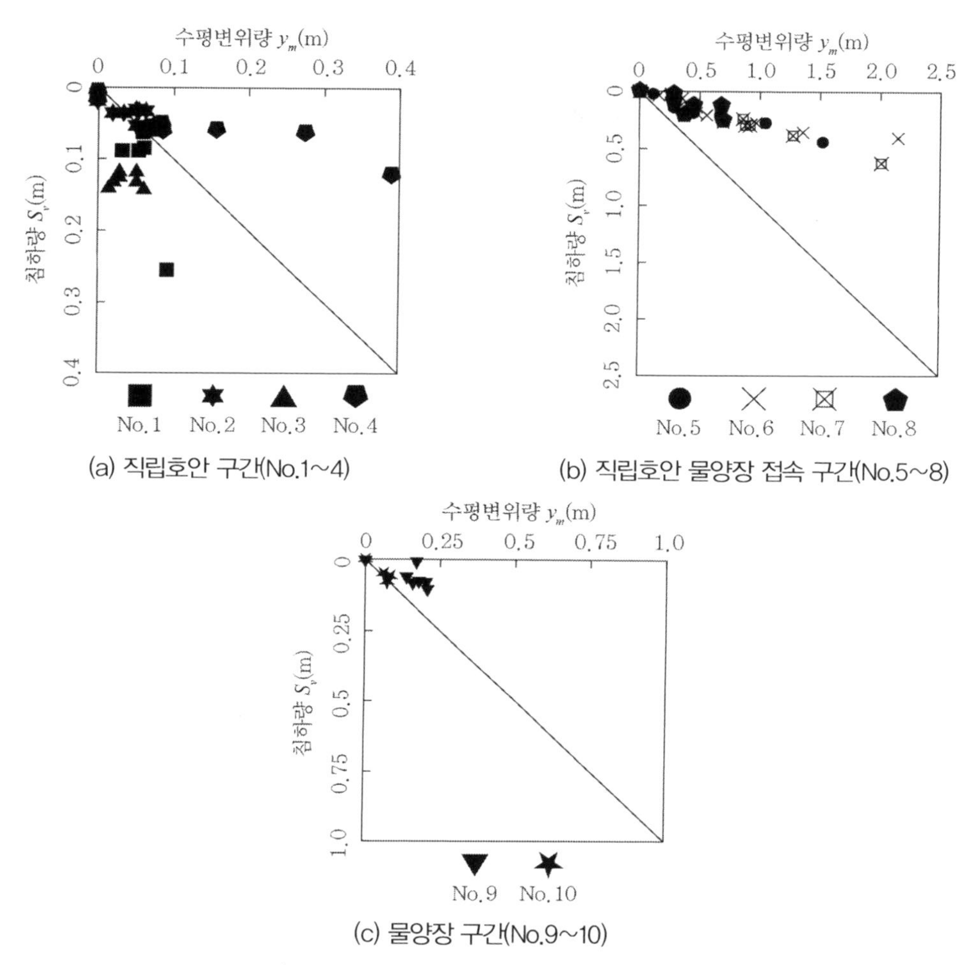

(a) 직립호안 구간(No.1~4)

(b) 직립호안 물양장 접속 구간(No.5~8)

(c) 물양장 구간(No.9~10)

그림 6.33 ○○테마어항 침하와 수평변위의 관계

그림 6.34는 그림 6.33의 침하와 수평변위 관계를 한 개의 도면으로 도시한 것이다. 이 관리도에서 富永·橋本가 제안한 침하와 수평변위량 관리도와 비교하면 다음과 같다.

직립호안과 물양장 양단부 구간인 No.1~4, No.9~10 측점이 직립호안과 물양장 접속부 구간인 No.5~8보다 침하축과 E선에 가까이 분포되어 있어 안정 상태다.

반면에 No.5~8 측점을 수평변위 축에 가까이 분포되어 불안정한 상태다. 또한 본 관리도를 통하여 배면 침하가 상대적으로 작은 경향을 확인할 수 있으므로, 본 테마어항의 과도한 블록 변위의 원인이 압밀침하가 아닌 하부지반파괴를 동반한 측방유동이 블록 변위의 주원인이라 판단된다.

침하와 수평변위의 관계를 통하여 본 ○○테마어항의 수평변위량은 다음과 같이 산정할 수 있다.

$$y_m = 2.5S_v \quad (6.8)$$

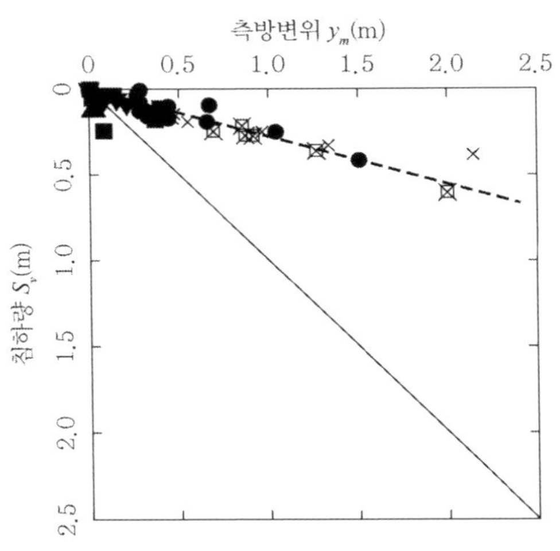

그림 6.34 ○○테마어항의 침하량과 수평변위의 관계

6.5.2 수평변위속도와의 관계

栗原·一本은 지반의 수평변위량(y_m)의 1일당 변화량, 즉 수평변위속도($y_m/\Delta t$)의 시간적 변화를 표시하여, 수평변위속도의 시간적 변화값이 0.015m/day를 초과하면 지반에 균열이 발생하는 등 불안정한 것으로 하고, 0.02m/day를 초과하면 파괴상태에 이른다고 제안했다.

그림 6.35는 직립호안과 물양장의 각 측점의 수평변위를 수평변위속도의 시간적 변화로 도시한 것이다.

직립호안과 물양장 양단부 구간인 No.1~4, No.9~10에서는 No.4 측점을 제외하고 0.015m/day 미만의 수평변위속도를 보였다. 이들 측점의 공통적인 특징은 블록 배면 매립 중 기존 도로부 매립이 시작된 12월 10일(뒤채움사석 투하 후 64일) 변위속도가 0.02m/day를 상회하는 변위속도를 보인다. 배면 매립이 중단되고 변위속도가 0.015m/day 미만으로 변위속도가 준 것을 확인하였다. No.9~10은 뒤채움사석 투하 및 블록 배면 매립 전 기간 동안 0.015m/day 미만의 변위속도를 보였다.

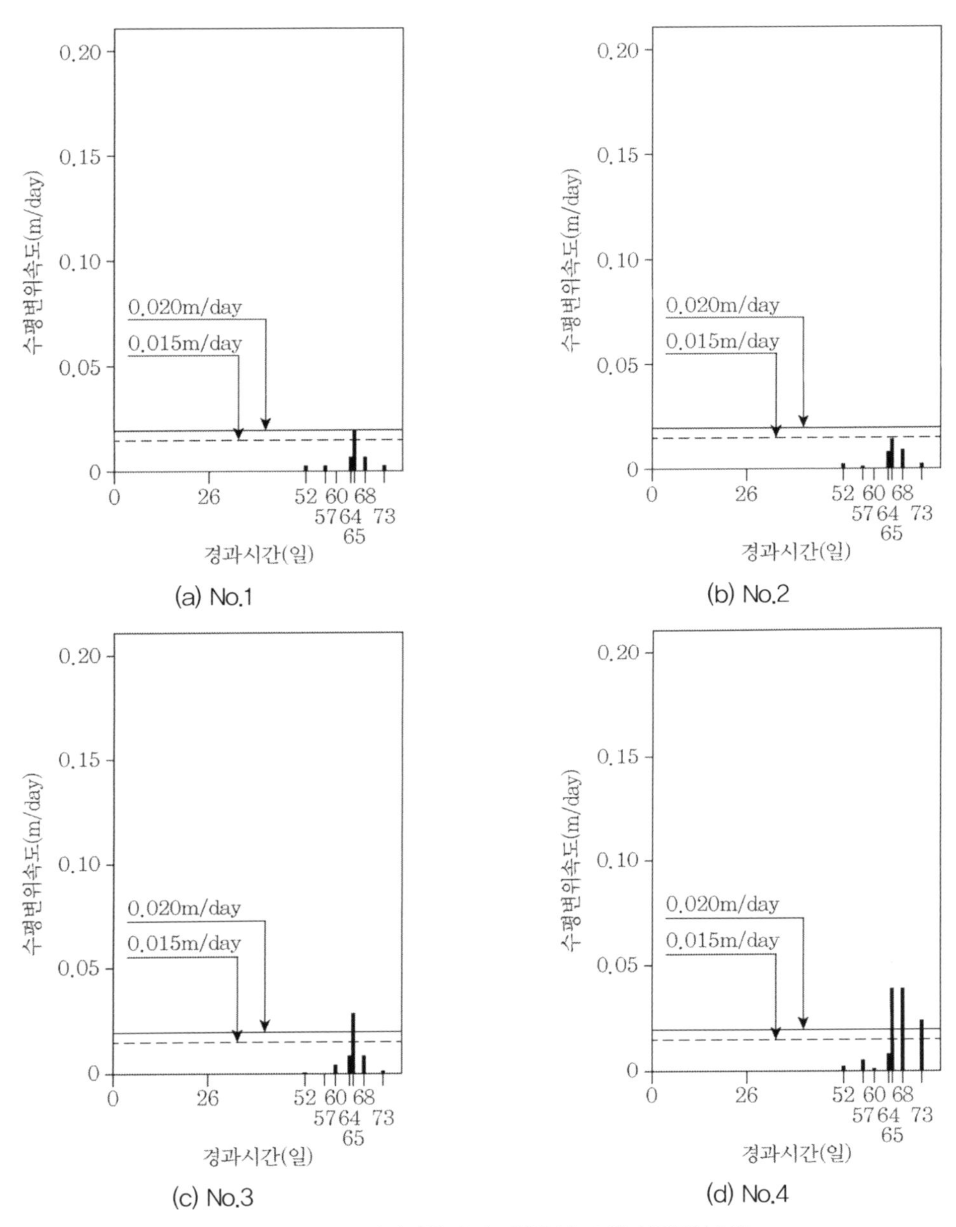

그림 6.35 ○○테마어항의 수평변위속도의 시간적 변화

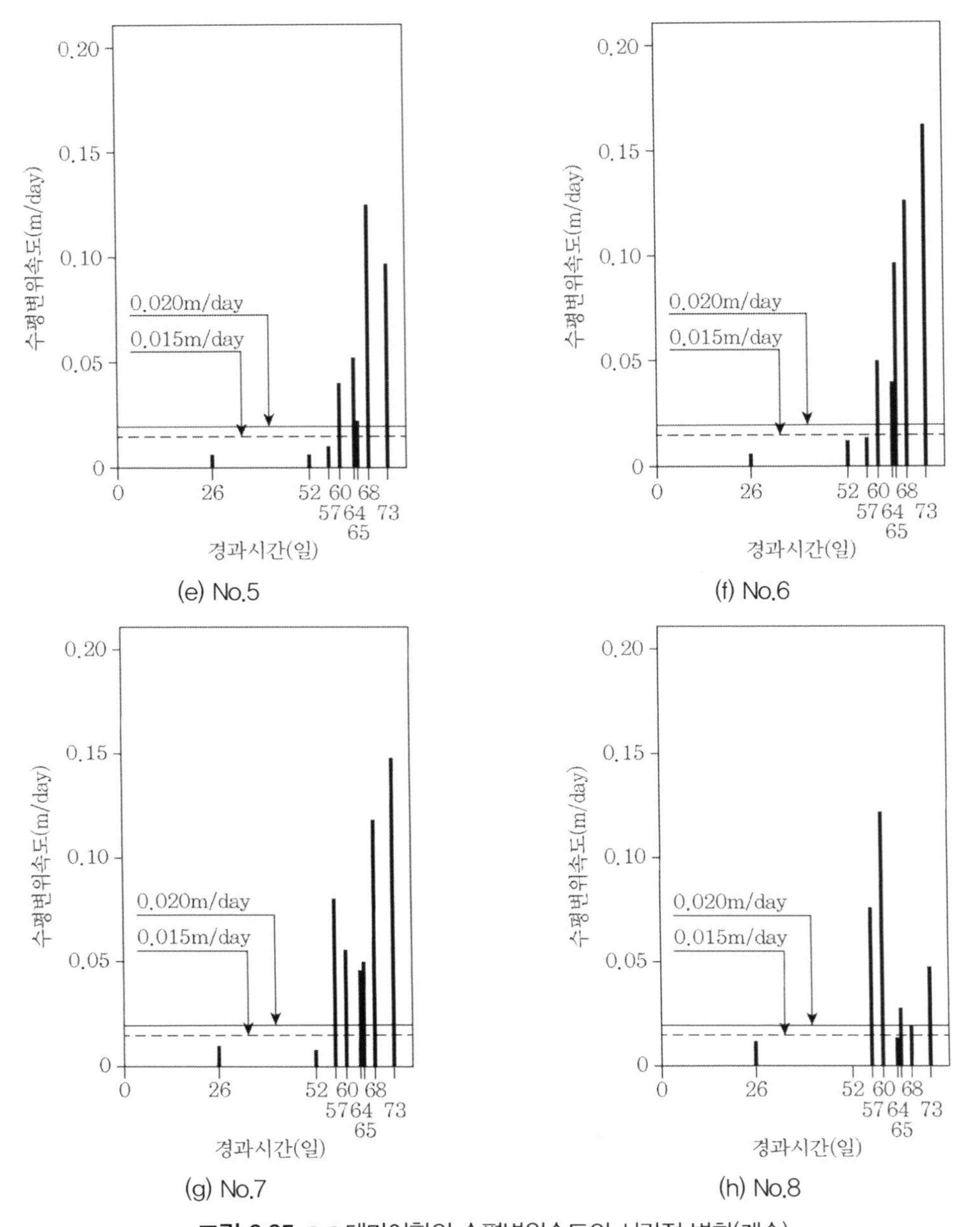

그림 6.35 ○○테마어항의 수평변위속도의 시간적 변화(계속)

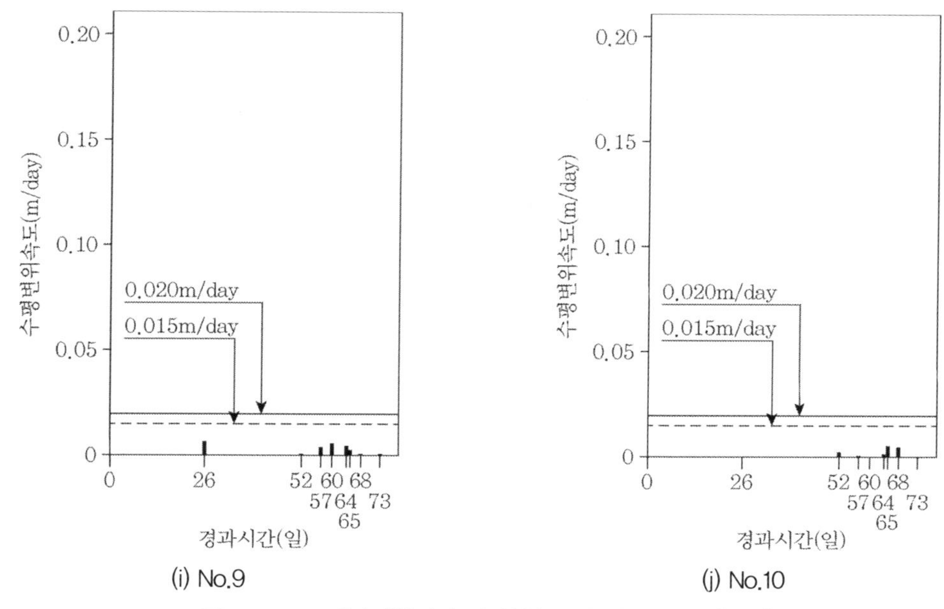

그림 6.35 ○○테마어항의 수평변위속도의 시간적 변화(계속)

직립호안과 물양장 접속부 구간인 No.5~8 측점은 0.02m/day를 상회하는 수평변위속도를 보여 성토로 인한 지반파괴가 예상되는 불안정한 상태를 보였다.

뒤채움사석 투하 기간부터 배면 2차 매립이 시작된 12월 3일(뒤채움사석 투하 후 57일)까지는 불안정 상태인 0.015m/day 미만의 변위속도를 보여 안정 상태였으나, 배면 2차 매립 이후부터 수평변위속도가 0.02m/day를 상회하는 수평변위속도를 보였다. 더욱이 과도한 블록 변위로 인해 매립이 중단된 12월 11일(뒤채움사석 투하 후 65일) 이후 수평변위속도가 계속 증가하는 경향을 보였다. 이러한 수평변위속도 증가는 블록 해체 직전까지 계속되었다.

변위속도의 시간적 변화를 고찰한 결과 성토속도가 변위에 영향을 주었다는 것을 확인할 수 있었다. 10개 측점 모두 뒤채움사석 투하 기간 동안에는 수평변위속도가 0.015m/day 미만의 안정된 상태를 보였으나 블록 배면 매립이 시작되면서 수평변위속도가 증가하기 시작했다. 하지만 직립호안과 물양장 양단부 구간은 블록 배면 매립이 진행되는 기간 중에도 0.015m/day 미만의 안정된 상태를 유지했지만, 직립호안과 물양장 접속부 구간은 변위속도가 증가하여 블록 변위로 인하여 매립이 중단된 이후에도 수평변위속도가 증가하였다. 즉, 직립호안과 물양장 양단부 구간은 대체로 0.015m/day 미만의 변위속도를 보여 안정 상태로 판단되며, 직립호안과 물양장 접속부 구간은 0.02m/day를 상회하는 변위속도를 보여 지반파괴를 동반한 측방유동이 발생하였다고 판단된다.

그림 6.36은 침하속도와 수평변위속도를 침하량과 수평변위의 관계 관리도와 같은 방법으로 도시한 것이다. 침하속도와 수평변위속도의 관계 관리도에서 각각의 분포가 침하량과 수평변위의 관계 관리도와 유사하게 분포하고 있음을 확인할 수 있다. 즉, 직립호안과 물양장 양단부 구간인 No.1~4, No.9~10의 분포는 관리도에서 침하축과 E선에 가깝게 분포하여 있으며 속도 또한 침하속도, 수평변위속도 모두 0.01m/day 범위에 들어 있어 안정 상태다. 반면 직립호안과 물양장 접속부 구간인 No.5~8의 분포는 수평변위속도 축에 근접해 있으며, 속도 또한 0.02m/day를 상회하는 분포를 지반파괴를 동반한 측방유동이 발생하였을 것이라 판단된다.

침하속도와 수평변위속도와의 관계 관리도 역시 침하속도가 수평변위속도보다 느리게 분포되어 있음을 알 수 있으며, 이것은 블록의 과도한 변위 발생이 압밀침하가 아닌 하부지반파괴를 동반한 측방유동으로 인하여 발생한 것으로 판단된다.

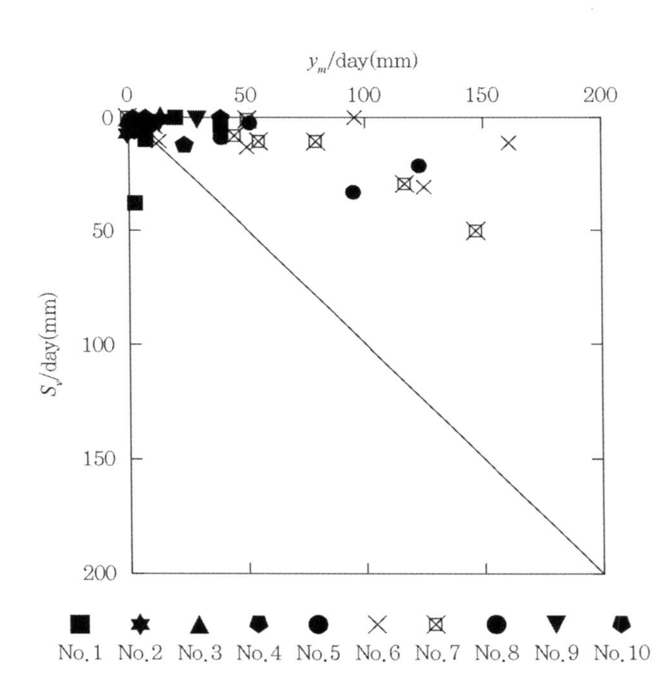

그림 6.36 ○○테마어항 침하속도와 수평변위속도와의 관계

6.6 결 론

본 연구에서는 ○○테마어항 건설 중 호안 블록에 발생한 과도한 수평변위의 거동에 대하여 고찰해보았다. 즉, 성토에 따른 침하량, 침하와 수평변위와의 관계, 수평변위의 시간적 변화, 침하속도와 수평변위속도와의 관계 등을 통해 고찰해보았다. 고찰 결과를 정리하면 다음과 같다.

(1) 성토에 따른 변위량

침하량과 수평변위량은 뒤채움사석 투하 기간 동안 모두 완만한 경사를 보이거나 수평에 가까운 경사를 보이며 발생하였다. 하지만 직립호안과 물양장 구간은 블록 배면 매립이 시작된 직후 수직에 가까운 경사를 보이며 급격히 변위량이 발생하였다. 직립호안과 물양장의 접속구간에서는 블록 배면 매립이 중단된 이후에도 변위가 계속 발생하였다.

(2) 침하와 수평변위와의 관계

침하와 수평변위 관리도를 통해 침하량과 수평변위의 증분비율의 분포를 도시해본 결과, 직립호안과 물양장 양측 단부 구간에서는 증분비율의 분포가 침하량 축과 E선에 근접 분포하여 안정 상태인 반면 직립호안과 물양장의 접속 구간에서는 수평변위 축에 근접 분포하여 불안정 상태인 것으로 확인되었다.

침하와 수평변위관리도를 통해 침하량이 수평변위보다 작게 발생한 것을 확인하였으며, 이는 교대기초말뚝의 거동 중 배면침하가 비교적 작은 경우에 해당한다. 즉, 호안 블록의 과다한 변위 발생 요인은 지반의 압밀침하가 아닌 하부지반파괴를 동반한 측방유동으로 인하여 발생한 것으로 판단된다.

(3) 수평변위의 시간적 변화

수평변위의 시간적 변화를 도시해본 결과 직립호안과 물양장의 양단부 구간에서는 0.015m/day 미만의 변위속도를 보여 안정 상태로 판단되며, 직립호안과 물양장의 접속부 구간에서는 0.02m/day를 상회하는 변위속도를 보여 지반파괴를 동반한 측방유동이 발생한 것으로 판단된다.

(4) 수평변위속도와 침하속도의 관계

수평변위의 시간적 변화를 침하량에도 적용시켜본 결과 침하량과 수평변위 관리도와 같은 경향을 보였다. 직립호안과 물양장의 양단부 구간에서의 침하속도와 수평변위속도의 비는 침하속도축과 E선에 근접하여 안정 상태며, 반면 직립호안과 물양장의 접속부 구간에서는 수평변위속도축에 가까이 분포하여 불안정 상태였다. 이 관리도에서도 역시 수평변위속도가 침하속도보다 빠르게 나타나 있다. 이는 블록 변위의 원인이 압밀침하가 아닌 하부지반파괴를 동반한 측방유동이 원인이라 판단된다.

• 참고문헌 •

(1) 국토해양부(2009), 구조물 기초 설계기준 해설.

(2) 해양수산부(2005), 항만 및 어항설계 기준.

(3) 홍원표(1994), 수동말뚝, 중앙대학교공과대학.

(4) 홍성영 외(1995), 지반의 측방유동, 건설도서 .

(5) 안종필 · 홍원표(1994), '측방유동을 받는 연약지반의 변형거동에 관한 연구', 한국지반공학회지, 제10권, 제2호, pp.25-40.

(6) 홍원표(1982), '점토지반 속의 말뚝에 작용하는 측방토압', 대한토목학회 논문집, Vol.2, No.1, pp.45-52.

(7) 홍원표 · 이광우 · 조삼덕(2008), '연약지반에 설치된 안벽구조물의 측방이동 평가', 한국지반공학회 논문집, 제24권, 11호, pp.3-16.

(8) 홍원표 · 김정훈(2012), '연직배수재가 설치된 연약지반상에 도로성토로 인한 측방유동 발생 예측', 대한토목학회논문집, 제32권, 제6C호, pp.239-247.

(9) 홍원표 · 김정훈(2012), '연직배수공법이 적용된 연약지반상에 도로성토로 인한 측방유동의 특성', 한국지반공학회, 제28권, 제9호, pp.5-15.

(10) 김정훈 · 홍원표 · 이충민 · 이준우(2012), '도로 성토로 인한 연약지반의 측방유동에 관한 연구', 한국지반환경공학회, 제13권, 제9호, pp.17-29.

(11) 안종필(1993), '편재하중을 받는 연약지반의 측방유동에 관한 연구', 토질공학(대한토목학회지), 제3권, 제2호, pp.177-190.

(12) De Beer, E. & Wallays, M.(1972), Forces induced in pile by Unsymmetrical Surcharge on the Soils around the pile, 5th ECSMFE, Madrid, pp.325-332.

(13) Tschebotarioff, G.P(1973), Foundation, Retaining and Earth Structures, Mcgraw Hill Kogakusha, 2nd Edition pp.365-414.

(14) Tavenas, F., Mieusseus(1976), C. and Bourges, F., Lateral Displacements in Clay Foundations under embankment, Canadian Geothcnical J., Vol.16, No.3, pp.532-550.

(15) Lerouil, S., Magnan, J.P, Tavenas, F.(1990), Embankments on Soft Clays, Ellis Horwood, pp.147-231.

(16) Das, B.M.(1984), Principles of Foundation Engineering, Brooks/Cole Engineering Division, Monterey, California, pp.101-206.

(17) 赤井浩一(1964), 土の 支持力と 沈下, 山海堂, 日本 東京, pp.25-42.

(18) 小川 淸(1978), 軟弱地盤における 道路橋 基礎構造物, 基礎工, 綜合土木研究所, Vol.13, No.7, pp.22-32.

(19) 久樂勝行(1985), 軟弱地盤と 基礎工, 基礎工 綜合土木研究所, Vol.13, No.10, pp.1-11.

(20) 軟弱地盤HANDBOOK編纂委員會(1981), 最新 軟弱地盤HANDBOOK, 建設産業調査會, 日本, 東京, pp.425-631.

(21) 栗原則夫一本英三郎(1977), 動態觀測の 活用(道路 盛土工における實施例), 土木學會關西支部 講習會 テキスト, pp.71-81.

(22) 日本 土質工學會(1986), 粘土の 不思議, 日本 土質工學會, 日本, 東京, pp.81-117.

Chapter

07

토목섬유/말뚝 복합보강공법
: GRPS 성토 시스템

토목섬유/말뚝 복합보강공법 : GRPS 성토 시스템

7.1 서론

7.1.1 연구 목적

연약지반의 측방유동 문제는 크게 두 가지 범주에서 다룰 수 있다. 하나는 연약지반상 성토 시공 시 발생하는 문제고, 다른 하나는 연약지반상에 교대 등과 같은 구조물을 시공하고 뒤채움을 수행할 때 발생하는 문제다. 많은 연구자들이 연약지반의 측방유동과 관련된 연구를 수행하였으나, 지금까지 이와 관련된 연구는 주로 교대의 안정해석 측면을 중심으로 발전하고 있고, 연약지반상 성토 문제와 관련해서는 주로 연약지반의 압밀거동 해석에 초점을 둔 연구가 주를 이루고 있다. 연약지반상 교대의 안정과 관련된 연구에 많은 진전이 있었음에도 불구하고 교대의 측방이동사례가 꾸준히 보고되고 있는 실정이다. 또한 최근 성토 시공 시 연약지반의 측방유동으로 인해 성토체의 파괴 및 인접지역의 융기 등과 같은 사고가 빈번하게 발생하고 있어 성토에 의한 측방변위의 특성을 규명할 필요성이 대두되고 있다.

특히 국내에서는 최근 연약지반상에 고속도로를 건설하거나 공단을 조성하는 경우가 많아지면서 교대 및 옹벽의 변형문제가 종종 발생하였고, 검토 결과 변형 발생의 주원인이 연약지반의 측방유동과 관련이 있는 것으로 밝혀져 측방유동에 대한 관심이 높아지고 있다. 연약지반의 측방유동으로 인한 피해는 구조물(혹은 기초)의 과도한 변형으로 인한 구조물 자체의 기능적 손상(예를 들면, 교대의 과대 변위로 인한 신축이음부의 파손 문제)과 인접구조물, 지하매설물 등에 미치는 피해를 생각할 수 있다. 이러한 문제에 대처하기 위해서는 사전에 예방대책을 강구하여 이를 설계에 반영해야 하나, 현재 국내의 설계시방서나 설계기준 등에는 국내 지반특성 및 시공 조건을 고려한 측방유동 판정기준이나 측방유동압의 크기, 분포 형태 및 산정 방법 등과 관련된 사항이 충분히 마련되어 있지 않은 실정이어서 연약지반의 측방유동으로 인한 피해사례가 속속 보고되고 있다.

또한 지금까지 연약지반의 측방유동을 방지하기 위한 여러 공법들이 제시되었지만, 경제적인 측면이나 공사기간의 측면에서 아직 적절한 공법이 마련되지 못한 실정이다. 특히 측방유동의 발생 가능성을 판정할 수 있는 판정법 또한 국내 여건에 적합하지 못한 상황이다.

이에 대한 대책공법인 성토지지말뚝공법은 말뚝 위 성토지반 내의 지반아칭현상을 이용하여 성토하중을 말뚝을 통해 직접 지지층에 전달시킴으로써 구조물의 안정성을 도모하고, 연약지반의 측방유동을 억지시킬 수 있는 공법이다. 아직까지 국내에는 적용 실적이 거의 없는 실정이지만 외국 특히 북유럽이나 동남아시아에서는 많이 활용되고 있는 공법이다. 이들 시공사례는 Holmberg(1979),[6] Reid & Buchanan(1984),[12] Chin(1985),[4] 및 Combarieu & Pioline(1990)[5] 등에 의해 보고된 바 있다. 외국에서의 성토지지말뚝 시공사례에 의하면, 연약지반의 측방유동을 적극 억지할 수 있을 뿐 아니라 시공성 및 경제성 측면에서도 효과적임이 입증되고 있다.

궁극적으로 본 연구과제에서 개발하고자 하는 공법은, 성토지지말뚝에 토목섬유를 복합시공하여 그 효과를 극대화시키는 것이라 할 수 있다. 말뚝두부에 토목섬유를 포설하여 복합시공하면 토목섬유의 인장력을 이용하여 연약지반에 가해지는 하중을 감소시켜 구조물의 안정성을 높이고 부등침하를 줄일 수 있기 때문이다. 또한 연약지반 보강을 위해 소요되는 말뚝의 수를 감소시키고, 말뚝캡의 크기도 감소시킬 수 있는 경제적 효과를 가져온다. 뿐만 아니라 토목섬유를 보강함으로써 향후 교대나 도로 혹은 철도시설물의 유지관리 보수비를 줄일 수 있는 등 경제성 및 시공성 효과도 증진시킬 수 있는 장점이 있다. 그러나 본 공법을 적용하기에 앞서 토목섬유/말뚝 복합보강공법의 기능 및 하중전이 체계가 명확히 확립되어야 한다.

본 연구의 목적은 연약지반 측방유동을 적극 억지할 수 있는 새로운 대책공법인 토목섬유와 말뚝을 복합시공함으로써 연약지반의 측방유동을 효과적으로 억지할 수 있는 새로운 GRPS 대책공법을 개발하는 것이다.[7] 즉, 본 연구는 연약지반의 측방유동 및 활동파괴를 억지하기 위한 대책공법으로서 토목섬유/말뚝 복합보강공법(GRPS 성토 시스템, Geosynthetic-Reinforced and Pile-Supported Embankment System)을 개발하는 것이다.[2]

7.1.2 연구 내용

본 연구는 2004년 8월부터 2007년 8월까지 3년에 걸쳐 수행되었으며, 각 연도별 연구 목표, 주요 연구수행 내용 및 범위를 요약하면 다음과 같다.

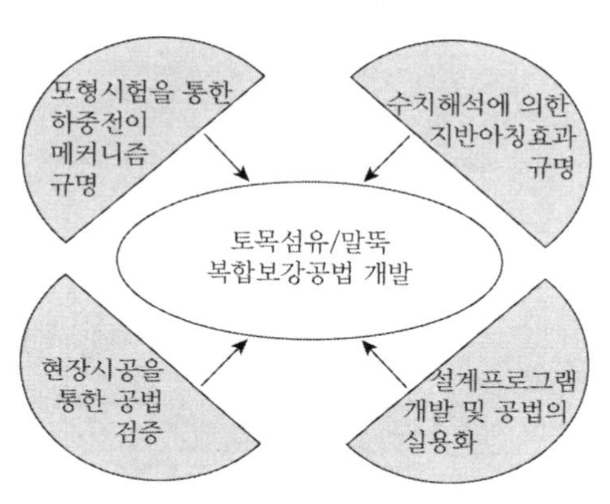

그림 7.1 연구개발의 목표 및 내용

우선 1차 연도에는 GRPS 대책공법에 대한 해외 문헌조사를 통한 기존 사례 연구를 조사하고 모형실험을 실시하며 대책공법에 대한 이론적 해석법 정립과 수치해석으로 거동을 평가한다.

다음으로 2차 연도에는 현장시공을 통한 현장 적용성을 평가한다. 현장계측 결과와 이론해석 결과 및 수치해석 결과와의 비교·분석을 통하여 제안공법을 검증한다.

마지막으로 3차 연도에는 GRPS의 설계 프로그램 개발 및 실용화 연구를 실시한다. 현장 적용성 평가를 통하여 개발 프로그램을 검증하고 경제성을 분석한다.

7.2 토목섬유/말뚝 복합보강공법(GRPS 성토 시스템)

7.2.1 토목섬유/말뚝 복합보강공법의 기능과 분류

토목섬유/말뚝 복합보강공법은 말뚝 위 성토지반 내에 발생하는 지반아칭현상을 이용하여 성토하중을 말뚝을 통해 직접 지지층에 전달시킴으로써 구조물의 안전성을 도모하고 연약지반의 측방유동을 적극 억지시키는 공법이다. 즉, 토목섬유/말뚝 복합보강공법은 교대의 뒤채움부와 연약지반상에 설치된 도로나 철도제방의 하부기초구조물로서 사용된다. 토목섬유/말뚝 복합보강공법은 그림 7.2(a)와 (b)에서 보는 바와 같이 크게 두 가지 효과를 가진다. 하나는 그림 7.2(a)에서 보는 바와 같이 연약지반의 측방유동에 말뚝이 저항함으로써 저면기초지반을 강화시키는 효과고, 다른 하나는 그림 7.2(b)에서 보는 바와 같이 연약지반에 직접 작용하는 성토하중을 지반아칭현상을 통해 경감시키는 효과다.

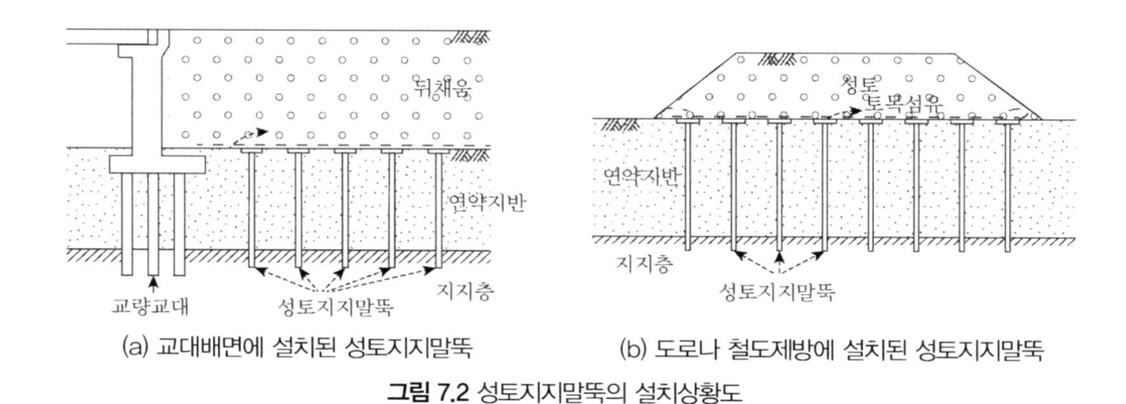

(a) 교대배면에 설치된 성토지지말뚝 (b) 도로나 철도제방에 설치된 성토지지말뚝

그림 7.2 성토지지말뚝의 설치상황도

또한 토목섬유/말뚝 복합보강공법은 말뚝두부에 설치하는 캡의 시공방법에 따라 그림 7.3에서 보는 바와 같이 크게 세 가지 형태로 구분할 수 있으며 그 종류 및 특징은 다음과 같다.

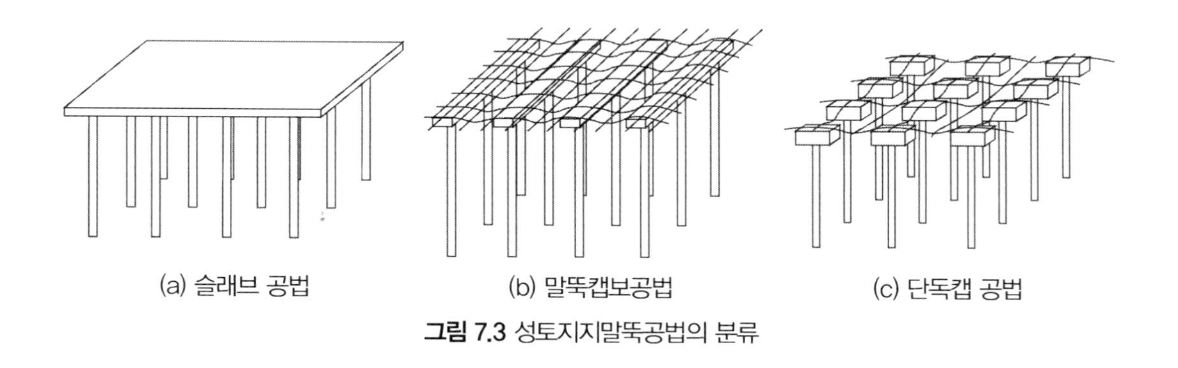
(a) 슬래브 공법 (b) 말뚝캡보공법 (c) 단독캡 공법

그림 7.3 성토지지말뚝공법의 분류

(1) 슬래브 공법

말뚝두부 전면을 철근콘크리트 슬래브로 연결하여 시공하기 때문에 시공이 용이하고 상부의 성토하중을 지지층까지 확실히 전달시킬 수 있으나 경제적으로는 공사비가 다소 많이 소비되는 단점이 있다.

(2) 말뚝캡보공법

각각의 줄말뚝을 말뚝캡보로 연결하여 시공함으로써 슬래브 공법에 비해 공사비가 저렴하고 단독캡 공법에 비해 더 큰 하중지지효과를 기대할 수 있으나 캡보를 설치하기 위하여 현장에서 거푸집 및 철근작업을 수행해야 함으로써 시공성이 다소 불량한 결점이 있다.

(3) 단독캡 공법

각각의 말뚝두부에 캡을 설치하는 공법으로 단독말뚝캡을 기성제품화할 경우 말뚝설치 후 캡의 시공이 용이하게 되어 시공성이 우수하고 경제적으로도 효과적인 반면에 연약지반의 면적에 대한 캡의 면적이 작아져 성토하중에 대한 성토지지말뚝의 지지효과 산정에 유의해야 한다.

7.2.2 지반아칭에 관한 기존 연구

Terzaghi(1943)는 지반아칭현상을 '흙의 파괴영역에서 주변지역으로의 하중전달'이라고 정의했다.[13] 또한 Bonaparte & Berg(1987)가 말뚝간격의 크기와 하중 감소의 관계를 경험적으로 제시하여 지반아칭효과를 설명하였으며, Hewlett & Randolph(1988)[8]와 Low et al.(1994),[11] 홍원표 등(1999)[1]은 단독캡말뚝 혹은 말뚝캡보상의 지반아칭효과에 대한 연구를 수행하였다.[7]

지반아칭현상은 그림 7.3에서 세 가지 형태로 구분한 공법 중 말뚝캡보공법과 단독캡 공법에서 발생한다. 이와 같은 지반아칭현상은 말뚝 위의 성토고가 일정 높이 이상이 될 경우에 발달하며 상부의 연직하중은 발달된 지반아치를 통해 말뚝으로 전달된다. 그림 7.3(a)와 (b)는 말뚝두부에 각각 말뚝캡보와 단독캡을 설치한 경우의 지반아치 형상을 나타낸 것이다. 그림 7.3에서 알 수 있듯이 두 공법에서 각각 다른 형태로 발생하는 지반아칭현상의 차이는 그 형태가 말뚝캡보의 경우 터널과 같이 2차원적이고 단독캡에서는 돔의 형상과 유사하게 3차원적이라는 것이다. 따라서 이 두 경우의 지반아치로 인한 성토지지말뚝의 하중분담효과에 관한 이론도 각각 다르게 유도되어야 한다.

본 절에서는 먼저 Terzaghi의 아칭 개념을 설명한 후 성토지지말뚝에 발생하는 아칭효과를 연구한 Hewlett & Randolph(1988)[8]와 Low et al.(1994)[11]과 지반아칭 개념을 비교·설명하고자 한다.

(1) Terzaghi의 지반아칭(13)

그림 7.4(a)는 지지되어 있는 재하판의 단면 ab 부분이 서서히 아래로 이동함에 따라 측면에 국부적인 항복이 발생하는 것을 나타낸 것이다. 항복이 발생하지 않았을 때는 모래 측면의 연직력은 어느 곳에서도 동일한 값을 갖는다. 그러나 재하판이 아래로 이동하면 정적 상태의 모래덩어리와 거동을 하는 모래덩어리 사이의 경계면에 마찰저항력이 작용한다.

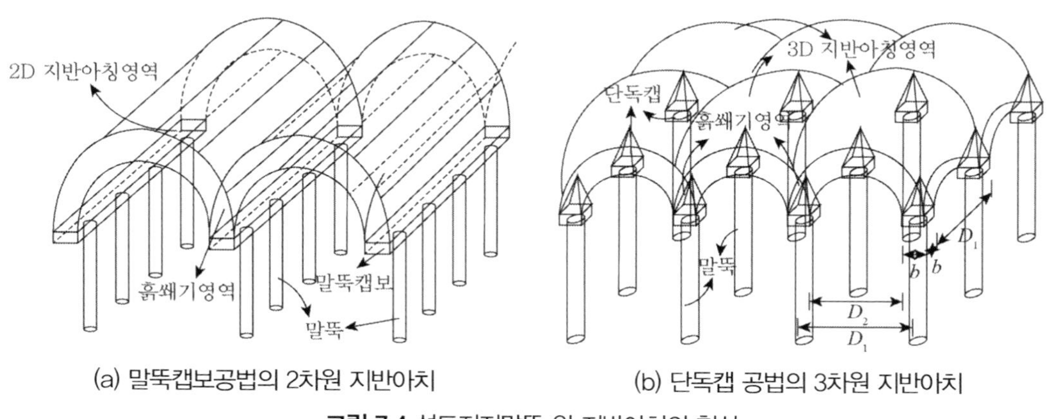

(a) 말뚝캡보공법의 2차원 지반아치 (b) 단독캡 공법의 3차원 지반아치

그림 7.4 성토지지말뚝 위 지반아치의 형상

이로 인하여 재하판상의 총압력은 경계면에 작용하는 전단저항력만큼 줄어든다. 그리고 접합되어 있는 부분의 총 압력은 같은 양만큼 증가하게 된다. 재하판이 항복함에 따리 제하판 상부의 미소요소에 작용하는 주응력은 항복이 시작되기 전보다 약간 감소하게 된다. 모래층 하부에 작용하는 총 압력은 변화하지 않으며 모래의 무게와 같다. 그러므로 재판상의 압력 감소가 인접한 견고한 지지층의 압력 증가와 연관성이 있음을 알 수 있다. 불연속성으로 인하여 그림 7.5(b)에 나타낸 것처럼 방사상의 전단영역이 존재하게 된다. 방사형태의 전단은 재하판 양 측면, 즉 높은 압력영역에 있는 모래가 낮은 압력영역으로 팽창하려는 것과 관계가 있다. 만약 모래층의 바닥에 마찰이 없다면 이에 상응하는 전단은 그림 7.4(b)에서 나타나 있는 형태와 유사해야만 한다.

재하판이 아랫방향으로 충분히 항복하면 전단파괴는 재하판 외측에서 두 개의 면을 따라 발생하게 된다. 이 파괴면 부근에 있는 모든 모래입자는 아랫방향으로 움직이게 된다. 이러한 거동으로 인하여 파괴면과 수평면이 이루는 각도를 알 수 있다. 한편 침하는 그림 7.3(a)와 같이 지표면에서 발생하며, 침하영향거리는 항상 재하판의 폭보다 더 크다는 것을 알 수 있다. 따라서 활동면은 그림 7.4(a)에서와 같은 유사한 형태를 가져야만 한다. 두 개의 파괴면, 즉 ac와 bd 사이의 모래 하부에 작용하는 연직압력은 인접한 활동면에 작용하는 마찰저항의 수직성분만큼 감소된 상부중량값과 동일하다. 이러한 전이효과는 흙의 아칭효과에 의하여 발생한 것이다.

(2) Low et al.의 지반아칭[11]

지반아칭현상은 연약지반에 작용하는 연직토압이 성토재의 단위중량×성토고(γh)보다 작을 때 발생한다고 할 수 있다. 이러한 지반아칭현상으로 인하여 연약지반에는 응력이 감소하며 말뚝에는 작용하중이 증가한다. 이는 연약지반이 말뚝에 비하여 상대적으로 압축성이 크기 때문에 발생하는 것이다. Low et al.(1994)는 말뚝과 보강재로 복합시공된 성토지지말뚝상에 발생하는 지반아칭의 모델을 제시하였다(그림 7.5).[11] 이때 성토지지말뚝은 그림 7.2(b)와 같이 1열로 이루어진 성토지지말뚝이다.

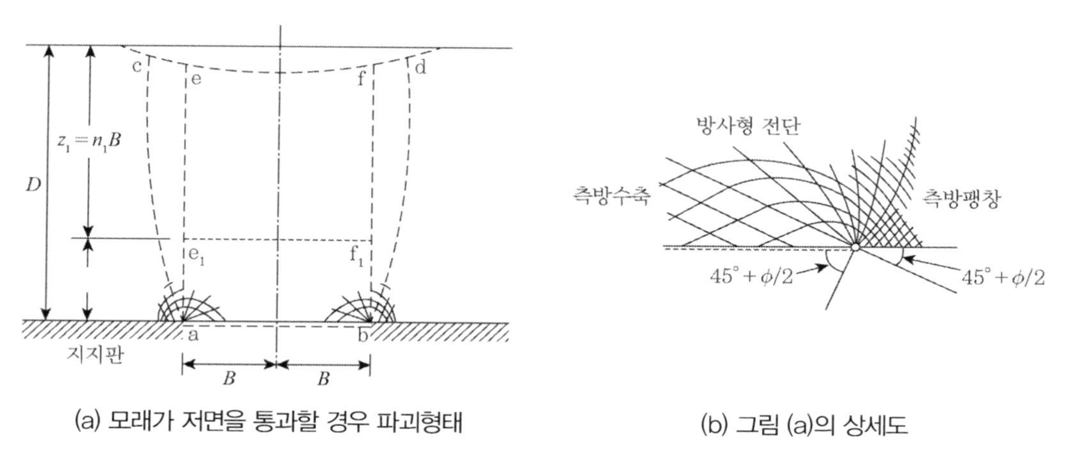

(a) 모래가 저면을 통과할 경우 파괴형태

(b) 그림 (a)의 상세도

그림 7.5 지반아칭에 의한 진행된 파괴형태(Terzaghi, 1943)[13]

Low et al.(1994)은 그림 7.6과 같은 중공 반원 형태의 아칭 모델을 이용하여 말뚝의 하중분담효율을 식 (7.1)과 같이 산정하였다.[11]

$$E_1 = \frac{s\gamma H - \alpha(s-b)\sigma_s}{s\gamma H} \tag{7.1}$$

여기서, σ_s는 연약지반 작용응력이며 식 (7.2)와 같이 나타난다. 또한 연약지반에 작용하는 불균일한 응력을 보정하기 위하여 보정계수 α를 도입하였다.

$$\frac{\sigma_s}{\gamma H} = \frac{(K_p - 1)(1-\delta)s}{2H(K_p - 2)} + (1-\delta)^{K_p - 1}\left[1 - \frac{s}{2H} - \frac{s}{2H(K_p - 2)}\right] \tag{7.2}$$

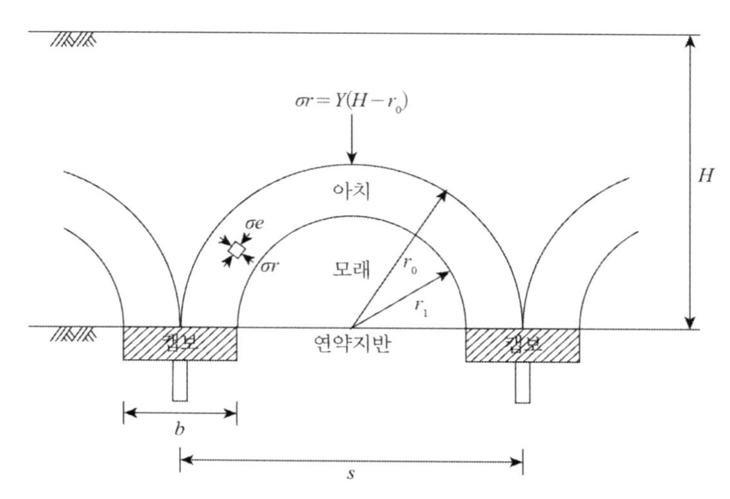

그림 7.6 Low et al.(1994)에 의해 제시된 지반아칭의 기하학적 모델(Low et al., 1994)[11]

(3) Hewlett et al.의 지반아칭[8]

Hewlett et al.(1988)이 제안한 성토지지말뚝은 그림 7.3(c)의 단독성토지지말뚝의 형태다.[8] 이 방법은 북유럽 등지에서 일반적으로 사용되는 방법 중의 하나로서 그림 7.7과 같다. 여기서 단독성토지지말뚝 위에는 Low et al.(1994)과는 다르게 3차원적인 'vault'의 형태가 발생한다. vault는 일련의 돔(dome)의 형태를 가지고 있다. 각 돔의 천장 부분은 반구형태를 띠게 되고 외부아치와 내부아치로 나눌 수 있으며 이점은 Low et al.(1994)[11]과 동일하다.

이 경우 파괴는 두 부분에서 발생할 수 있다. 즉, 아칭천장 부뿐만 아니라 말뚝캡의 윗부분에서 제한된 일부분이 파괴에 이를 수도 있음을 제안하였다.

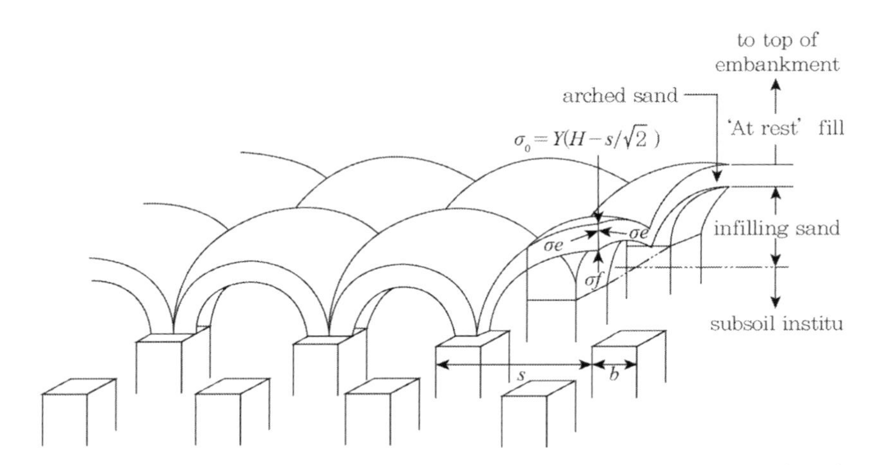

그림 7.7 Hewlett & Randolph(1988)가 제시한 3차원 지반아칭의 기하학적 모델(1988)[8]

아칭천장부의 응력조건을 고려하여 말뚝에 작용하는 하중분담효율은 식 (7.3)과 같이 나타낼 수 있다.

$$E = 1 - \frac{s^2 - b^2}{s^2 \gamma H}\sigma_i \tag{7.3}$$

$$= 1 - (1-\delta^2)[A - AB + C]$$

여기서, σ_i = 내부응력

$\delta = b/s$

$K_p = (1+\sin\phi)/(1-\sin\phi)$

(4) 영국기준(BS 8006)

현행 영국의 규준인 BS 8006에 포함된 성토지지말뚝공법에 관한 이론식은 Jones et al. (1990)[9]에 의해 처음 제안되었다. Jones et al.(1990)은 단독캡을 사용한 성토지지말뚝의 3차원 지반아칭현상으로 인하여 말뚝캡 상부에 작용하게 되는 하중산정방식을 지하에 매설된 암거에 대한 Marston식(Spangler & Handy, 1973)을 응용하여 제시하였다.[9] 또한 제방 표면에서의 국부적인 부등변형이 발생하지 않도록 하기 위해 제방고와 말뚝캡 간격 사이의 상호관계를 다음과 같이 유지할 것을 제안하였다.

$$H \geq 0.7(s-a) \tag{7.4}$$

여기서, a = 말뚝캡의 크기

s = 인접한 말뚝 사이의 중심거리

H = 제방고

말뚝캡에 작용하는 연직응력과 연약지반기초에 작용하는 평균 연직응력의 비(P'_c/σ'_v)는 다음과 같다.

$$\frac{P'_c}{\sigma'_v} = \left(\frac{C_c a}{H}\right)^2 \tag{7.5}$$

여기서, C_c는 지반아칭계수로서 표 7.1과 같다.

표 7.1 말뚝으로 보강된 성토체에 대한 지반아칭계수

말뚝 배열	아칭계수
선단지지말뚝(견고한)	$C_c = 1.95H/a - 0.18$
마찰말뚝 또는 다른 말뚝(통상적인)	$C_c = 1.5H/a - 0.07$

인접한 말뚝캡 사이의 보강재에 작용하는 하중(W_T)은 식 (7.6)과 (7.7)로 결정된다.

① $H > 1.4(s-a)$**인 경우**

$$W_T = \frac{1.4s\gamma(s-a)}{s^2 - a^2}\left[s^2 - a^2\frac{P'_c}{\sigma'_v}\right] \tag{7.6}$$

② $0.7(s-a) \leq H \leq 1.4(s-a)$**인 경우**

$$W_T = \frac{s(\gamma H + W_s)}{s^2 - a^2}\left[s^2 - a^2\frac{P'_c}{\sigma'_v}\right] \tag{7.7}$$

7.2.3 경험적 연구

(1) 말레이시아 현장시험시공 사례

현장은 말레이시아의 남북 간 고속도로 건설계획구간 중 Seremban-Air Hitam 구간상의 고속도로대피소에 위치해 있다.(3) 그림 7.9는 시험 제방의 단면도를 나타낸 것이다. 본 시험에서는 직경이 400mm고 두께가 70mm인 기성콘크리트말뚝(총 94본)을 21m 심도의 지지층까지 관입하였다. Swedish Road Board(1974)의 연구 이후에 사용되고 있는 말뚝캡폭 a, 성토고 H 및 말뚝중심간격 s 간의 경험적인 관계에 의거하여 6m 높이로 성토된 제방하중은 성토지지말뚝이 모두 부담한다고 가정하여 계획되었다. 각각의 말뚝두부는 1.8×1.8m 크기의 단독 기성콘크리트 캡을 설치하였으며, 말뚝간격은 3.5×3.5m로 하였다. 사면부에는 말뚝을 설치하지 않았으며 3m 두께에 폭이 15m인 소단을 두고 사면경사를 1:2로 하여 사면안정을 기하였다. 또한 성토는 Lateritic soil을 다져서 형성시켰고 이때 성토재의 유효점착력은 14kPa, 유효내부마찰각은 31°, 단위중량은 2.08t/m^{3}이었다.

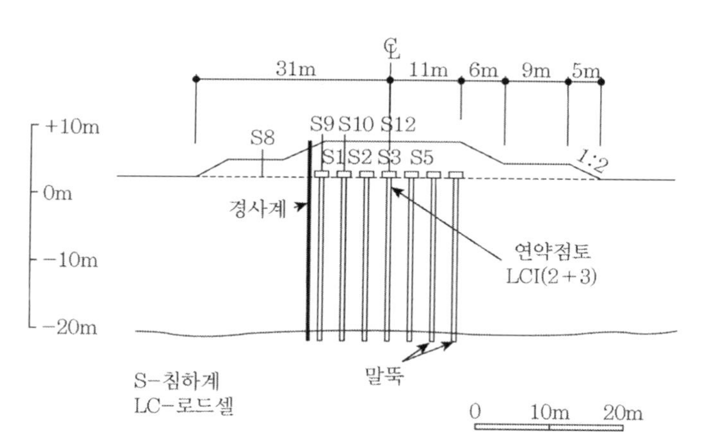

그림 7.9 시험시공현장의 단면도(Bujang et al., 1994)(3)

(2) 독일의 철도제방 시공사례

1990년 독일의 통일 후 독일에서는 교통수요의 증가로 인해 기존의 도로와 철도망에 대한 개선이 필요하게 되었다.(10) 이러한 이유로 100년 전에 건설된 Magdeburg-Berlin 간의 복선철도를 열차가 160~200km/h의 속도로 달릴 수 있도록 하는 성능개선공사가 계획·수행되었다.

본 철도구간의 하부 지반에는 유기질토와 이탄질 침전물이 깊게 분포하고 있었으며, 대략

100여 년에 걸쳐 상당한 침하가 발생하였음을 확인할 수 있었다. 철도설계 및 시공사인 PBDE는 이러한 이탄질 연약지반층의 처리를 위하여 양질의 흙으로 치환하는 방법 대신에 말뚝과 보강재를 이용하여 성토체를 보강하는 성토지지말뚝을 채택하였다. 그림 7.10은 시공구간의 철도 제방을 나타낸 것이다. 지오그리드로 보강된 제방과 기성 콘크리트말뚝캡, 말뚝, 연약지반 그리고 마지막으로 충분한 지지력이 확보된 모래층으로 구성되어 있다. 이 그림에서도 알 수 있듯이 제방의 중심부에 널말뚝을 설치하였다. 이것은 한쪽 철로에서 열차가 안전하게 주행하는 동안 나머지 단면에서는 공사가 진행될 수 있도록 한 것이다.

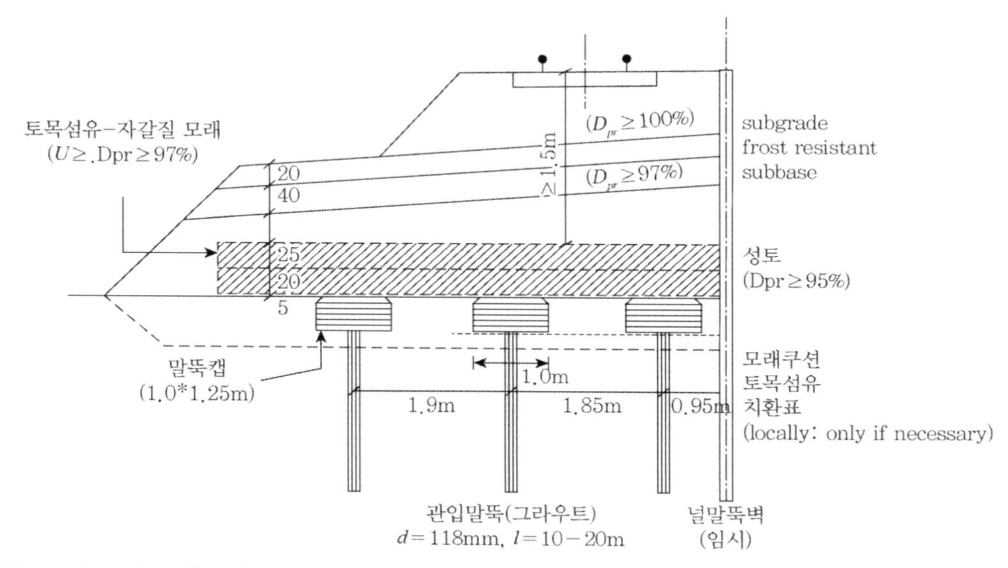

그림 7.10 성토지지말뚝상에 토목섬유로 보강된 제방의 단면도(Gartung & Verspohl, 1996; Brandl et al., 1997)

시공 기간 동안 한쪽 철로를 통하여 열차가 90km/h의 속도로 운행하였고 구조물이 완전히 건설된 후에는 널말뚝을 제거하였다. 성토지지말뚝의 직경은 118mm로서 연성강말뚝을 사용하였으며 철재로 된 파이프 내부에 그라우팅을 실시하여 지지력을 배가시켰다. 말뚝의 길이는 지반조건을 고려하여 10~25m로 하였다. 말뚝캡 상부의 성토재는 매우 양호한 자갈질 모래로 구성되어 있으며 제방중간층에는 굵은 모래로 채웠다. 성토재의 다짐은 표준다짐에 대한 상대다짐도가 95~100%로 이루어졌으며 내부마찰각은 35°다.

7.2.4 수치해석 연구

(1) 현장계측과 수치해석의 비교 사례(Rogbeck, S., 1998)

스웨덴에서는 1990년대에 들어서 말뚝으로 성토를 지지하는 공법이 사용되었다. 수년간 시공된 Mönsterås 도로건설현장에서 성토지지말뚝공법이 보강재와 함께 설치되었다. 그리고 성토도로에 대한 계측이 수행되었다(그림 7.11).

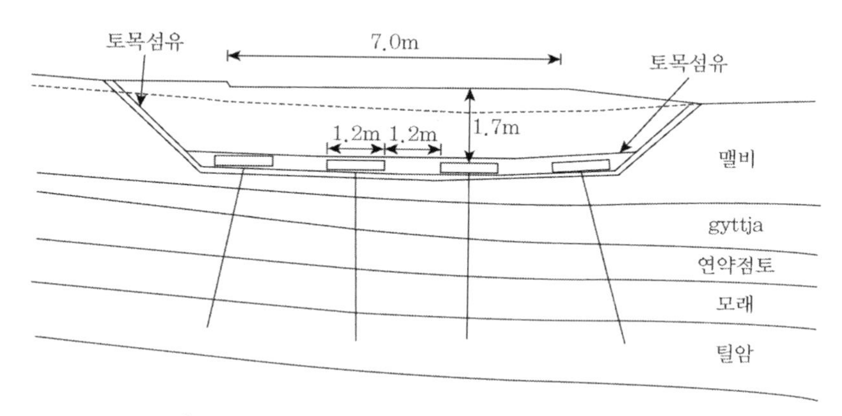

그림 7.11 Mönsterås의 632번 도로 단면(Rogbeck, 1998)

본 현장에 시공된 성토지지말뚝의 길이는 3~6m고, 말뚝캡 면적은 전체 지반단면의 25%다. 보강재는 2축 PE 지오그리드를 사용하였으며, 파괴 시 인장력은 84kN/m이고 3% 변형 시 인장력은 16kN/m다. 지오그리드는 한층으로 설치되었으며, 제방의 높이는 스웨덴 규정에서 일반적으로 적용되는 것보다 작은 1.7m였다. 말뚝 및 토목섬유는 BS 8006(1995)과 Carlsson(1987)의 방법을 사용하여 설계하였고, 본 현장의 안정성을 검토하기 위해 시공 완료 후 일련의 현장계측을 수행하였다. BS 8006에 따른 계산에서 변형률이 6%일 때 말뚝캡 사이에 18kN/m의 연직하중이 작용하는 것으로 나타났다. 또한 Carlsson식은 같은 변형률에서 26kN/mm의 힘과 0.18m의 침하가 계산되었다. 이러한 결과를 검증하기 위해 FLAC, Version 3.30을 사용하였다.

(2) Kempton(1988)의 수치해석

Kempton(1988)의 연구에서는 성토지지말뚝의 3차원 효과를 확인하기 위하여 FLAC 2S와 FLAC 3D를 이용한 수치해석을 수행하고, 그 결과를 현행 영국 설계기준인 BS 8006과 비교·

고찰하였다.

성토지지말뚝공법에서는 제방하중 전체가 지반아치와 토목섬유를 통해 말뚝으로 전달된다고 가정하였다. 해석 결과와 설계법의 비교를 위해 Low et al.(1994)이 정의한 응력감소비 S가 사용되었다. 응력감소비는 식 (7.8)에 나타낸 바와 같이 전체 성토하중에 대한 지반아치와 토목섬유를 통해 말뚝으로 전달된 하중의 비로 정의된다. 응력감소비는 토목섬유에 의해 전달된 평균연직하중 P_r과 제방성토고 H에 따른 평균 연직응력 γH의 비로 정의된다.

$$S = \frac{P_T}{\gamma H} \tag{7.8}$$

2차원과 3차원 해석 양쪽 모두에서 성토재는 Mohr-Coulomb의 좌부 기준을 만족하는 선형 탄성체로 모델링하였고, 성토 저부에 설치된 토목섬유는 J=9500kN/m인 일차원 선형탄성요소로 모델링하였다. 또한 해석 시 하부 연약지반은 포함시키지 않았으며, 말뚝은 강체로 가정하였다. 성토제는 여러 번에 걸쳐 쌓아 올려 설치된 것으로 모델링하였다. 그림 7.12는 응력감소비에 대한 2차원 해석 결과를 나타낸 것이다.

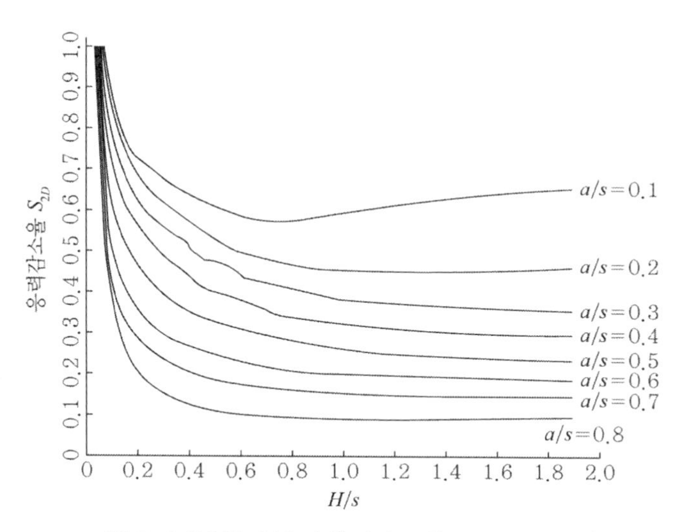

그림 7.12 2차원 해석 시 응력감소비(Kempton, 1988)

7.3 GRPS 성토 시스템(요약)

7.3.1 GRPS 성토 시스템에서의 지반아칭 모형실험

본 절에서는 실내모형실험을 통하여 GRPS 성토 시스템에서의 지반아칭 형상을 규명하였다.[7] 이때 토목섬유 보강유무 및 말뚝중심간격을 변화시켜 이들 변화에 따른 지반아칭형상을 관찰하였다. 이들 실험 결과를 요약·정리하면 다음과 같다.

(1) G.R.P.S 성토 시스템을 실시할 경우 말뚝 사이 연약지반 및 토목섬유는 원호의 형태로 변형이 일어난다. 이때 토목섬유의 보강효과로 토목섬유가 설치되지 않은 경우보다 토목섬유를 설치한 경우가 성토지반의 변형을 크게 억제함을 확인할 수 있다.

(2) 보강된 토목섬유의 강성에 따라 지반의 변형이 다르게 발생함을 확인하였다. 즉, 보강재의 강성이 클수록 보강효과는 더 크다는 것을 나타낸다. 즉, 동일한 간격비라 할지라도 토목섬유의 강성이 크면 성토체의 하중에 의한 처짐량은 작으며, 이때 토목섬유의 처짐각 역시 작게 발생한다.

(3) 연약지반부의 침하가 발생할 때 지반아칭효과가 극대화되어 말뚝에 작용하는 하중 및 효율이 급격히 증가한다. 이때 토목섬유가 설치되지 않은 경우는 침하가 계속되면 최대효율에 도달한 후 말뚝효율이 감소한다. 반면 토목섬유가 있는 경우는 침하에 따라 말뚝하중 및 효율이 점진적으로 증가하면서 일정한 값으로 수렴된다.

(4) 연약지반 침하 발생 시 토목섬유의 변형률은 비선형적으로 증가하다가 일정한 값으로 수렴된다. 이때 말뚝캡의 모서리 부근에서 가장 변형률이 크게 나타나며, 캡 사이의 중앙부에는 변형률이 상대적으로 작게 발생한다.

(5) 단독캡의 성토지지말뚝 시스템에서는 돔형태의 3차원 지반아칭이 기대되며 말뚝의 대각선방향을 단면으로 하는 지반아칭으로 모형화할 수 있다. 이 경우 간격비 D_2/D_1」은 동일하지만, 전체 규격이 $\sqrt{2}$ 배로 확대된 성토지지말뚝 시스템으로 해석한다. 또한 토목섬유가 보강된 경우의 지반아칭은 토목섬유 무보강 시의 지반아칭효과에 처짐각이 θ고, 반지름이 R인 원호형태의 토목섬유가 성토하중을 말뚝으로 전이시키는 것으로 모형화할 수 있다.

7.3.2 GRPS 성토 시스템에서의 지반아칭이론 해석법 개발

본 절에서는 모형실험에서 관찰한 지반아칭파괴 형상의 기하학적 모델을 이용하여, GRPS 성토 시스템의 하중전이 메커니즘을 규명할 수 있는 지반아칭이론 해석법을 제안하였다. 이 중 지반아칭 해석법은 말뚝캡의 형태에 따라 캡보말뚝과 단독캡말뚝으로 구분하여 정리하였으며, 토목섬유가 보강된 경우에는 다시 연약지반의 지지효과를 고려한 경우와 고려하지 않은 경우로 구분하여 해석법을 제시하였다. 이들 결과를 요약·정리하면 다음과 같다.

(1) GRPS 성토 시스템의 연직하중 분담효과는 성토가 진행됨에 따라 점진적으로 커지며, 일정 성토고 이상에서부터는 점차 수렴되는 양상을 보인다. 또한 말뚝간격비가 작을수록 연직하중 분담효과가 더 큰 것으로 나타난다. 따라서 말뚝의 효율을 증대시킬 필요가 있을 경우에는 말뚝의 설치간격을 줄이거나 캡을 크게 하여 전체 성토면적에 대한 캡면적의 비율을 증대시켜야 한다. 공법의 설계·적용 시에는 성토고에 따라 경제성 및 안정성을 모두 고려하여 효율적인 설치형태를 결정해야 한다.

(2) 성토지지말뚝캡의 형태에 따른 연직하중 분담효과는 초기에 성토고가 낮은 경우에는 2차원 이론으로 구한 캡보말뚝의 효율이 크게 나타나며, 성토고가 커지면서 단독캡말뚝의 효율이 더 커진다. 이는 지반아치가 완전히 발달되기 위한 성토고가 단독캡말뚝의 경우가 캡보말뚝보다 크기 때문에 고성토고로 갈수록 단독캡말뚝공법에서 지반아칭효과가 극대화되는 것으로 평가할 수 있다.

(3) 성토지지말뚝 시스템에 토목섬유를 보강하면 말뚝의 효율이 증대된다. 효율의 증대효과는 지반아치가 완전히 발달하기 이전인 저성토 구간에서 특히 두드러지게 나타난다.

(4) 기존의 지반아칭이론을 가상단면에 적용하여 해석한 결과 말뚝의 효율 예측에 차이가 큼을 확인할 수 있다. 지반아칭해석의 간편법이라 할 수 있는 Carissun(1987) 방법과 Guido(1987) 방법은 말뚝의 효율을 비교적 크게 예측하고 있다. 한편 Terzaghi(1943) 방법, Hewlett and Randolph(1988), Low et al.(1994), BS 2006A195 등은 제안 이론식보다 효율값을 다소 작게 예측하고 있다. 이에 대한 적합성은 모형실험 결과 등 실측 데이터와의 비교를 통해 평가할 수 있을 것으로 사료된다.

7.3.3 GRPS 성토 시스템의 하중전이에 관한 실험

GRPS 성토 시스템의 하중전이 특성을 규명하기 위하여 단독캡말뚝 시스템에 대하여 토목섬유 유무에 따른 일련의 모형실험을 실시하였다. 모형실험 결과에 의거 본 공법의 하중전이 메커니즘을 분석하고, 이론해석법과의 비교를 통하여 제안식의 타당성을 검증하였다. 이들 결과를 요약·정리하면 다음과 같다.

(1) 성토지지말뚝 시스템의 하중전이효과는 효율을 사용하여 정량적으로 평가할 수 있다.[7] 효율은 일정한 말뚝간격비에서는 성토고가 증가할수록 비선형적으로 증가하여 이후 일정한 값에 수렴하는 경향을 보인다. 그리고 성토고가 일정한 조건에서는 말뚝간격비가 증가할수록 효율의 크기는 감소한다. 효율은 토목섬유의 인장강성과 연약지반의 탄성계수 등에 복합적으로 영향을 받는다.[7]

(2) 모형실험 조건에서 토목섬유를 보강한 경우에는 무보강 시와 비교하여 말뚝의 효율을 4~23%가량 증가하는 것으로 나타났다. 또한 간격비가 넓을수록 토목섬유의 보강효과가 큰 것으로 나타났다. 결국 말뚝의 설치간격이 넓을 때 혹은 말뚝간격에 비하여 성토고가 작은 경우에 토목섬유의 보강효과가 크게 나타난다.

(3) 토목섬유 무보강 시의 이론효율과 실험효율을 비교하면 간격비가 매우 큰 경우를 제외하고는 매우 양호한 일치를 보이고 있다. 따라서 현장에 적용이 가능한 실용적인 간격비 범위에서는 토목섬유 무보강 시 이론해석법이 실제의 지반아칭 현상을 잘 설명해주는 합리적인 해석법이라 할 수 있다.

(4) 토목섬유 보강 시 토목섬유의 변형형상을 원호로 가정하여 성토지지말뚝 시스템의 효율을 산정할 수 있으며, 토목섬유 보강 시 이론해석법은 간격비가 큰 경우를 제외하고는 모형실험 결과와 비교적 잘 일치한다.

(5) 토목섬유의 신장변형은 말뚝캡 사이의 연약지반 중앙부보다 말뚝캡에 접근할수록 더 크게 발생한다.

7.3.4 GRPS 성토 시스템의 현장시공 및 장기거동 계측

GRPS 성토 시스템의 실용화를 위하여 현장시험 및 장기거동 계측을 수행하였다. 본 실험에서는 말뚝작용 하중 및 토압, 침하량, 말뚝 사이의 연약지반에서의 간극수압, 지중수평변위 그리고 지오그리드 인장변형을 계측하고 있으며, 계측 결과 분석을 통해 얻은 결과를 요약하면 다음과 같다.

(1) 연약지반에 설치한 지표침하의 측정 결과 최대 19cm의 침하가 발생하였다. 이는 말뚝캡 사이 토목섬유의 처짐에 따른 침하로 판단되며, 이론해석으로 추정한 토목섬유 처짐량과 일치하는 값이다. 현 상태의 계측 결과로는 GRPS 성토 시스템의 연약지반 침하억제 효과는 매우 큰 것으로 판단된다.
(2) 토목섬유에 부착한 변형률계 측정치를 살펴보면 대체로 말뚝캡에 가까운 위치에 설치한 변형률계의 측정값이 다소 큰 경향을 보이고 있으며, 이는 GRPS 성토 시스템에 기존 실내모형 실험연구 결과와 일치한다.
(3) 향후 노반성토가 완료되면 경전선이 운행될 예정이므로, 연구 기간이 종료하였다 하더라도 장기계측을 통해 GRPS 성토 시스템의 안정성 및 현장 적용성 평가를 지속적으로 진행해나가야 할 것이다.

7.3.5 수치해석에 의한 GRPS 성토 시스템의 역학적 특성 고찰

본 절에서는 토목섬유보강 성토지지말뚝 시스템의 지반아침에 관한 수치해석을 실시하여 모형실험과 이론해석으로는 접근하기 어려운 성토지반의 역학적 거동성과 하중전이 효과를 분석하였다. 수치해석은 가상의 캡보말뚝 시스템이 적용된 원장사례와 모형실험 및 현장시험 조건의 세 가지 경우로 구분하여 실시하였다. 이들 연구 결과를 정리하면 다음과 같다.

(1) 토목섬유보강 성토지지말뚝 시스템으로 지지된 성토지반의 역학적 거동 해석 결과로부터 성토하중이 말뚝으로 집중전이되고 있음을 알 수 있으며, 이는 성토지반 속에 지반아칭현상이 진행되고 있음을 나타낸다.
(2) 토목섬유를 보강한 경우가 무보강 시보다 연약지반침하를 효과적으로 감소시킨다. 이는 토목섬유 보강으로 인해 연약지반으로 전달되는 하중이 말뚝을 통해서 지지층으로 전달되고 있음을 의미한다.
(3) 수치해석 결과를 토목섬유보강 단독캡말뚝의 모형실험 결과와 비교한 결과 양호한 일치를 보여, 수치해석적인 방법으로도 지반아칭의 정량적인 평가가 가능한 것으로 나타났다. 단,

간격비가 큰 경우에는 모형실험에서 측정한 말뚝의 효율이 수치해석치보다 크게 나타났는데, 이는 수치해석에서 예측하는 지반아칭효과보다 실제로는 지반아칭의 효과가 더 클 수 있음을 의미한다.

(4) 실제 현장조건에 부합한 수치해석을 실시한 결과 토목섬유보강 성토지지말뚝 시스템으로 지지된 성토지반의 역학적 거동 해석 결과로부터 성토하중이 말뚝으로 집중전이되고 있음을 알 수 있으며, 이는 성토지반 속에 지반아칭현상이 진행되고 있음을 나타낸다.

(5) 부산지역에 시공 중인 GRPS 성토 시스템에 대한 3차원 수치해석을 실시한 결과 안정적인 거동을 하는 것으로 평가된다.

7.4 종합 의견

토목섬유/말뚝 복합보강공법 개발을 위한 3차 연도 최종연구로서 GRPS 성토 시스템에 대한 문헌조사, 모형실험,(7) 현장시공 및 수치해석을 실시하였다. 또한 설계프로그램을 개발하고, 이에 대한 매뉴얼 작성 및 경제성 분석도 실시하였다. 이들 연구 결과를 정리·요약하면 다음과 같다.

(1) 토목섬유/말뚝 복합보강공법은 다양한 형태로 분류될 수 있으며, 이 중 현장적용성 측면에서 가장 효과적인 '단독캡 말뚝+토목섬유보강'공법 개발을 GRPS 성토 시스템이라 명명하고 주요 목표로 선정하였다.

(2) GRPS 성토 시스템의 거동평가를 위하여 '지반아칭 규명' 및 '하중전이 메커니즘 규명' 등 두 가지 방식의 모형실험 시작품을 제작하여 실험을 수행하였다. 이들 실험 결과를 정리하면 다음과 같다.

① 토목섬유가 말뚝과 복합시공될 경우 토목섬유 무보강 시보다 연약지반상 성토지반의 연직침하를 억지하는 효과가 매우 크다.

② 토목섬유 복합시공 시 토목섬유의 변형 형태는 원호(circular arc)의 형태로 나타난다.

③ 토목섬유 복합시공 시 토목섬유 효과로 인하여 말뚝의 효율이 증대되었으며, 특히 성토고가 낮을 경우 및 말뚝의 설치간격이 넓을 때 효과가 더욱 큰 것으로 나타난다.

④ 따라서 GRPS 성토 시스템은 측방유동 대책공법으로서 연약지반상 성토 시 발생하는 문제점을 해결하는 데 매우 효과적인 공법임을 알 수 있다.

(3) 토목섬유/말뚝 복합보강공법에 대한 이론적 해석법을 개발하였으며, 이를 모형실험 결과와 비교한 결과 본 해석법이 토목섬유/말뚝 복합보강공법의 하중전이현상을 합리적으로 예측하고 있음을 알 수 있다.

(4) GRPS 성토 시스템을 국내에서 최초로 실제 철도현장에 시공하여 적용성을 평가하였다. 현재까지 거동은 안정적인 것으로 계측되고 있으며, 연구 기간이 종료되더라도 철도 개통 시까지 지속적인 관리를 통하여 장기안정성을 평가하고자 한다.

(5) 수치해석을 통하여 GRPS 성토 시스템에서의 역학적 거동해석을 실시한 결과 성토하중이 대부분 말뚝으로 집중되고 있으며, 연약지반의 침하는 감소됨을 알 수 있었다. 모형실험 및 현장시공 계측 결과와의 비교를 통해 GRPS 성토 시스템이 지반아칭현상을 효과적으로 반영하고 있음을 확인할 수 있다.

(6) GRPS 성토 시스템에 대한 설계 프로그램을 개발하고, 설계·시공 및 관리지침(안)을 제시하여, 지반기술자라면 누구나 쉽게 설계·시공이 가능하도록 하였다.

(7) GRPS 성토 시스템은 EPS 공법에 비하여 공사비가 27~70%가량 저렴한데, 연약지반상 급속성토가 가능한 공통점이 있는 공법인 점을 감안하면 EPS 공법보다 경제성이 우수한 공법이라 할 수 있다. 또한 GRPS 성토 시스템과 쇄석말뚝공법을 비교하면, 비록 GRPS 성토 시스템이 8~16%가량 공사비가 크지만, 급속시공에 의한 공기단축 효과를 고려하면 GRPS 성토 시스템이 경제성에 대해서도 매우 경쟁력 있는 공법이라 할 수 있다.

• 참고문헌 •

(1) 홍원표 · 윤중만 · 서문성(1999), '말뚝으로 지지된 성토지반의 파괴형태', 한국지반공학회논문집, 제15권, 제4호, pp.207-220.

(2) 홍원표(2007), '연약지반 측방변위 판정기법 및 토목섬유/말뚝 복합보강공법개발안' 연구보고서, 중앙대학교, 건설교통부.

(3) Bujang, B.K.H. and Faisal, H.A.(1994), "Pile embankment on soft clay comparison between model and Field performance", Proc., 3rd International Conference on case Histories in Geotechnical Engineering, Missouri, Vol.I, pp.433-436.

(4) Chin, F.K.(1985), "The design and construction of high embankment on soft clay", Proc. 8th Southeast Asian Geotech. Conf., Institution of Engineers Malaysia, Kuala Lumpur, Malaysia, 2, pp.42-59.

(5) Combarieu, O.& M. Pioline(1990), "Reinforcement des remblais d'acces du futur echanger de carrere(Martinique)", Etudes et reccherches 1989 Laboratoire Central des Ponts et Chaussees, Paris, pp.32-33.

(6) Homberg, S.(1979), "Bridge approaches on soft clay supported by embankments piles", Journal of Geotechnical Engineering, Bangkok, Thailand, 10(1), pp.77-89.

(7) Hong, W.P., Lee, J.H. and Lee, K.W.(2007), "Load transfer by soil arching in pile-supported embankments", Soils and Foundations, Vol.47, No.5(Accepted).

(8) Hewlett, W.J. and Randolph, M.F.(1988), "Analysis of piled embankments", Ground Engineering, London Eng1and, Vol.21, No.3, pp.12-18.

(9) Jones, C.J.F.P., Lawson, C.R., and Ayres, D.J.(1990), "Geotextilere inforced piled embankment", Proc., 4th Int. Conf. on Geotextile, eomembranes and Related 50)

(10) Kempfert, H.G., Göbel, C., Alexiew, D., and Heitz, C.(2004), "German recommendations for reinforced embankments on pile-similar elements", Proc., EuroGeo3: 3rd European Geosynthetics Conf., German Geotechnical Society(DGGT), Essen, Germany, pp.279-284.

(11) Low, B.K., Tang, S.K., and Choa, V.(1994), "Archinginpiled mbankments", J. Geotech. Engrg., 10.1061/(ASCE)0733-9410(1994)120: 11(1917), 1917-1938.Products, Balkema, Rotterdam, Netherlands, pp.155-160.

(12) Reid, W.M., and Buchannan, N.W.(1984), "Bridge approach support piling", Proc., International Conference on Advances in Piling and Ground Treatment, ICE, London, pp.267-274.

(13) Terzaghi, K.(1943), Theoretical Soil Mechanics, John Wiley and Sons, New York, pp.66-76.

찾아보기

■ㄹ

■ㅁ

■ㅂ

■ㅅ

■ㅇ

■ ㅈ

■ ㅊ

■ ㅋ

■ ㅌ

■ㅍ

■ㅎ

■A

저자 소개

홍 원 표

- (현)중앙대학교 공과대학 명예교수
- 대한토목학회 저술상
- 중앙대학교 학생처장, 건설대학원장, 대외협력본부장(부총장)
- 서울시 토목상 대상
- 과학기술 우수 논문상(한국과학기술단체 총연합회)
- 대한토목학회 논문상
- 한국지반공학회 논문상·공로상
- UCLA, 존스홉킨스 대학, 오사카 대학 객원연구원
- KAIST 토목공학과 교수
- 국립건설시험소 토질과 전문교수
- 중앙대학교 공과대학 교수
- 오사카 대학 대학원 공학석·박사
- 한양대학교 공과대학 토목공학과 졸업

항만공사사례

초판인쇄 2024년 02월 21일
초판발행 2024년 02월 28일

저　　자 홍원표
펴 낸 이 김성배
펴 낸 곳 도서출판 씨아이알

책임편집 박영지
디 자 인 윤지환, 박영지
제작책임 김문갑

등록번호 제2-3285호
등 록 일 2001년 3월 19일
주　　소 (04626) 서울특별시 중구 필동로8길 43(예장동 1-151)
전화번호 02-2275-8603(대표)
팩스번호 02-2265-9394
홈페이지 www.circom.co.kr

I S B N 979-11-6856-202-8 (세트)
979-11-6856-206-6 (94530)
정　　가 24,000원